"十二五"职业教育国家规划教材

金属材料焊接工艺

JINSHU CAILIAO HANJIE GONGYI

主　编　姚　佳　李荣雪

参　编　刘丽红　芮静敏　王有良（企业）

第 3 版

本书为“十四五”职业教育国家规划教材，是在教育部“十二五”职业教育国家规划教材《金属材料焊接工艺》第2版的基础上，依据2020年教育部及其他部门最新颁布的《职业教育提质培优行动计划》，同时参照教学需求及现行的国家标准和行业职业技能鉴定规范修订而成的。

本书主要介绍常用金属材料的焊接性，以及如何根据金属材料的焊接性选择焊接方法、焊接材料、预热和后热及其他焊接工艺措施等。全书分为七个单元，包括金属材料焊接性及其试验方法、非合金钢（碳钢）及其焊接工艺、低合金钢及其焊接工艺、不锈钢及其焊接工艺、耐热钢及其焊接工艺、铸铁及其焊接工艺和非铁金属材料及其焊接工艺。

本书充分体现了以学生为中心、以实践为导向的职业教育特色，理论知识紧贴焊接生产实际，以实际应用为着眼点，注重实用性。本书在编写上考虑了教学规律和教学实践方面的要求，每单元明确指出知识目标和技能目标，单元末安排有课后习题和实训练习，均兼顾了焊工考证的考点内容。本书既可作为高等职业院校智能焊接技术专业的核心课程教材，也可以作为焊工岗位培训的教材及参考书。

为便于教学，本书配套有电子教案、助教课件、教学视频等教学资源，选择本书作为教材的教师可来电（010-88379375）索取，或登录www.cmpedu.com网站，注册、免费下载。

图书在版编目（CIP）数据

金属材料焊接工艺/姚佳，李荣雪主编. —3版. —北京：机械工业出版社，2021.7（2025.1重印）
“十二五”职业教育国家规划教材：修订版
ISBN 978-7-111-68775-7

Ⅰ.①金… Ⅱ.①姚…②李… Ⅲ.①金属材料-焊接工艺-职业教育-教材 Ⅳ.①TG457.1

中国版本图书馆CIP数据核字（2021）第148323号

机械工业出版社（北京市百万庄大街22号 邮政编码100037）
策划编辑：王海峰 责任编辑：王海峰
责任校对：陈 越 封面设计：张 静
责任印制：张 博
北京建宏印刷有限公司印刷
2025年1月第3版第9次印刷
184mm×260mm · 14印张 · 339千字
标准书号：ISBN 978-7-111-68775-7
定价：45.00元

电话服务	网络服务
客服电话：010-88361066	机 工 官 网：www.cmpbook.com
010-88379833	机 工 官 博：weibo.com/cmp1952
010-68326294	金 书 网：www.golden-book.com
封底无防伪标均为盗版	机工教育服务网：www.cmpedu.com

关于“十四五”职业教育
国家规划教材的出版说明

为贯彻落实《中共中央关于认真学习宣传贯彻党的二十大精神的决定》《习近平新时代中国特色社会主义思想进课程教材指南》《职业院校教材管理办法》等文件精神，机械工业出版社与教材编写团队一道，认真执行思政内容进教材、进课堂、进头脑要求，尊重教育规律，遵循学科特点，对教材内容进行了更新，着力落实以下要求：

1. 提升教材铸魂育人功能，培育、践行社会主义核心价值观，教育引导学生树立共产主义远大理想和中国特色社会主义共同理想，坚定“四个自信”，厚植爱国主义情怀，把爱国情、强国志、报国行自觉融入建设社会主义现代化强国、实现中华民族伟大复兴的奋斗之中。同时，弘扬中华优秀传统文化，深入开展宪法法治教育。

2. 注重科学思维方法训练和科学伦理教育，培养学生探索未知、追求真理、勇攀科学高峰的责任感和使命感；强化学生工程伦理教育，培养学生精益求精的大国工匠精神，激发学生科技报国的家国情怀和使命担当。加快构建中国特色哲学社会科学学科体系、学术体系、话语体系。帮助学生了解相关专业和行业领域的国家战略、法律法规和相关政策，引导学生深入社会实践、关注现实问题，培育学生经世济民、诚信服务、德法兼修的职业素养。

3. 教育引导学生深刻理解并自觉实践各行业的职业精神、职业规范，增强职业责任感，培养遵纪守法、爱岗敬业、无私奉献、诚实守信、公道办事、开拓创新的职业品格和行为习惯。

在此基础上，及时更新教材知识内容，体现产业发展的新技术、新工艺、新规范、新标准。加强教材数字化建设，丰富配套资源，形成可听、可视、可练、可互动的融媒体教材。

教材建设需要各方的共同努力，也欢迎相关教材使用院校的师生及时反馈意见和建议，我们将认真组织力量进行研究，在后续重印及再版时吸纳改进，不断推动高质量教材出版。

机械工业出版社

第3版前言

本书为“十四五”职业教育国家规划教材，是在“十二五”职业教育国家规划教材《金属材料焊接工艺》第2版的基础上修订的。党的二十大报告指出要深入实施人才强国战略，坚持尊重劳动、尊重知识、尊重人才、尊重创造。为落实报告精神，本书在第3版的动态修订过程中，在详细讲授基础理论知识的同时融入探索性实践内容，以增强学生的自信心和创造力，用学科理论知识促进学生活跃思维、敢于创新，尽可能地将新思路在实践中进行创造性的转化，推动科学技术实现创新性发展。

本书主要介绍常用金属材料的焊接性，以及如何根据金属材料的焊接性选择焊接方法、焊接材料、预热和后热及其他焊接工艺措施等。本书在编写过程中力求体现以学生为中心、以实践为导向的职业教育特色；注重培养学生正确选择焊接方法、正确使用金属材料、编写焊接工艺的能力，力求做到理论知识紧贴焊接生产实际，以实际应用为着眼点，注重实用性，学生可以模仿焊接实例自己编写所选用材料的焊接工艺。本书在编写上考虑了教学规律与教学实践方面的要求，为便于学生自学和讨论，每单元开始明确指出知识目标和技能目标，每单元末安排有课后习题，其内容兼顾了焊工考证的考点内容。

本书的内容特点：①将常用金属材料的六大类别作为六个独立单元；②每个单元按照相同的模式安排内容，即按以下顺序叙述：金属材料的种类及性能→焊接性→焊接工艺要点→典型生产案例，以便于教师的“教”和学生的“学”；③在内容选择上注重理论的成熟性、工艺的先进性和应用性；④在使用时可以按照教学安排打乱章节顺序；⑤为便于教学，附有部分课后习题答案（二维码）。⑥配备了电子课件，并新增了多媒体视频和相关学习文件。

本书在第2版的基础上，主要从以下几方面进行了修订：①更新了部分概念定义，贯彻了现行国家标准；②修订了第2版中存在的个别文字错误；③在每个单元对应材料的焊接工艺要点处，链接了典型金属试板的焊接实操视频，以增强学生对焊接过程的直观认识和对焊接技能的

掌握；④为便于教学，增加了课后习题的参考答案（二维码）；⑤链接了斜 Y 形坡口焊接裂纹试验指导书以及试验报告。

本书共七个单元，由北京电子科技职业学院姚佳和李荣雪任主编。具体编写分工如下：北京电子科技职业学院李荣雪编写第五单元，北京电子科技职业学院刘丽红编写第七单元，北京电子科技职业学院芮静敏编写第六单元，蓝星化工（北京）有限公司王有良编写第四单元，其余由姚佳编写并负责全书的统稿。在编写过程中，编者参阅了国内外出版的有关教材和资料，得到了有关专家和同行的指导，在此一并表示衷心的感谢！

由于编者水平有限，书中不妥之处在所难免，恳请读者批评指正。

编　者

第2版前言

本书是按照教育部《关于开展“十二五”职业教育国家规划教材选题立项工作的通知》，经过出版社初评、申报，由教育部专家组评审确定的“十二五”职业教育国家规划教材，是根据《教育部关于“十二五”职业教育教材建设的若干意见》及教育部新颁布的《高等职业学校专业教学标准（试行）》，同时参考焊工职业资格标准，在第1版的基础上修订的。

本书主要介绍常用金属材料的焊接性，以及如何根据金属材料的焊接性选择焊接方法、焊接材料、预热和后热及其他焊接工艺措施等。本书在编写过程中力求体现以学生为中心、以实践为导向的职业教育特色；注重培养学生正确使用金属材料和编写其焊接工艺的能力，力求做到理论知识紧贴焊接生产实际，以实际应用为着眼点，注重实用性，学生可以模仿焊接实例自己编写所选用材料的焊接工艺。本书在编写上考虑了教学规律与教学实践方面的要求。为便于学生自学和讨论，每单元开始明确指出知识目标和技能目标，每单元末安排有综合训练，其内容兼顾了焊工考证的考点内容。

本书在第1版的基础上，主要从以下几方面进行了修订：①采用了最新的金属材料和焊接材料的国家标准；②在每个单元开始明确了知识目标和技能目标，在每种材料的焊接性分析和焊接工艺要点之后，增加了点睛式的“总结与提高”栏目，便于学生对知识的掌握与应用；③增加了企业的真实案例。

本书在内容处理上主要有以下几点需要说明：①将常用金属材料的六大类别作为六个独立单元；②每个单元按照相同的模式安排内容，即按以下顺序叙述：金属材料的种类及性能→焊接性→焊接工艺要点→典型生产案例，以便于教师的“教”和学生的“学”；③在内容选择上注重理论的成熟性、工艺的先进性和应用性；④在使用时可以按照教学安排打乱章节顺序。

全书共七个单元，由北京电子科技职业学院李荣雪主编。具体编写分工如下：北京电子科技职业学院姚佳编写第一单元和第二单元，北京

电子科技职业学院刘丽红编写第七单元，蓝星化工（北京）有限公司王友良编写第四单元，渤海船舶职业学院徐双钱编写第六单元，其余单元由李荣雪编写并负责全书的统稿。本书由北京首钢国际工程技术有限公司吴定国主审，经全国职业教育教材审定委员会专家闫瑞涛、牛小铁审定。教育部评审专家在评审过程中对本书内容及体系提出了很多宝贵的建议，在此对他们表示衷心的感谢！

在编写过程中，编者参阅了国内外出版的有关教材和资料，得到了有关专家和同行的指导，在此一并表示衷心感谢！

由于编者水平有限，书中不妥之处在所难免，恳请读者批评指正。

编　者

第1版前言

为了进一步贯彻《国务院关于大力推进职业教育改革与发展的决定》的文件精神，加强职业教育教材建设，满足职业院校深化教学改革对教材建设的要求，机械工业出版社于 2006 年 11 月在北京召开了“职业教育焊接专业教材建设研讨会”。在会上，来自全国十多所院校的焊接专业专家、一线骨干教师研讨了在新的职业教育形势下焊接专业的课程体系，确定了面向中职、高职层次两个系列教材的编写计划。本书是根据会议所确定的教学大纲和高等职业教育培养目标组织编写的。

本书主要讲授常用金属材料的焊接性，以及如何根据金属材料的焊接性选择焊接方法、焊接材料、预热、后热及其他焊接工艺措施等。本书重点强调培养学生编写常用金属材料焊接工艺的能力，内容力求体现“宽、精、应用”的特色。基础理论以应用为目的，以够用为度，教学内容选择宽而精，加强针对性与应用性。本教材根据培养目标的要求，结合学生的年龄特点，编写模式新颖，将需要掌握的知识点进行分解，按单元、综合知识模块、能力知识点分层次编写。每单元开始部分安排有“学习目标”，单元末安排有“综合训练”，并兼顾了焊工考证的考点，以满足“双证制”教学需要。

本书在内容处理上主要有以下突出特点：①以常用金属材料的六大类别作为六个独立单元；②每个单元按照相同的模式安排内容，即按金属材料的种类及性能→焊接性→焊接工艺要点→典型钢种的焊接工艺，以便于教师的“教”和学生的“学”；③在教材内容选择上注重理论的成熟性，工艺的先进性和应用性，不强调知识的系统性。

全书共七个单元，李荣雪编写绪论、第二、三单元，李令义编写第一单元，许志安编写第四、五单元，徐双钱编写第六单元，王现荣编写第七单元。全书由李荣雪主编，支道光教授主审。为便于教学，书末有部分综合训练答案，另外，本书还配备了电子教案，选用本书作为教材的教师可索取，联系电话 010－88379197。

在编写过程中，作者参阅了国内外出版的有关教材和资料，得到了有关专家和同行的有益指导，在此一并表示衷心感谢！

由于作者水平有限，书中不妥之处在所难免，恳请读者批评指正。

编　者

2008 年 3 月

二维码索引

（续）

名称	二维码	页码	名称	二维码	页码
5052 铝合金管对接 TIG 焊		163	TA2 钛合金板对接 TIG 焊		183
铝合金搅拌摩擦焊		165	TC4 钛合金板对接等离子弧焊		183
T2 铜管的气焊		176	第七单元课后习题答案		186

目 录

CATALOG

绪　　论

1. 焊接技术的发展及应用

焊接作为金属加工方法已发展成一门独立的学科，焊接新技术新工艺的不断成熟与发展使其应用越来越广泛。在机械制造、航空航天、石油化工、能源、交通、建筑、冶金等领域广泛使用的金属结构很多都属于焊接结构，在加工过程中都离不开焊接。一些发达国家利用焊接加工的钢材量已经超过钢产量的一半。大量的铝、铜、钛等非铁金属的结构也是用焊接方法制造的。随着科学技术的发展和使用要求的日益提高，具有特殊性能的新型结构材料不断涌现，对焊接技术的要求也越来越高，因此材料的焊接性，特别是金属材料的焊接性，受到了越来越密切的关注。

"想一想"

焊接分哪几类？焊接方法有哪些？

现代焊接技术是从19世纪80年代末发展起来的，焊接技术的发展依托于科学技术的进步，而焊接加工的优越性使之在各种装备的制造中成为必不可少的手段。目前用于生产的焊接方法已超过50种，除常规的电弧焊方法外，电阻焊、电渣焊、电子束焊、激光焊、等离子弧焊等焊接方法的使用，使现代化的大型设备能够大量采用焊接结构。例如，大型高压容器与储罐、大吨位运输船舶、核电站、水力及火力发电站、超音速飞机等的制造中都采用了焊接技术；焊接技术还用于电子元件、火箭、宇宙飞船等尖端精密产品的制造中。近年来的大型焊接结构及焊接技术在尖端精密产品中的应用如图0-1所示。

随着焊接产品使用要求的不断提高，需要采用一些具有特殊性能的结构材料，如高强度钢、超高强度钢、耐热耐蚀钢、难熔合金、非铁金属及其合金、活性金属、异种金属及复合材料等，因此对焊接技术提出了更高的要求；反过来也促进了焊接技术与焊接工艺的发展，促进了焊接生产的机械化和自动化，如焊接机器人、自动焊接生产线在我国制造业中应用也越来越广泛。

2. 本课程的主要内容

《金属材料焊接工艺》论述的对象是各种金属材料的焊接性，以及根据其焊接性特点制订合理的焊接工艺。主要内容如下：

1）金属材料的焊接性及其评定和试验方法。

2）常用焊接结构金属材料的焊接性特点及其焊接工艺要点。常用金属材料主要包括非合金钢、低合金钢、不锈钢、耐热钢、铝及其合金、铜及其合金、钛及其合金等。

3）铸铁的补焊。

本课程的教学目标如下：

a)

b)

c)

d)

图 0-1　焊接技术在大型结构及尖端精密产品中的应用

a）国家体育场“鸟巢”　b）三峡水轮机转轮

c）大型热壁加氢反应器　d）神舟号飞船

1）掌握常用金属材料的焊接性特点，熟悉其在焊接过程中易产生的问题及解决问题的途径和方法。

2）掌握金属材料焊接性的概念，熟悉常用金属焊接性的试验方法、特点及选用原则，能够根据金属材料的化学成分进行焊接性分析及常规的工艺试验。

3）能够根据给定的金属材料正确选择焊接方法、焊接材料，并制订合理的焊接工艺。

使用本书应掌握如下原则。

1）注重理论与实践的结合。影响焊接接头质量的因素非常复杂，同一种材料，在采用不同的焊接工艺或用于不同的产品时，出现的问题可能不一样，焊接性的表现也可能不同，因此在分析问题时，一定要结合具体的焊接生产条件和使用要求。

2）学会多方面知识的融会贯通。本课程应在掌握“金属学与热处理”“金属熔焊原理”和“焊接方法与设备”等课程知识的基础上进行学习。“金属材料焊接工艺”所涉及的知识和实际问题非常广泛，只有将多方面的知识综合运用，才能提高分析问题和解决问题的能力。

3）掌握用唯物辩证法分析问题的原则。焊接条件下各种变化过程存在诸多影响因素，要在众多因素中找到起主要作用的因素，抓住解决问题的关键所在，从而使问题易于解决。

第一单元　金属材料焊接性及其试验方法

掌握金属材料焊接性的概念及其影响因素。
了解焊接性试验方法及应用。

技能目标

能够根据金属材料的化学成分判断其焊接性。
能够根据金属材料焊接性试验结果分析其焊接性的优劣。

用作焊接结构的金属材料在焊接时要经受加热、熔化、冶金反应、冷却结晶、固态相变等一系列复杂的变化过程。这些过程又是在温度、成分和应力极不平衡的条件下进行的，有可能在焊接区造成各种缺陷，或者使金属的性能下降而不能满足使用要求。因此，金属材料的焊接性是一项很重要的性能指标，更是选择焊接方法和制订焊接工艺的依据。实践证明，不同的金属材料获得优质焊接接头的难易程度不同，或者说各种金属材料对焊接加工的适应性不同。这种适应性就是通常所说的金属材料焊接性。

模块一　金属材料的焊接性

一、金属材料焊接性的概念

金属材料焊接性是指金属材料在采用一定的焊接工艺（包括焊接方法，焊接材料、焊接规范及焊接结构形式等）条件下，获得优良焊接接头的难易程度。优质的焊接接头应具备两个条件：一是接头中不允许存在超过质量标准规定的缺陷；二是要具有预期的使用性能。金属材料焊接性包括工艺焊接性和使用焊接性。

1. 工艺焊接性

工艺焊接性是指金属材料对各种焊接方法的适应能力，也就是在一定的焊接工艺条件下能否获得符合要求的优质焊接接头的能力。它不是金属材料本身所固有的性能，但取决于金属的成分和性能，并且随着焊接方法、焊接材料和工艺措施的发展而变化，某些原来不能焊接或不易焊接的金属材料，可能会变得能够或者易于焊接。

"想一想"

金属材料本身固有的性能有哪些？这些性能可以改变吗？

对于熔焊，在焊接过程中金属要经受热循环过程和冶金反应。热循环过程主要影响接头热影响区的组织和性能，冶金反应主要影响焊缝金属的组织和性能，因而又把工艺焊接性划分为热焊接性和冶金焊接性。热焊接性是指焊接热循环对热影响区组织性能的影响程度，它主要与母材材质和焊接工艺条件有关；冶金焊接性是指冶金反应对焊缝金属性能和产生缺陷的影响程度，它与高温下熔池金属与气相、熔渣等相之间发生的一系列的氧化、还原、气体溶解等冶金反应有关，主要评定母材对气孔、夹渣、裂纹等冶金缺陷的敏感性。

2. 使用焊接性

使用焊接性是指焊接接头或整体结构满足技术条件中所规定的使用性能的能力。它取决于焊接结构所满足的技术条件规定的各种性能，通常包括常规力学性能（强度、硬度、塑性、韧性）和低温韧性、断裂性能、高温强度、疲劳极限、持久强度、耐蚀性和耐磨性等。

二、金属材料焊接性的影响因素

焊接性是金属材料对焊接加工的适应性，其影响因素很多，一般归纳为材料、工艺、结构和使用条件四个因素。

1. 材料因素

材料因素是指焊接时参与冶金反应和发生组织变化的所有材料（包括母材和焊接材料），如焊条电弧焊的焊条、埋弧焊的焊丝和焊剂、气体保护焊的焊丝和保护气等，在焊接所形成的熔池中发生一系列的冶金反应，决定着焊缝金属的成分、组织、性能及缺陷的形成。如果焊接材料选择不当，与母材不匹配，则会造成焊缝成分不合格、力学性能和其他使用性能降低，甚至导致产生裂纹、气孔、夹渣等焊接缺陷，从而使工艺焊接性变差。因此，正确选用母材和焊接材料是保证良好焊接性的重要因素。

2. 工艺因素

对同一母材而言，采用不同焊接方法和工艺措施时会表现出不同的焊接性。例如，铝及铝合金由于对氧敏感而不能用 CO_2 气体保护焊焊接，但用氩弧焊可以获得良好的接头质量；钛合金对氧、氮、氢极为敏感，不宜采用气焊和焊条电弧焊，但用氩弧焊或真空电子束焊就比较容易焊接；奥氏体型不锈钢，为保证接头耐蚀性的要求可以采用焊条电弧焊和氩弧焊，但不可以采用电渣焊焊接。

焊接方法对焊接性的影响主要表现在两个方面：一是热源特点（能量密度、温度和热输入），它直接影响焊接热循环的主要参数，从而影响接头的组织和性能；二是保护方式（渣保护、气保护、气-渣联合保护、真空保护等），它直接影响冶金过程，从而影响焊缝金属的质量和性能。例如，对过热比较敏感的高强度钢，可以采用窄间隙气体保护焊和等离子弧焊等，以防过热，从而改善其焊接性。

工艺措施对防止焊接接头产生缺陷、提高使用性能有着重要影响。常用的工艺措施有焊前预热、缓冷、焊后热处理和合理安排焊接顺序等，这些措施对防止热影响区淬硬、减小焊接应力、防止焊接裂纹等是非常有效的。

3. 结构因素

结构因素主要是指结构设计形式和焊接接头形式，它主要影响应力的分布状态，进而影响焊接性。例如，结构形状、尺寸、板厚、接头形式、坡口形式、焊缝布置及截面形状等都是影响焊接性的结构因素。在结构设计中，应使焊接接头处的应力处于较小状态，焊接时能够自由收缩，避免接头处的缺口、截面突变、余高过大、交叉焊缝等，这样有利于减小应力集中，防止产生焊接裂纹。

4. 使用条件

焊接结构的使用条件是多种多样的，工作温度、工作介质的性质、承受载荷的类别和环境状况等都属于使用条件。材料在高温下的蠕变、低温下的脆性断裂、腐蚀介质的腐蚀性等，都对焊接接头质量有更高的要求。也就是说，使用条件越苛刻，金属材料焊接性就越不容易得到保证。

总之，金属材料焊接性与材料、工艺、结构和使用条件密切相关，任何情况下都不能脱离这些因素而简单地认为某种材料的焊接性好或不好，也不能只用一个指标来概括材料的焊接性。常用金属材料焊接难易程度见表1-1，常用金属材料焊接中易出现的问题见表1-2。

表1-1　常用金属材料焊接难易程度

金属及合金		焊条电弧焊	埋弧焊	CO_2气体保护焊	氩弧焊	电渣焊	电子束焊	气焊	电阻焊
非合金钢	低碳钢	A	A	A	B	A	A	A	A
	中碳钢	A	A	A	B	B	A	A	A
	高碳钢	A	B	B	B	B	A	A	D
铸铁	灰铸铁	A	D	A	D	B	D	B	D
低合金钢	锰钢	A	A	A	B	B	A	B	D
	铬钒钢	A	A	A	B	B	A	B	D
不锈钢	马氏体型不锈钢	A	A	B	A	C	A	B	C
	铁素体型不锈钢	A	A	B	A	C	A	B	A
	奥氏体型不锈钢	A	A	A	A	C	A	B	A
非铁金属	纯铝	B	D	D	A	D	A	B	A
	非热处理强化铝合金	B	D	D	A	D	A	B	A
	热处理强化铝合金	B	D	D	A	D	A	B	A
	镁合金	D	D	D	A	D	B	C	A
	钛合金	D	D	D	A	D	A	D	A
	铜合金	B	D	C	A	D	B	B	C

注：A—通常采用；B—有时采用；C—很少采用；D—不采用。

表 1-2　常用金属材料焊接中易出现的问题

材料	易出现的问题	
	工艺方面	使用方面
低碳钢	厚板的刚性拘束裂纹（热应力裂纹）	1）板厚方向塑性降低 2）板厚方向缺口韧性低，疲劳极限降低
中、高碳钢	1）焊道下裂纹 2）热影响区硬化	
低合金钢（热轧及正火钢）	1）焊道下裂纹 2）热影响区硬化	1）焊缝区塑性低 2）抗拉强度低，疲劳极限低 3）容易引起脆性破坏 4）钢板的异向性大
低合金高强度钢（调质钢）	1）焊缝金属冷裂纹 2）热影响区软化 3）厚板焊道下裂纹 4）热影响区硬化裂纹	1）焊缝区塑性低 2）抗拉强度低，疲劳极限低 3）容易引起脆性破坏
低、中合金 Cr-Mo 钢	1）焊缝金属冷裂纹 2）热影响区硬化裂纹	1）焊缝区塑性低 2）高温、高压、氢脆
奥氏体型不锈钢	1）焊缝热裂纹 2）由于高温加热碳化物脆化 3）焊接变形大	1）高温使用时 σ 相脆化 2）焊接热影响区耐蚀性下降（晶间腐蚀） 3）氯离子引起的应力腐蚀裂纹 4）焊缝低温冲击韧度下降
铝及铝合金	1）高温塑性下降，脆性裂纹 2）焊缝收缩裂纹 3）时效裂纹 4）气孔	1）焊缝金属化学成分不一致 2）焊缝金属强度不稳定 3）接头区软化
铜及铜合金	1）高温塑性下降，脆化裂纹，不熔合 2）焊缝收缩裂纹 3）气孔	1）热影响区软化 2）焊缝金属化学成分不一致 3）热影响区脆化

模块二　金属材料焊接性的评定内容与试验方法分类

金属材料焊接性是制订焊接工艺的依据，从获得完整且满足使用要求的优质焊接接头出发，针对不同材料和不同的使用要求，焊接性评定的内容和试验方法也有所不同。

一、金属材料焊接性的评定内容

1. 焊缝金属抵抗热裂纹的能力

焊缝热裂纹是一种较常发生又对焊接接头危害严重的焊接缺陷，是熔池金属在结晶过程中，由于存在易形成低熔点共晶产物的有害元素 S、P 等，并在焊接热应力作用下形成的。这是焊接过程中必须避免的一种缺陷。热裂纹的产生既和母材有关，又与焊接材料有关。因此，测定焊缝金属抵抗热裂纹的能力是焊接性试验的一项重要内容。

"想一想"

热裂纹和冷裂纹有何特点？它们在产生机理和分布位置上有何不同？

2. 焊缝及热影响区金属抵抗冷裂纹的能力

焊接冷裂纹在合金结构钢焊接中最为常见，是焊缝及热影响区金属在焊接热循环作用下，由于组织和性能变化在较低温度下产生的，与金属的成分、焊接应力及扩散氢含量有关。另外，冷裂纹具有延迟性，是对焊接接头和焊接结构危害更大的焊接缺陷。因此，金属材料对冷裂纹的敏感性试验是既重要又常用的焊接性试验。

3. 焊接接头抵抗脆性断裂的能力

焊接接头由于经受冶金反应、结晶、固态相变等一系列过程，可能出现粗晶脆化、组织脆化、热应变时效脆化等现象，使接头的韧性严重降低，对于在低温下工作和承受冲击载荷的焊接结构，会因为焊接接头的韧性降低而发生脆性破坏。因此，对用作这类结构的材料应做抗脆断能力试验。

4. 焊接接头的使用性能

根据焊接结构的使用条件对焊接性提出的性能要求来确定试验内容。使用条件是多方面的，因此试验也是多种多样的。例如：在腐蚀介质中工作的焊接结构要求具有耐蚀性能，焊接接头应该做耐晶间腐蚀或耐应力腐蚀能力试验；厚板结构在厚度方向承受较大载荷时要求具有抗层状撕裂性能，就应该做 Z 向拉伸或窗口试验；此外，还有测定低温钢的低温冲击韧度、耐热钢的高温蠕变强度、承受交变载荷的疲劳极限以及产品技术条件要求的其他特殊性能的试验。

二、金属材料焊接性试验方法的分类

金属材料焊接性试验的方法很多，根据试验内容和特点可以分为工艺焊接性和使用焊接性两大方面的试验，每一方面又可分为直接法和间接法两种类型。

1. 直接法

直接法有两种情况。一种情况是模拟实际焊接条件，通过实际焊接过程考查是否发生某种焊接缺陷，或发生缺陷的严重程度，根据结果直接评价材料焊接性（即焊接性对比试验）；也可以通过试验确定出获得符合要求的焊接接头所需的焊接条件（即工艺适应性试验），这种情况一般用于工艺焊接性试验。另一种情况是直接在实际产品上进行焊接性试验，例如压力容器的焊接试板，主要用于使用焊接性试验。

2. 间接法

间接法一般不需要焊接，只需对产品使用的材料做化学成分、金相组织或力学性能的试验分析与测定，根据结果和经验推测材料的焊接性。

金属材料焊接性试验方法的分类见表 1-3。

表 1-3　金属材料焊接性试验方法的分类

分类	工艺焊接性	使用焊接性
直接法	焊接热裂纹试验 焊接冷裂纹试验 消除应力裂纹试验 层状撕裂试验 热应变时效脆化试验 焊接气孔敏感性试验	实际产品结构运行的服役试验 压力容器的爆破试验
间接法	用碳当量测定 以裂纹敏感指数及临界应力为判据 连续冷却组织转变图（SHCCT） 断口分析及相组织分析 焊接热影响区最高硬度 焊接热、应力模拟试验	焊缝及接头的常规力学性能试验 焊缝及接头的低温脆性试验 焊缝及接头的断裂韧性试验 焊缝及接头高温性能试验 焊缝及接头疲劳、动载试验 焊缝及接头耐蚀性、耐磨性及应力腐蚀开裂试验

模块三　金属材料焊接性的评定与试验

一、金属材料焊接性的分析与评定方法

1. 碳当量法

钢材的化学成分与焊接热影响区的淬硬及冷裂纹倾向有直接的关系，因此可以根据钢材的化学成分来间接分析和判断其对冷裂纹的敏感性。

在钢材所含有的各种元素中，碳对冷裂敏感性的影响最显著，因此将钢中各种元素都按相当于若干含碳量折合并叠加起来，称为碳当量。所以，碳当量法就是把钢中包含碳元素在内的各种合金元素对淬硬、冷裂及脆化等的影响折合成碳的相当含量，并以此来判断钢材的淬硬倾向和冷裂敏感性，进而推断钢材的焊接性。该方法是一种粗略评价冷裂纹敏感性的方法。目前应用的碳当量计算公式较多，其中国际焊接学会（IIW）推荐的 CE、日本工业标准（JIS）规定和美国焊接学会（AWS）推荐的 Ceq 应用较广泛。碳当量计算公式及其应用范围见表 1-4。

表 1-4　碳当量计算公式及其应用范围

碳当量计算公式	应　用　范　围
国际焊接学会(IIW)推荐 $CE = C + Mn/6 + (Cr + Mo + V)/5 + (Cu + Ni)/15$　(%)	中高强度的非调质低合金高强度钢($R_m = 500 \sim 900MPa$) 化学成分 $w_C \geq 0.18\%$
日本工业标准(JIS)规定 $Ceq(JIS) = C + Mn/6 + Si/24 + Ni/40 + Cr/5 + Mo/4 + V/14$　(%)	调质低合金高强度钢($R_m = 500 \sim 1000MPa$) 化学成分 $w_C \leq 0.20\%$、$w_{Si} \leq 0.55\%$、$w_{Mn} \leq 1.5\%$、$w_{Cu} \leq 0.5\%$、$w_{Ni} \leq 2.5\%$、$w_{Cr} \leq 1.25\%$、$w_{Mo} \leq 0.7\%$、$w_V \leq 0.1\%$、$w_B \leq 0.006\%$
美国焊接学会(AWS)推荐 $Ceq(AWS) = C + Mn/6 + Si/24 + Ni/15 + Cr/5 + Mo/4 + Cu/13 + P/2$　(%)	碳钢和低合金高强度钢 化学成分 $w_C < 0.6\%$、$w_{Mn} < 1.6\%$、$w_{Ni} < 3.3\%$、$w_{Cr} < 1.0\%$、$w_{Mo} < 0.6\%$、$w_{Cu} = 0.5\% \sim 1\%$、$w_P = 0.05\% \sim 0.15\%$

注：碳当量计算公式中的元素符号即为该元素的质量分数，后同。

碳当量计算公式说明，钢材的碳当量值越高，淬硬倾向就越大，对冷裂纹越敏感，焊接性也就越差，焊接时需要采取相应的工艺措施来防止冷裂纹。应该指出，用碳当量法估计焊接性的优劣是比较粗略的，因为公式中只考虑了几种元素的影响，实际上钢材中可能还含有其他元素，并且公式没有考虑元素之间的相互作用，特别是没有考虑板厚和焊接条件等因素的影响，所以碳当量法只能用于对钢材焊接性的初步分析。

用碳当量法评定钢材焊接性和制订防止冷裂纹工艺措施按下述方法进行：

(1) 使用国际焊接学会（IIW）推荐的 CE 对板厚小于 20mm 的钢材，当 CE＜0.4%时，钢材的淬硬倾向不大，焊接性良好，焊前不需预热；当 CE＝0.4%～0.6%时，钢材易于淬硬，焊接性较差，焊接前必须预热才能防止裂纹，随着板厚及碳当量的增加，预热温度也相应提高；当 CE＞0.6%时，钢材淬硬倾向很大，焊接性差，焊接时必须采用严格的工艺措施，如预热、后热、缓冷等，以防止产生裂纹。

(2) 使用日本工业标准（JIS）规定的 Ceq 对板厚小于 20mm 的钢材和采用焊条电弧焊时，对强度等级不同的钢材规定了不产生裂纹的临界值和相应的预热措施，见表 1-5。

表 1-5 钢材强度等级与碳当量和预热温度的关系

钢材强度等级 R_m/MPa	Ceq（JIS）（%）临界值	预热温度/℃
500	0.46	不预热
600	0.52	75
700	0.52	100
800	0.62	150

(3) 使用美国焊接学会（AWS）推荐的 Ceq 应根据 Ceq 值再结合焊件厚度，先从图 1-1 中查出该钢种的焊接性等级，再根据表 1-6 确定其最佳焊接工艺措施。

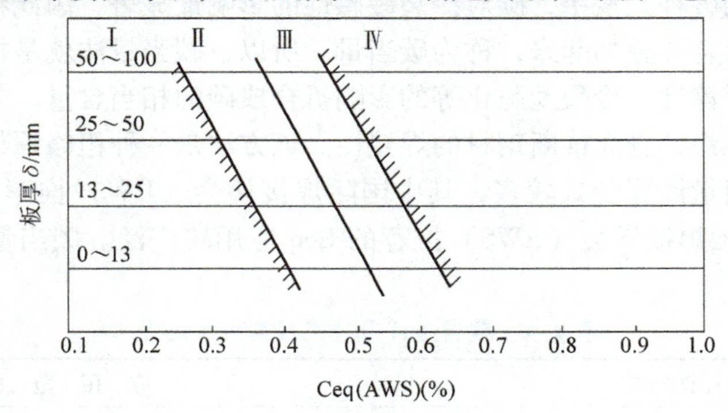

图 1-1 焊接性与碳当量和板厚的关系

Ⅰ—优良 Ⅱ—较好 Ⅲ—尚好 Ⅳ—尚可

表 1-6 钢材焊接性等级不同时的最佳焊接工艺措施

焊接性等级	酸性焊条	碱性焊条	消除应力
Ⅰ（优良）	不需预热	不需预热	不需
Ⅱ（较好）	预热 40～100℃	－10℃以上不预热	均可
Ⅲ（尚好）	预热 150℃	预热 40～100℃	需要
Ⅳ（尚可）	预热 150～200℃	预热 100℃	需要

2. 焊接冷裂纹敏感指数法

焊接冷裂纹敏感指数（P_{cm}）不仅包括了母材的化学成分，又考虑了熔敷金属含氢量与拘束条件（板厚）的作用。例如，斜Y形坡口焊接裂纹试验的冷裂纹敏感指数公式为

$$P_{cm} = C + Si/30 + (Mn + Cu + Cr)/20 + Ni/60 + Mo/15 + V/10 + 5B + \delta/600 + [H]/60 \quad (\%) \tag{1-1}$$

式中 δ——板厚（mm）；

$[H]$——焊缝中扩散氢含量（mL/100g）。

式（1-1）的适用条件：$w_C = 0.07\% \sim 0.22\%$、$w_{Si} \leqslant 0.60\%$、$w_{Mn} = 0.4\% \sim 1.40\%$、$w_{Cu} \leqslant 0.50\%$、$w_{Ni} \leqslant 1.20\%$、$w_{Cr} \leqslant 1.20\%$、$w_{Mo} \leqslant 0.7\%$、$w_V \leqslant 0.12\%$、$w_{Nb} \leqslant 0.04\%$、$w_{Ti} \leqslant 0.05\%$、$w_B \leqslant 0.005\%$、$\delta = 19 \sim 50$mm、$[H] = 1.0 \sim 5.0$mL/100g（按 GB/T 3965—2012《熔敷金属中扩散氢测定法》测定）。

根据P_{cm}值可以通过经验公式求出斜Y形坡口对接裂纹试验条件下，为了防止冷裂纹所需要的最低预热温度T_0（℃）为

$$T_0 = 1440P_{cm} - 392 \tag{1-2}$$

3. 利用金属材料的物理性能分析

金属材料的熔点、热导率、线胀系数、比热容和密度等物理性能，对焊接热循环、熔池冶金过程、结晶与相变过程等都有明显的影响。根据金属材料的物理性能特点，可以预计在焊接过程中可能出现的问题，从而制订出相应的防止措施。例如，热导率大的材料（铜），由于其传热快，焊接时熔池凝固速度快，容易产生气孔和熔透不足；而热导率低的材料（钛、不锈钢），焊接时会由于温度梯度大而产生较大的应力及变形，还会因为高温停留时间长而导致焊缝金属晶粒粗大。此外，焊接线胀系数大的材料（如不锈钢）时，接头的应力和变形必然更严重；焊接密度小的材料（如铝及铝合金）时，则容易在焊缝中产生气孔和夹杂。

4. 利用金属材料的化学性能分析

化学性质比较活泼的金属（如铝、镁、钛及其合金）在焊接条件下极易被氧化，有些金属材料甚至对氧、氮、氢等气体都极为敏感，焊接这些材料时需要采取惰性气体保护焊和在真空中焊接等方法，有时甚至在焊缝背面也要进行保护。例如，钛对氧、氮、氢等气体都极为敏感，吸收这些气体后接头的力学性能将显著降低，特别是韧性下降严重，因此焊钛时要严格控制这些气体对焊缝及热影响区的影响。

二、金属材料焊接性试验方法

1. 斜Y形坡口焊接裂纹试验法

这一试验方法广泛应用于评定碳钢和低合金高强度钢焊接热影响区对冷裂纹的敏感性，属于自拘束裂纹试验，通常称为“小铁研”试验。

（1）试件制备　试件的尺寸和形状如图1-2所示，由被焊钢材制成，板厚为9～38mm，采用机械方法加工试件坡口。

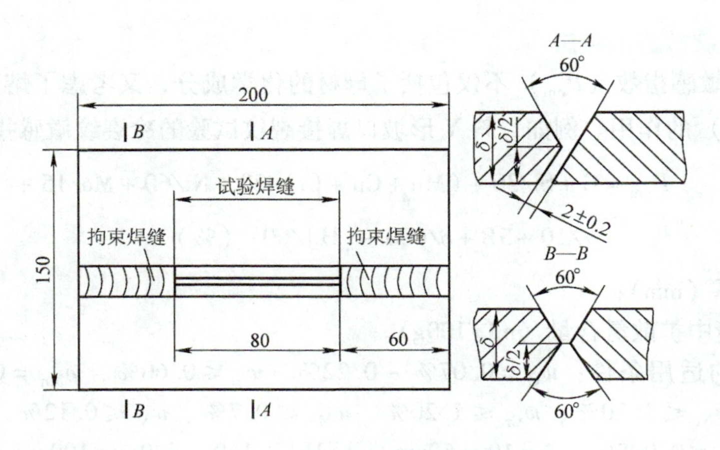

图 1-2　试件的尺寸和形状

在试板两端各焊接 60mm 的拘束焊缝，采用双面焊，注意不要产生角变形和未焊透（因为变形会改变应力状态，未焊透会引起应力集中，也会影响应力状态），并保证试件中间待焊部位有 2mm 的间隙。

（2）施焊条件　试验焊缝应选用与母材匹配的焊条，并注意严格按要求烘干。用焊条电弧焊施焊的试验焊缝如图 1-3a 所示，用焊丝自动送进装置施焊的试验焊缝如图 1-3b 所示。试验焊缝只焊一道，不要求填满坡口，并可在不同温度下施焊。焊后静置和自然冷却 48h 后截取试样和进行裂纹检测。

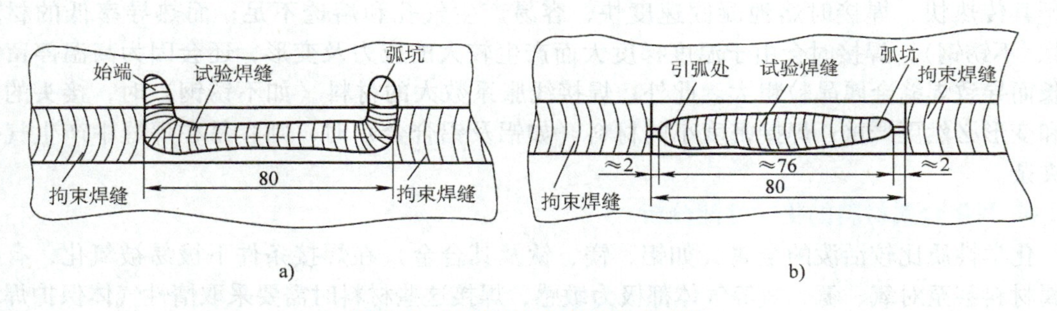

图 1-3　施焊时的施焊焊缝示意图

a）焊条电弧焊施焊的试验焊缝　b）焊丝自动送进装置施焊的试验焊缝

推荐的试验焊接参数：焊条直径 ϕ4mm，焊接电流（170 ± 10）A，电弧电压 22 ~ 24V，焊接速度（150 ± 10）mm/min。

（3）裂纹检测　检测裂纹时直接用眼睛或借助 5 ~ 10 倍放大镜仔细检查焊接接头表面和断面是否有裂纹，并按下列方法分别计算表面、根部和断面的裂纹率。试样裂纹长度的计算按图 1-4 所示进行。

1）表面裂纹率 C_f。如图 1-4a 所示，按下式计算表面裂纹率 C_f：

$$C_f = \frac{\Sigma l_f}{L} \times 100\%$$

式中　Σl_f——表面裂纹长度之和（mm）；

L——试验焊缝长度（mm）。

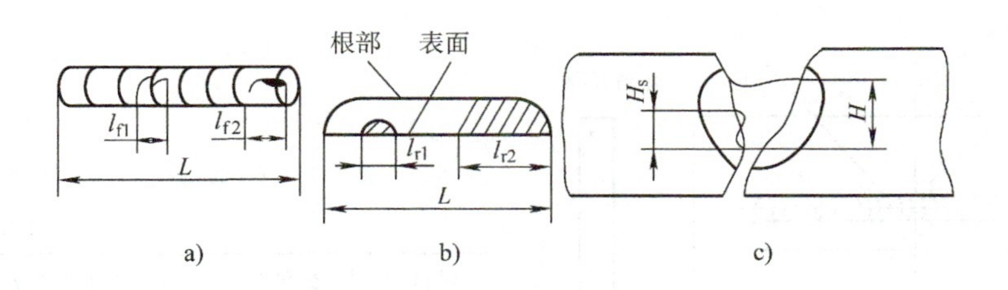

图 1-4　试样裂纹长度计算

a）表面裂纹　b）根部裂纹　c）断面裂纹

2）根部裂纹率 C_r。检测根部裂纹时，应将试件着色后拉断或折断，按图 1-4b 所示进行根部裂纹测量。按下式计算根部裂纹率 C_r：

$$C_r = \frac{\Sigma l_r}{L} \times 100\%$$

式中　Σl_r——根部裂纹长度之和（mm）。

3）断面裂纹率 C_s。在试验焊缝上，用机械加工方法等分切取 4～6 块试样，如图 1-4c 所示，检查 5 个断面上的裂纹深度，按下式计算断面裂纹率 C_s：

$$C_s = \frac{\Sigma H_s}{\Sigma H} \times 100\%$$

式中　ΣH_s——5 个横断面裂纹深度的总和（mm）；

ΣH——5 个断面焊缝最小厚度的总和（mm）。

斜 Y 形坡口焊接裂纹试验条件比较苛刻，因为该试验接头的拘束度远比实际结构大，根部尖角处又有应力集中，因此一般认为低合金钢试验结果中若表面裂纹率低于 20%，则在实际结构焊接时就不会产生裂纹。

这种试验方法的优点是试件易于加工，不需特殊装置，操作简单，试验结果可靠；缺点是试验周期较长。

除斜 Y 形坡口焊接裂纹试验外，还可以仿照此标准做成直 Y 形坡口试件，用于考核焊条或异种钢焊接的裂纹敏感性，其试验程序及裂纹率的检测和计算与斜 Y 形坡口焊接裂纹试验相同。

斜 Y 形坡口焊接裂纹试验指导书

2. 焊接热影响区最高硬度试验法

焊接热影响区的最高硬度比碳当量能更好地反映钢种的淬硬倾向和对冷裂纹的敏感性，因为它不仅能反映钢种化学成分的影响，也反映了材料金相组织的作用。国际焊接学会（IIW）已将其定为标准试验方法，我国也制定了相应的试验标准。

试件尺寸和形状如图 1-5 和表 1-7 所示。试件采用气割下料，试验标准厚度为 20mm，当材料厚度超过 20mm 时须经机加工成 20mm，并保留一个轧制表面；当材料厚度小于 20mm 时则无须加工。

斜 Y 形坡口焊接裂纹试验报告

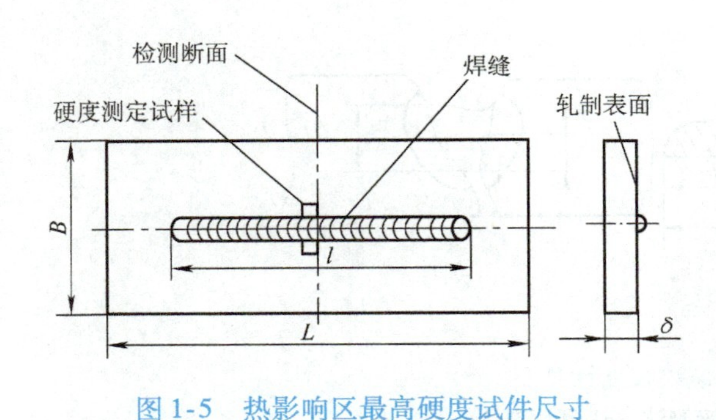

图 1-5　热影响区最高硬度试件尺寸

表 1-7　热影响区最高硬度试件尺寸

（单位：mm）

试件号	试件长度 L	试件宽度 B	焊缝长度 l
1 号试件	200	75	125±10
2 号试件	200	150	125±10

"想一想"

金属材料硬度试验方法有哪几种？硬度值如何表示？各用在什么条件下？

焊前应严格清理试件表面的铁锈、油污和水分等杂质。焊接时将试件架空，下面留出足够的空间。1 号试件在室温下焊接，2 号试件在预热温度下焊接；焊道沿钢材轧制方向在试件表面中心线水平位置施焊，如图 1-5 所示。焊接参数：焊条直径 ϕ4mm、焊接电流 170A、焊接速度 150mm/min；焊后自然冷却 12h 后，采用机械加工方法垂直切割焊道中部，然后在断面上切取硬度测定试样。注意切取过程中必须冷却切口，以免焊接热影响区的硬度因断面温度升高而下降。

试样表面经研磨、腐蚀后，按图 1-6 所示位置测量硬度，在 O 点两侧各取 7 个以上的点作为硬度测定点，每点的间距为 0.5mm，采用载荷为 100N 的维氏硬度计在室温下测定。试验规范按 GB/T 4340.1—2009《金属材料维氏硬度试验》的有关规定进行。

对不同钢种，在不同工艺条件下，最高硬度值没有统一标准，一是因为金属的焊接性除了与钢材的成分组织有关外，还受接头应力状态、焊缝含氢量等因素的影响；二是因为对于低碳低合金钢来讲，即使热影响区出现一定量的马氏体组织，但仍然具有较高的塑性及韧性。因此，对强度等级和含碳量不同的钢种，应该确定出不同的 HV_{max} 许可值来分别评价钢种的焊接性才能客观、准确。

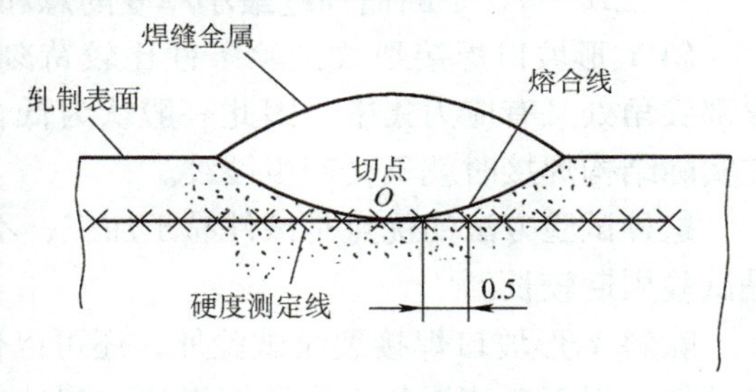

图 1-6　硬度测量的位置

一般用于焊接结构的钢材都应提供其最大硬度值。常用低合金钢允许的热影响区最大硬度值见表 1-8。

表 1-8　常用低合金钢的冷裂纹敏感指数、碳当量及允许的热影响区最大硬度值

牌号	P_{cm}（%）		CE（IIW）（%）		HV_{max}	
	非调质	调质	非调质	调质	非调质	调质
Q390	0.2413	—	0.3993	—	400	—
Q420	0.3091	—	0.4943	—	410	380（正火）

3. 插销试验法

插销试验法是一种定量测定低合金钢焊接热影响区冷裂纹敏感性的试验方法，属于外拘束裂纹试验法。该试验方法消耗材料少，结果稳定可靠，因此在国内外得到了广泛应用。

插销试验的基本原理是根据产生冷裂纹的三要素（即钢的淬硬倾向、焊缝含氢量及接头的应力状态），定量测出被焊钢材产生焊接冷裂纹的“临界应力”作为冷裂纹敏感性的评定指标。

（1）试样制备　把被焊钢材加工成直径为 ϕ8mm 或 ϕ6mm 的圆柱形试棒（称为插销），其形状和尺寸如图 1-7 所示，各部位尺寸见表 1-9，插销上端有环形或螺旋形缺口。将插销插入底板直径相应的孔中，使带缺口一端与底板表面平齐，如图 1-8 所示。

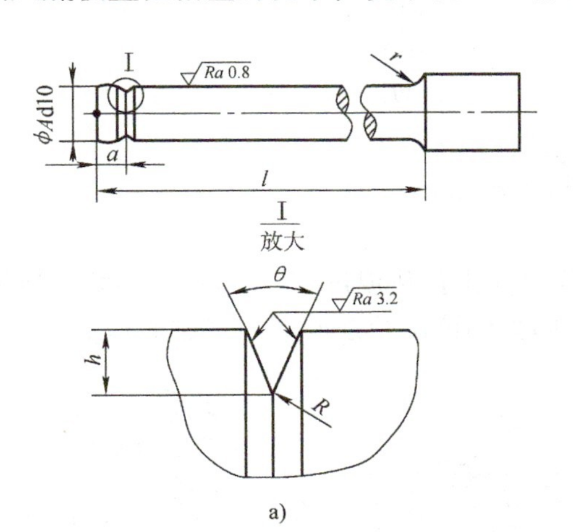

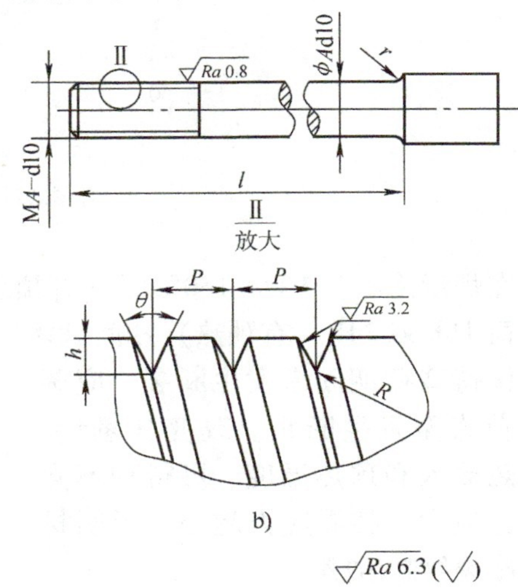

Ra 6.3 (√)

图 1-7　插销试棒的形状和尺寸

a）环形缺口插销　b）螺形缺口插销

表 1-9　插销的尺寸

缺口类型	ϕA/mm	h/mm	θ/（°）	R/mm	P/mm	L/mm
环形	6	0.5	40	0.1	—	大于底板的厚度，一般为30 ~ 150
	8					
螺旋形	6	0.5	40	0.1	1	
	8					

对于环形缺口的插销试棒，缺口与端面的距离 a（见图 1-7a）应使焊道熔深与缺口根部所截的平面相切或相交，但缺口根部被熔透的部分不得超过 20%，熔透比的计算如图 1-9 所示。

对于低合金钢，a 值在焊接热输入 E = 15kJ/cm 时约为 2mm，当热输入改变时，a 值也应根据表 1-10 做出相应改变。

（2）试验过程　按选定的焊接方法和严格控制的焊接参数在底板上熔敷焊道，尽量使焊道中心线通过插销的端面中心，其熔深应保证缺口尖端位于热影响区的粗晶部位，焊道长度为 100~150mm。

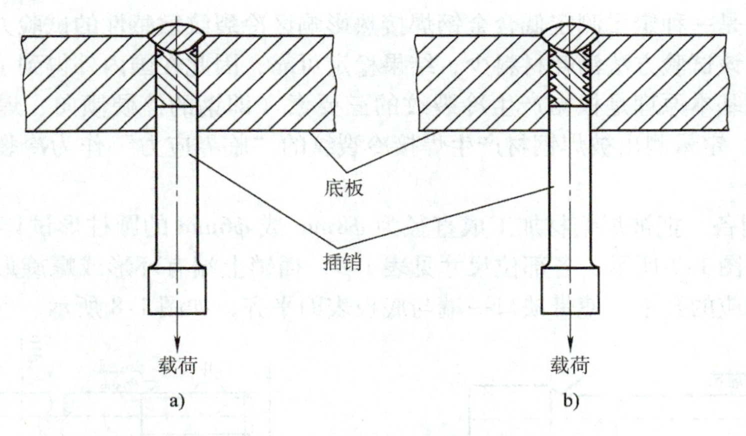

图 1-8 插销试棒、底板及熔敷焊道

a) 环形缺口插销 b) 螺旋形缺口插销

在焊后冷却至 100~150℃时（有预热时应冷却至高出预热温度 50~70℃）加载，当保持载荷 16h 或 24h（有预热）期间试棒发生断裂，即得到该试验条件下的“临界应力”；如果在保持载荷期间未发生断裂，应调整载荷直至发生断裂。改变含氢量、焊接热输入和预热温度，可得到不同的临界应力。临界应力越小，说明材料对冷裂纹越敏感。

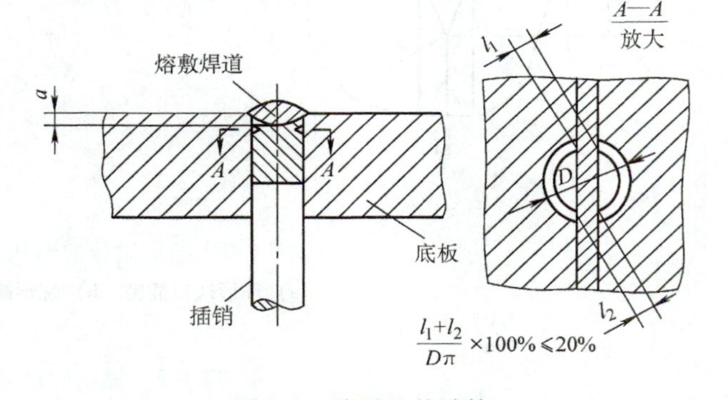

图 1-9 熔透比的计算

(3) 插销试验的特点

1) 试件尺寸小，底板与插销材料可以不同，且底板可重复使用，因此试验消耗材料少。

2) 调整焊接热输入和底板厚度，可得到不同的接头冷却速度。

表 1-10 缺口位置 a 与热输入 E 的关系

E/(kJ/cm)	9	10	13	15	16	20
a/mm	1.35	1.45	1.85	2	2.1	2.4

3) 插销可从被试验材料中任意方向截取，还便于从全熔敷金属中取样来测定焊缝金属对冷裂纹的敏感性。

4) 试验要求环形缺口必须位于焊缝的粗晶区，要求较严格。

5) 由于环形缺口的整个圆周温度不十分均匀，故会影响试验结果的准确性，造成数据分散，再现性不是很好。

4. 刚性固定对接裂纹试验法

该方法主要用于测定焊缝的冷裂纹和热裂纹倾向，也可以测定焊接热影响区的冷裂纹倾向，适用于低合金钢的焊条电弧焊、埋弧焊和气体保护焊等。

试件尺寸和形状如图 1-10 所示，试件在厚度不小于 40mm 的刚性底板上以角焊缝形式四周焊接牢固。当试件板厚≤12mm 时，取焊脚尺寸与板厚相等；当板厚＞12mm 时，焊脚尺寸取 12mm。试件坡口由机械方法加工。

试验焊缝可用手工焊或自动焊方法焊接，焊接参数可采用实际焊接时的参数。焊后将试件在室温下放置 24h，先检查焊缝有无表面裂纹；再横向切取焊缝，取两块试样磨片检查有无裂纹。

该试验焊缝所受到的拘束度较大，评定标准以试验结果有无裂纹为依据，一般每种焊接参数下需焊接两块试样。

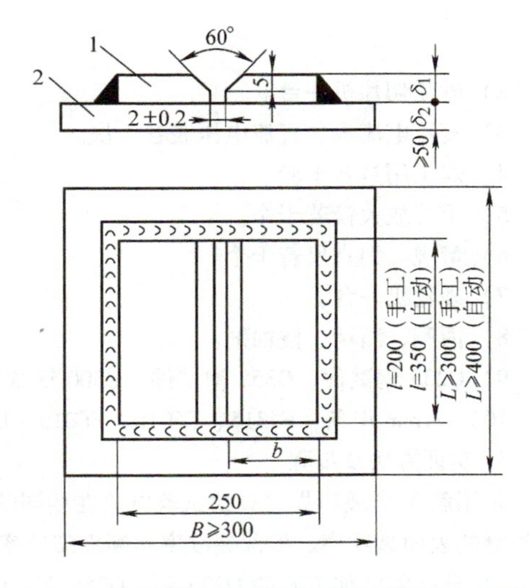

图 1-10　刚性固定对接裂纹试验试件尺寸和形状

1—试件　2—刚性底板

课后习题

一、简答题

1. 什么是金属材料的焊接性？工艺焊接性与使用焊接性有什么不同？

2. 金属材料的焊接性是否属于金属材料的固有性能？“凡是能够获得优质焊接接头的金属，焊接性都很好”这种说法对吗？为什么？

3. 什么是碳当量？如何利用碳当量法评定金属的焊接性？它的使用范围如何？

4. 为什么焊接热影响区的最高硬度可以反映金属材料对冷裂纹的敏感性？

二、选择题（焊工等级考试模拟题）

1.（　　）不是影响焊接性的因素。

A. 金属材料的种类及其化学成分　B. 焊接方法　C. 构件类型　D. 焊接操作技术

2. 碳当量（　　）时，钢的淬硬冷裂倾向不大，焊接性优良。

A. 小于 0.40%　B. 小于 0.50%　C. 小于 0.60%　D. 小于 0.80%

3. 国际焊接学会的碳当量计算公式只考虑了（　　）对焊接性的影响，而没有考虑其他因素对焊接性的影响。

A. 焊缝扩散氢含量　B. 焊接方法　C. 构件类型　D. 化学成分

4. 国际焊接学会推荐的碳当量计算公式适用于（　　）。

A. 合金钢　B. 奥氏体型不锈钢　C. 耐磨钢　D. 碳钢和低合金钢

实训练习

1. 实训目标

1）分析比较 Q235 钢、Q355 钢、Q500 钢的焊接性。

2）掌握斜 Y 形坡口焊接裂纹试验方法。

2. 实训设备及材料

1）弧焊整流器一台。

第一单元课后习题答案

2）砂轮切片机一台。

3）直流电流表、直流电压表各一块。

4）焊工用具若干套。

5）手持放大镜若干个。

6）量规、钢直尺若干个。

7）砂轮机一台。

8）丙酮、酒精、侵蚀剂。

9）Q235 钢试件、Q355 钢试件、Q500 钢试件各两套。

10）ϕ4mm 焊条：E4315、E5015、E6015－D1 各若干根。

3. 实训方法及步骤

采用斜 Y 形坡口焊接裂纹试验方法在相同的焊接工艺条件下分别测定 Q235 钢、Q355 钢、Q500 钢试验裂缝的表面裂纹率、根部裂纹率和断面裂纹率，并分析比较这三种材料的焊接性。

1）分别将已加工好的 Q235 钢、Q355 钢、Q500 钢试件按图 1-3 要求进行试焊，在焊接试验焊缝的部位插入比 2mm 略大的塞片以保证试件间隙，然后定位焊试件。

2）采用 E4315 焊条焊接 Q235 钢试件、E5015 焊条焊接 Q355 钢试件、E6015－D1 焊条焊接 Q500 钢试件两端的拘束焊缝。拘束焊缝采用双面对称焊接，注意不能产生角变形和未焊透。拘束焊缝冷却到室温后拆除塞片。

3）清除试验焊缝坡口及坡口两侧 20mm 范围内的飞溅物、铁锈、氧化皮和污物等，再用丙酮清洗干净。

4）分别采用与试件材料相匹配的焊条按规定的焊接参数焊接试验焊缝，注意必须在坡口外引弧和收弧，如图 1-3 所示。焊前焊条要严格按规定烘干。

5）试件焊完在室温下放置 48h 后，首先用放大镜检查试验焊缝表面有无裂纹，如有裂纹，量出裂纹长度并作记录。

6）将每种材料的一块试件采用适当的方法着色后再拉断或弯断，用放大镜检查根部裂纹情况并做记录。

7）用砂轮切片机将每种材料的另一块试件的试验焊缝切成相等的四片，对称断面进行研磨磨蚀，用放大镜检查断面裂纹情况并做记录。

8）分别计算每种材料的表面裂纹率、根部裂纹率和断面裂纹率。

4. 实训报告要求

1）实训目标。

2）实训环境温度、湿度、试件钢号、化学成分、试件状态、试件厚度及其轧制方向。

3）简述斜 Y 形坡口焊接裂纹试验方法的试验过程。

4）用表格列出各个试件的标号，材料名称，焊接时采用的焊接电源种类和极性，焊条的型号、直径、烘干温度和时间，焊接电流、焊接电压和焊接速度，试件从焊完到开始剖切的时间和剖切方法，并画出表面裂纹、根部裂纹和断面裂纹的示意图，标明裂纹长度。

5）根据试验数据计算各种材料试件的表面裂纹率、根部裂纹率和断面裂纹率。

6）分析比较 Q235 钢、Q355 钢、Q500 钢的焊接性。

第二单元　非合金钢（碳钢）及其焊接工艺

掌握钢材分类方法和非合金钢的成分、性能特点和应用。
掌握低碳钢的焊接性特点和焊接工艺要点。
了解中碳钢和高碳钢的焊接性特点及焊接工艺要点。

能够根据非合金钢的成分特点判断其焊接性。
能够根据非合金钢的成分和性能特点正确选择焊接方法和焊接材料。
能够根据焊接结构特点和材料厚度制订低碳钢焊接工艺。

钢铁材料生产和使用的历史很长，因此分类的方法也很多，各国的分类方法也不尽相同。通常根据不同需要，可采用不同的分类方法，有时为了方便还将不同分类方法混合使用。

模块一　钢材分类与非合金钢

一、钢材分类

我国在 1992 年实施了新的钢分类方法，2008 年颁布了重新修订的 GB/T 13304—2008《钢分类》，该标准是参照国际标准制定的，将钢材按两种方式进行分类：一种是按化学成分分类；另一种是按主要质量等级、主要性能及使用特性分类。

“想一想”

什么是钢？什么是铸铁？为何钢能通过热处理来改变组织和性能？

1. 按化学成分分类

GB/T 13304—2008 中将钢按化学成分分为非合金钢、低合金钢和合金钢三类。其中每一类又按主要特性分为若干小类。新标准中采用“非合金钢”代替传统的“碳素钢”，其内涵更广泛，除包括各种碳素钢外，还包括其他具有特殊性能的非合金钢等。本单元中的非合金钢是指传统的碳素钢（或称碳钢），它具有较好的力学性能和各种工艺性能，并且冶炼工艺比较简单，价格低廉，因而在焊接结构制造中应用广泛，一般用于工作温度在350℃以下的结构。

2. 按主要质量等级、主要性能及使用特性分类

非合金钢按主要质量等级分为普通质量非合金钢、优质非合金钢和特殊质量非合金钢；按主要性能及使用特性分为非合金易切削钢、非合金结构钢、非合金工具钢和其他非合金钢等。

"想一想"

各类钢用牌号怎样表示？其中各字母和数字的含义是什么？

此外，钢材还可以从其他角度进行分类，如按专业（锅炉用钢、桥梁用钢、容器用钢等）或冶炼方法等进行分类。

二、非合金钢

非合金钢（碳素钢）按碳的质量分数可分为低碳钢（w_C <0.25%）、中碳钢（w_C = 0.25%～0.60%）和高碳钢（w_C >0.60%）；按用途可分为碳素结构钢和碳素工具钢。在焊接结构用非合金钢中，常采用按碳的质量分数分类的方法，因为碳的质量分数在某一范围内时，其焊接性比较接近，因而焊接工艺的编制原则也基本相同。

非合金钢（碳素钢）是指以铁为基础，以碳为合金元素，碳的质量分数一般不超过1.4%的钢，其他常存元素因含量较低皆不作为合金元素。因此，非合金钢的焊接性主要取决于碳的质量分数，随碳的质量分数的增加，其焊接性逐渐变差，见表2-1。

表2-1 非合金钢焊接性与碳的质量分数的关系

钢的种类	碳的质量分数(%)	典型硬度	典型用途	焊接性
低碳钢	≤0.15	60HBW	特殊板材和型材、薄板、带材、焊丝	优
	0.15～0.25	90HBW	结构用型材、板材和棒材	良
中碳钢	0.25～0.60	25HRC	机器部件和工具	中（通常需要预热和后热，推荐低氢焊接）
高碳钢	>0.60	40HRC	弹簧、模具、钢轨	劣（必须用低氢焊接，预热和后热）

模块二 低碳钢的焊接

一、低碳钢的成分特点与焊接性

低碳钢中碳的质量分数较低，硅、锰含量又较少，因此通常情况下不会因焊接而引起严重的硬化组织和产生淬火组织，其强度不高（一般在500MPa以下），塑性和冲击韧性优良。焊接接头的塑性和冲击韧性也很好，焊接时一般不需预热、控制道间温度和后热，焊后也不必采取热处理来改善组织，可以说在整个焊接过程中不需要采取特殊的工艺措施，焊接性优良。焊接时具有以下特点：

1）可装配成各种接头形式，适应各种不同位置的焊接，且焊接工艺和技术较简单，容

易掌握。

2）塑性好，焊接接头产生裂纹的倾向小，适合制造各种大型结构和压力容器。

3）不需要使用特殊和复杂的工艺设备，对焊接电源和焊接材料没有特殊要求，交直流焊机、酸碱性焊条和焊剂都可以使用。

4）如果焊接时热输入过大，例如焊条直径或焊接电流选择不当，埋弧焊电流或焊速不当，也可能因热影响区的晶粒长大而引起塑性降低。

二、低碳钢的焊接工艺要点

1. 焊接方法

低碳钢焊接性良好，几乎可以选择所有的焊接方法，如氧乙炔焊、焊条电弧焊、埋弧焊、氩弧焊、CO_2 气体保护焊、电渣焊、等离子弧焊、电阻焊、摩擦焊和钎焊等，并能保证焊接接头的良好质量。近年来开发的一些新的高效、高质量的焊接方法和焊接工艺也在低碳钢焊接中得到了广泛应用，如高效率铁粉焊条和重力焊条电弧焊、氩弧焊封底-快速焊剂埋弧焊、窄间隙埋弧焊、药芯焊丝气体保护焊等。

"想一想"

焊条牌号中各字母和数字的含义是什么？

2. 焊接材料

低碳钢焊接时选择焊接材料应遵循等强度匹配的原则，也就是根据母材强度等级及工作条件来选择焊接材料。低碳钢结构通常使用抗拉强度平均值为 420MPa 的钢材，而 E43 × × 系列焊条熔敷金属的抗拉强度不低于 420MPa，在力学性能上正好与之相匹配。这一系列焊条有多种型号，可根据具体情况选用。表 2-2 中列出了焊接低碳钢常用的焊接材料。

表 2-2　焊接低碳钢常用的焊接材料

<table>
<tr><th rowspan="2">牌号</th><th colspan="2">焊条电弧焊（焊条型号）</th><th colspan="2">埋弧焊</th><th>CO₂ 气体保护焊</th></tr>
<tr><th>一般结构</th><th>焊接动载荷、复杂与厚板结构、重要受压容器和低温下焊接</th><th>焊丝牌号</th><th>焊剂牌号</th><th>焊丝牌号</th></tr>
<tr><td>Q235</td><td>E4303、E4313、E4301、E4320、E4311</td><td>E4315、E4316（E5015、E5016）</td><td>H08A</td><td rowspan="2">HJ430
HJ431</td><td rowspan="2">H08Mn2Si
H08Mn2SiA</td></tr>
<tr><td>Q275</td><td>E5015、E5016</td><td>E5015、E5016</td><td>H08MnA</td></tr>
<tr><td>08、10
15、20</td><td>E4303、E4301
E4320 、E4311</td><td>E4315、E4316（E5015、E5016）</td><td>H08A
H08MnA</td><td rowspan="3">HJ430
HJ431
HJ330</td><td rowspan="3">H08Mn2Si
H08Mn2SiA</td></tr>
<tr><td>25、30</td><td>E4315、E4316</td><td>E5015、E5016</td><td>H08MnA、
H10MnA</td></tr>
<tr><td>20R</td><td>E4303、E4301</td><td>E4315、E4316（E5015、E5016）</td><td>H08MnA</td></tr>
</table>

3. 低碳钢施焊工艺要点

焊接低碳钢时一般不需要采取特殊的工艺措施，但在焊件厚度较大或环境温度较低（$T\leqslant 0℃$）时，会因冷速加快而导致接头裂纹倾向增加。例如，在焊接直径 $\phi\geqslant 3000\mathrm{mm}$ 且壁厚 $\delta\geqslant 50\mathrm{mm}$ 的结构、壁厚 $\delta\geqslant 90\mathrm{mm}$ 的第一层焊道、壁厚 $\delta\geqslant 20\mathrm{mm}$ 的受压容器等时均有可能产生裂纹，因此焊接时应采取如下工艺措施：

1）焊前预热，焊接时保持道间温度。预热温度可根据实践经验和试验结果确定，不同产品的预热温度有所不同，见表2-3。

表2-3　低碳钢不同结构在各种气温下的预热温度

板厚/mm	管道、容器结构	板厚/mm	梁、柱、桁架结构
≤16	气温不低于 -30℃时，不预热；低于 -30℃时，预热100~150℃	≤30	气温不低于 -30℃时，不预热；低于 -30℃时，预热100~150℃
17~30	气温不低于 -20℃时，不预热；低于 -20℃时，预热100~150℃	31~50	气温不低于 -10℃时，不预热；低于 -10℃时，预热100~150℃
31~40	气温不低于 -10℃时，不预热；低于 -10℃时，预热100~150℃	51~70	气温不低于0℃时，不预热；低于0℃时，预热100~150℃
41~50	气温不低于0℃时，不预热；低于0℃时，预热100~150℃		

2）采用低氢或超低氢型焊接材料。

Q235钢板对接MIG焊

3）连续施焊整条焊缝，避免中断。

4）在坡口内引弧，避免擦伤母材，注意熄弧时填满弧坑。

5）不在低温下进行成形、矫正和装配。

6）尽可能改善严寒的劳动条件。

上述措施可单独使用，有时需要综合使用。

总结与提高：

1）低碳钢的焊接性优良，焊接工艺简单，一般情况下不需要采取特殊的工艺措施。

2）常用的焊接方法都可以用来焊接低碳钢。

3）焊件厚度较大或焊接环境温度较低时，焊缝有可能产生裂纹，焊接时应采取相应的工艺措施。

三、低碳钢焊接生产案例

真空缓冲罐和冷凝液储罐主体焊缝焊接工艺卡分别见表2-4和表2-5。

表 2-4　真空缓冲罐主体焊缝焊接工艺卡

<table>
<tr><td>产品编号</td><td>9100</td><td rowspan="6">60°±5°
2
2</td><td colspan="5">清根方法</td></tr>
<tr><td>产品名称</td><td>真空缓冲罐</td><td colspan="5">碳弧气刨</td></tr>
<tr><td>容器类别</td><td>类外</td><td>层次</td><td>碳棒规格</td><td>风压</td><td>电流</td><td>深度</td></tr>
<tr><td colspan="2">母材</td><td>1</td><td></td><td></td><td></td><td></td></tr>
<tr><td>材质</td><td>20 钢</td><td>2</td><td></td><td></td><td></td><td></td></tr>
<tr><td>规格</td><td>$\delta = 8$mm</td><td>编制</td><td colspan="2"></td><td>校对</td><td></td></tr>
</table>

<table>
<tr><td>预热温度</td><td>—</td><td>保温方法</td><td>—</td><td>层间温度</td><td>≤250℃</td><td>焊后热处理</td><td>—</td></tr>
</table>

<table>
<tr><td rowspan="2">焊缝层号</td><td rowspan="2">电源极性</td><td colspan="2">焊接材料</td><td rowspan="2">焊接电流/A</td><td rowspan="2">电弧电压/V</td><td rowspan="2">氩气流量/(L/min)</td><td rowspan="2">备注</td></tr>
<tr><td>牌号规格</td><td>烘干温度/℃</td></tr>
<tr><td>1</td><td>直流正接</td><td>H08MnA(ϕ2.4mm)</td><td>—</td><td>160～180</td><td>14～18</td><td>7～10</td><td></td></tr>
<tr><td>2</td><td>直流反接</td><td>J427(E4315)(ϕ3.2mm)</td><td>350</td><td>90～120</td><td>24～26</td><td>—</td><td></td></tr>
<tr><td>3</td><td>直流反接</td><td>J427(E4315)(ϕ4mm)</td><td>350</td><td>140～180</td><td>24～26</td><td>—</td><td></td></tr>
<tr><td colspan="2">说明</td><td colspan="6">1. 采用规范 1 打底、规范 2、3 填满焊缝
2. 此焊接工艺卡用于手孔接管与法兰组成环焊缝的焊接(其他接管与法兰的焊接按规范 1)</td></tr>
<tr><td colspan="2">工艺评定编号:</td><td colspan="3">PQR Ⅰ-1Y$_1$2057</td><td colspan="3">PQR Ⅰ-1S2051</td></tr>
</table>

表 2-5　冷凝液储罐主体焊缝焊接工艺卡

产品编号	9117	清根方法				
产品名称	冷凝液储罐	碳弧气刨				
容器类别	类外	层次	碳棒规格	风压	电流	深度
母材		1				
材质	Q235B	2				
规格	$\delta=10$mm	编制			校对	

60°±5°　1~1.5　2

预热温度	—	保温方法	—	层间温度	≤250℃	焊后热处理	—

焊缝层号	电源极性	焊接材料		焊接电流/A	电弧电压/V	氩气流量/(L/min)	备注
		牌号规格	烘干温度/℃				
1	直流正接	H08MnA(ϕ2.4mm)	—	130~160	14~18	7~10	
2	直流反接	J427(E4315)(ϕ3.2mm)	350~400	110~130	24~26	—	
3	直流反接	J427(E4315)(ϕ4mm)	350~400	140~160	24~26	—	
4	直流反接	J427(E4315)(ϕ5mm)	350~400	170~210	24~26	—	

说明	1. 采用规范 1 打底,规范 2、3、4 填满焊缝;背面采用规范 1 焊接 2. 此焊接工艺卡用于筒体纵、环焊缝及与封头组成环焊缝的焊接(人孔接管纵焊缝按此工艺)	
工艺评定编号:	PQR Ⅰ-1Y$_1$2057	PQR Ⅰ-1S2051

模块三　中碳钢的焊接

一、中碳钢的成分特点与焊接性

中碳钢中碳的质量分数为0.25%～0.60%，其强度和硬度较高，塑性和韧性较差，淬硬性较大。当w_C接近下限时焊接性良好，随着w_C的增加，焊接性严重恶化。同时，在物理性能方面，中碳钢比低碳钢线胀系数略大，热导率稍低，这也就增加了中碳钢焊接时的热应力和过热倾向。

当钢中碳的质量分数大于0.15%时，碳本身的偏析以及它促进硫等其他元素的偏析都明显起来，如果钢中的硫较多，则会因形成低熔点硫化物而导致热裂纹倾向增加，因此焊接碳钢时，必须首先严格控制硫的质量分数；其次，由于碳的质量分数较大，在焊接冶金反应中，C和FeO反应生成的CO有可能产生CO气孔；第三，碳的增加提高了钢材的淬硬性，焊接时如果冷却速度较快，会在热影响区产生马氏体组织，且中碳钢的马氏体组织有较大的脆性，因此在焊接应力作用下容易发生冷裂纹和脆断。

总之，中碳钢的焊接性较差，且随碳的质量分数增加而越来越差。焊接时的主要问题是热裂纹、冷裂纹、气孔和脆断，有时还会存在热影响区强度降低的问题，钢中杂质越多、结构刚性越大，问题就越严重。

因此，中碳钢一般不用作焊接结构材料，而多用作机器部件和工具，多利用其坚硬耐磨的性能，而并非利用其高强度。这种坚硬耐磨的性能通常是通过热处理来达到的，因此焊接时就要注意母材的热处理状态。如果是焊接已经过热处理的部件，则必须采取措施，防止裂纹的产生；如果是焊后进行热处理，则要求热处理后接头与母材性能相匹配，必须注意选择焊接材料。

二、中碳钢的焊接工艺要点

1. 焊接方法

中碳钢焊接性较差，一般用作机器部件，其焊接一般是修补性的，所以焊接中碳钢最合适的焊接方法是焊条电弧焊。

2. 焊接材料

一般情况下选用去硫能力强、熔敷金属扩散氢含量低、塑性较好的低氢型焊条。在要求焊缝金属与母材等强度时，选相应级别的低氢型焊条；在不要求等强度时，选用强度级别低于母材的低氢型焊条，例如焊接强度级别为490MPa的母材，可选择E4315、E4316焊条，切不可选择强度级别比母材高的焊条。

如果焊接时母材不允许预热，为了防止热影响区出现冷裂纹，可选择奥氏体型不锈钢焊条，以获得塑性好、抗裂能力强的奥氏体组织焊缝金属。用于焊接中碳钢的奥氏体型不锈钢焊条有E308－15（A107）、E308－16（A102）、E309－15（A307）、E309－16（A302）、E310－15（A407）和E310－16（A402）等。

对强度不做要求的中碳钢工具、模具等，一般是通过热处理来达到所要求的高硬度和高耐磨性，焊接时要考虑其焊前状态：如果是在热处理前焊接，选用焊条时必须使焊缝金属与母材化学成分接近，以使焊后经热处理的焊缝金属与母材性能相同；如果是在热处理后的部件上焊接，则要选择低氢型焊条，并采取相应的工艺措施，以防止裂纹和热影响区软化。

3. 坡口制备

焊接中碳钢时，为了限制焊缝金属中碳的质量分数，应减小熔合比，所以一般采用U形或V形坡口，并注意将坡口及两侧20mm范围内的油污、铁锈等污物清理干净。

"想一想"

焊件坡口形式有哪些？各有何特点？在什么情况下选用？

4. 预热与后热

焊接中碳钢时大多需要预热和控制层间温度，以降低焊缝金属和热影响区的冷却速度，抑制马氏体的形成，提高接头的塑性，减小残余应力。预热温度取决于碳当量、母材厚度、结构刚度和焊条类型等。

中碳钢焊后应立即进行消除应力热处理，不能立即进行热处理的，也应至少在冷却到预热温度或层间温度之前进行后热处理，特别是在焊件厚度和结构刚度较大时更应如此，以便扩散氢逸出，降低裂纹倾向。中碳钢的热处理温度一般为600～650℃，见表2-6。

表2-6　焊接中碳钢的焊条型号、预热温度及焊后热处理温度

牌号	焊接性	选用焊条型号		预热温度/℃	焊后消除应力热处理温度/℃
		不要求等强度	要求等强度		
25	好	E4303、E4301	E5015、E5016	>50	600～650
30	较好	E4315、E4316	E5015、E5016	>100	
35 ZG270-500	较好	E4303、E4301 E4315、E4316	E5015、E5016	>150	
45 ZG310-570	较差	E4303、E4301、E4315、E4316、E5015、E5016	E5015、E5016	>250	
55 ZG340-640	较差	E4303、E4301、E4315、E4316、E5015、E5016	E5015、E5016	—	—

5. 施焊特点

焊接中碳钢，尤其是在不预热的情况下焊接时，应采取工艺措施来减小熔深，降低冷却速度，防止产生裂纹。例如，选U形坡口减小熔合比；多层焊第一层焊道采用小直径焊条、小电流焊接；将焊件置于立焊或半立焊位置，焊条横向摆动（摆动幅度取焊条直径的5～8倍，这样就相当于短段连续多道多层焊），使母材热影响区的任何一点都在短时间内多次重复受热，以取得预热和保温效果。

三、中碳钢焊接生产案例

焊条电弧焊焊接法兰长轴。法兰长轴的主要尺寸如图2-1所示，材料为35钢。采用焊条电弧焊焊接，选用E5015低氢型焊条，焊前经300～350℃烘干保温1h；仔细清理焊件坡口两侧20mm范围内的油污、铁锈等杂质；焊件水平放置，预热150～200℃，焊固定焊缝

4～5段，每段长50mm；圆周焊缝分成6段或4段，分段跳焊以减小应力和变形，第一道焊缝焊接速度要稍慢，熄弧时注意填满弧坑。

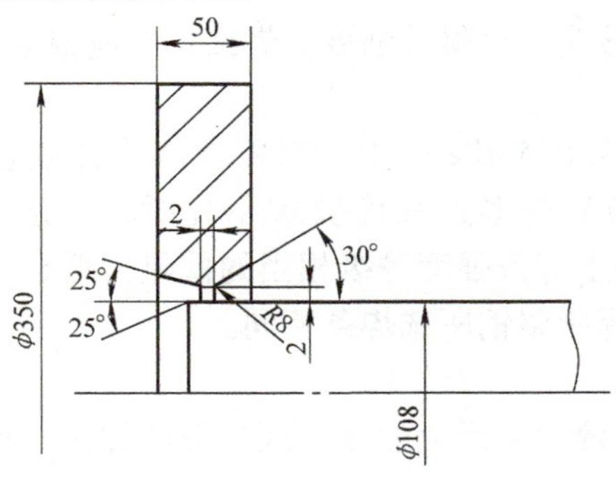

图2-1　焊接法兰长轴的主要尺寸

> 总结与提高：
>
> 1）中碳钢的焊接性较差，且随含碳量增加而越来越差，焊接时的主要问题是冷裂纹、热裂纹、气孔和脆断，有时还会存在热影响区强度降低的问题。钢中杂质越多、结构刚度越大，问题就越严重。
>
> 2）中碳钢一般不用作焊接结构材料，而多用作机器部件和工具，多利用其坚硬耐磨的性能。这种坚硬耐磨的性能通常是通过热处理来达到的，因此焊接时要注意母材的热处理状态。
>
> 3）中碳钢焊接时大多需要预热和控制层间温度，焊后应立即进行消除应力热处理或后热。

模块四　高碳钢的焊接

一、高碳钢的成分特点与焊接性

高碳钢中碳的质量分数大于0.6%，焊接性很差，在实际中不用作焊接结构，一般用作工具钢和铸钢，用于要求高硬度和高耐磨性的部件、零件和工具，所以高碳钢的焊接大多为修复性焊接。其特点如下：

1）由于碳的质量分数更大，因此焊接时比中碳钢更容易产生热裂纹。

2）高碳钢对淬火更加敏感，焊接时热影响区极易产生脆硬的高碳马氏体组织，所以淬硬倾向和冷裂纹倾向都很大。

3）高碳钢的导热性比低碳钢差，在焊接高温下晶粒长大快，且碳化物容易在晶界上集聚、长大，使焊缝脆性增大，从而使接头冲击韧度降低；同时在接头中引起的内应力也较大，更容易促使裂纹产生。

二、高碳钢的焊接工艺要点

1. 焊接方法

如前所述，高碳钢的焊接主要是高硬度、高耐磨性部件、零件和工具的修复，所以主要的焊接方法是焊条电弧焊和钎焊。

2. 焊接材料

高碳钢焊接一般不要求接头与母材等强度。焊接材料应根据钢中碳的质量分数、结构特点和使用条件来选择。

高碳钢的抗拉强度一般在675MPa以上，当要求接头强度较高时，可选择E7015－D2（J707）或E6015－D2（J607）焊条；强度要求不高时，可选择E5015（J507）或E5016（J506）焊条；或者选择与以上焊条强度等级相当的低氢型低合金钢焊条；必要时可选用奥氏体型不锈钢焊条，牌号与焊中碳钢所选焊条相同。

3. 施焊工艺要点

1）高碳钢焊件一般经过淬火＋回火的热处理，因此焊接之前要先行退火，以减小裂纹倾向。

2）采用结构钢焊条焊接时，焊前必须预热，预热和层间温度控制在250～350℃。

3）采取与中碳钢相同的焊接工艺措施，如减小熔合比、小电流、低焊速焊接，整个焊件应连续施焊完成，并采取措施减小内应力。

4）焊后将焊件立即放入炉中，在650℃下保温，进行消除应力热处理。

三、高碳钢焊接生产案例

1. 刀具钎焊

在机加工中使用的车刀、刨刀等刀具是由刀头与刀体焊接而成的。刀头一般是合金工具（硬质合金）钢，其中 w_C = 0.80% ～1.40%，属于高碳钢；刀体一般由 w_C = 0.40% ～0.60%的中碳钢或低合金钢（40Cr）制造。刀具在工作过程中承受巨大的应力，尤其是受压缩、弯曲和冲击，因此要求接头强度高、质量可靠。合金工具钢的高硬度和高强度是靠其中的高碳来保证的，因此，焊接时要保证其成分、组织和性能不受损害，特别是要防止材料高温氧化而脱碳。由于上述原因，合金工具钢一般采用钎焊，并常采用铜基或银基钎料。

火焰钎焊刀具如图2-2所示，应用最广泛的铜钎料是黄铜。为了提高钎料的强度和润湿性，常加入锰、镍和锆等元素，也可用脱水硼砂与硼酸混合做钎剂。除此之外，还可应用电阻、感应、炉中和浸渍钎焊。

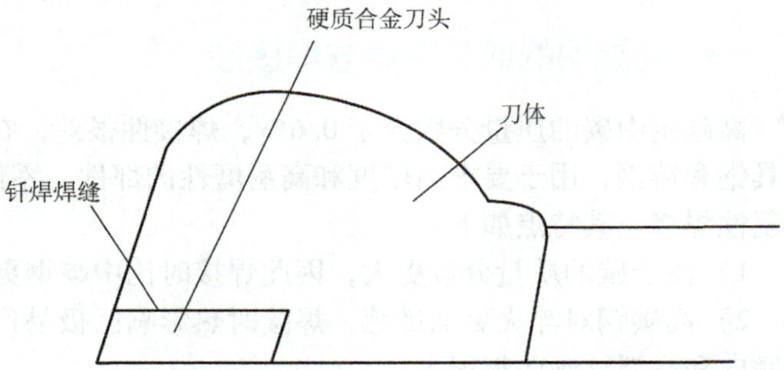

图2-2 火焰钎焊刀具

刀具钎焊通常采用搭接接头或套接接头，钎焊应在淬火工序之前进行或同时进行。如果是在淬火之前进行，则要求钎料能在淬火温度下固化良好，铜钎料可满足这一要求。

2. 钢索对接

用于斜拉桥（图2-3）的某钢索直径为146mm，它由许多根直径为7mm的80优质高碳钢丝拧绞而成，每根钢索都很长，安装时要求拉紧钢索，因此要求事先在钢索端头对接上一个高碳钢拉紧接头。

焊接采用焊条电弧焊，选用强度级别比钢索低的焊条，预热温度和层间温度不低于350℃，焊后采取缓冷措施。

图 2-3　钢索斜拉桥

总结与提高：

1）高碳钢的焊接性很差，所以一般不用作焊接结构，主要用于要求高硬度和高耐磨性的部件、零件和工具，即高碳钢的焊接大多为修复性焊接。

2）高碳钢焊接一般不要求接头与母材等强度。

3）焊接高碳钢时，淬硬倾向和冷裂纹倾向都很大；用结构钢焊条焊接时，焊前必须预热，预热和层间温度控制在250～350℃。焊后将焊件立即放入炉中，进行消除应力热处理。

课后习题

一、简答题

1. 什么是非合金钢？非合金钢是如何进行分类的？

2. “低碳钢焊接性良好”的说法有无不妥之处？选用焊接方法与焊接材料的原则是什么？

3. 低碳钢在低温条件下焊接时的工艺要点是什么？

4. 板厚为18mm、材质为20g的钢板对接，在环境温度－20℃的条件下施工，采用埋弧焊进行焊接，试制订其焊接工艺。

5. 为何中碳钢在制造机器零件中应用普遍，而在焊接结构中尽量不用？

6. 焊接中碳钢时可能出现哪些问题？应如何解决？

7. 焊接中碳钢时，选择焊接材料的原则是什么？焊接工艺要点是什么？

8. 高碳钢焊接主要应用于哪些范围？焊接时应注意哪些问题？

二、选择题（焊工等级考试模拟题）

1. 根据 GB/T 1591—2018 规定，(　　) 牌号由代表屈服强度的字母“Q”、屈服强度数值、交货状态代号和质量等级符号（A、B、C、D、E）四部分按顺序排列。

A. 碳素结构钢　　B. 优质碳素结构钢

C. 合金结构钢　　D. 低合金高强度结构钢

2. 在高温、高压蒸汽的运行条件下，碳素钢的最高工作温度为（　　）℃。

A. 350　　B. 450　　C. 550　　D. 650

3. （　　）中除含有铁、碳元素外，还有少量的硅、锰、硫、磷等杂质。

A. 钼钢　　B. 铬钢　　C. 镍钢　　D. 碳素钢

4. 高碳钢中碳的质量分数大于（　　）。

A. 0.90%　　B. 0.80%　　C. 0.70%　　D. 0.60%

5. 低碳钢 Q235 钢板对接焊时，焊条应选用（　　）。

A. E7015　　B. E6015　　C. E5515　　D. E4303

6. Q235 钢 CO_2 气体保护焊时，焊丝应选用（　　）。

A. H10Mn2MoA　　B. H08MnMoA　　C. H08CrMoVA　　D. H08Mn2SiA

三、判断题（焊工等级考试模拟题）

1. 低碳钢的高温组织为珠光体加铁素体。（　　）
2. 碳素钢中除含有铁、碳元素外，还有少量的铬、钼、硫、磷等杂质。（　　）
3. 冷轧低碳钢焊接热影响区由过热区、正火区和部分相变区三部分组成。（　　）
4. 中碳钢不用作焊接结构的原因是其强度过高。（　　）
5. 高碳钢的焊接性差，因而不能进行焊接。（　　）
6. 低碳钢和中碳钢选择焊接材料时都应遵循等强度匹配的原则。（　　）

第二单元课后习题答案

第三单元 低合金钢及其焊接工艺

掌握低合金钢的种类、成分、性能特点和应用。
掌握常用典型钢种的焊接性特点及焊接工艺要点。
了解热轧及正火钢、低碳调质钢、中碳调质钢和低温钢的焊接性特点和焊接工艺要点。

能够根据低合金钢的成分特点判断其焊接性。
能够根据低合金钢的成分和性能特点正确选择焊接方法和焊接材料。
能够根据焊接结构特点和材料厚度制订和编写常用典型合金结构钢的焊接工艺。

模块一 低合金钢概述

一、低合金钢中的合金元素

低合金钢是在非合金钢的基础上添加了少量合金元素的钢，所添加合金元素的种类和规定质量分数界限值见表3-1。当低合金钢同时含有Cr、Cu、Mo、Ni四种元素中的两种、三种或四种时，所有这些元素的质量分数总和应不大于表3-1中规定的两种、三种或四种元素中每种元素最高界限值总和的70%。如果这些元素的规定质量分数总和大于表3-1中规定的两种、三种或四种元素中每种元素最高界限值总和的70%，即使每种元素的质量分数低于规定的最高界限值，也应划入合金钢，而不能划入低合金钢。

表3-1 非合金钢、低合金钢和合金钢所添加合金元素的种类和规定质量分数界限值

合金元素	合金元素规定质量分数界限值(%)		
	非合金钢	低合金钢	合金钢
Al	<0.10	—	≥0.10
B	<0.0005	—	≥0.0005
Bi	<0.10	—	≥0.10
Cr	<0.30	0.30~0.50(不含0.50)	≥0.50
Co	<0.10	—	≥0.10
Cu	<0.10	0.10~0.50(不含0.50)	≥0.50
Mn	<1.00	1.00~1.40(不含1.40)	≥1.40

(续)

合金元素	合金元素规定质量分数界限值(%)		
	非合金钢	低合金钢	合金钢
Mo	<0.05	0.05~0.10(不含0.10)	≥0.10
Ni	<0.30	0.30~0.50(不含0.50)	≥0.50
Nb	<0.02	0.02~0.06(不含0.06)	≥0.06
Pb	<0.40	—	≥0.40
Se	<0.10	—	≥0.10
Si	<0.50	0.50~0.90(不含0.90)	≥0.90
Te	<0.10	—	≥0.10
Ti	<0.05	0.05~0.13(不含0.13)	≥0.13
W	<0.10	—	≥0.10
V	<0.04	0.04~0.12(不含0.12)	≥0.12
Zr	<0.05	0.05~0.12(不含0.12)	≥0.12
La系(每一种元素)	<0.02	0.02~0.05(不含0.05)	≥0.05
其他元素(S、P、C、N除外)	<0.05	—	≥0.05

二、低合金钢的分类

按照GB/T 13304.2—2008《钢分类　第2部分：按主要质量等级和主要性能或使用特性的分类》中，低合金钢按主要质量等级分为普通质量低合金钢、优质低合金钢和特殊质量低合金钢；按主要性能或使用性能分为可焊接的低合金高强度结构钢、低合金耐候钢、低合金混凝土用钢及预应力用钢、铁道用低合金钢、矿用低合金钢、其他低合金钢（如焊接用钢）。

常用来制造焊接结构的低合金钢有低合金高强度结构钢和专用钢。低合金高强度钢按照钢的屈服强度可分为热轧正火钢、低碳调制钢和中碳调制钢。专用钢按照用途不同，可分为低合金低温钢和珠光体耐热钢等。

三、低合金高强度结构钢的牌号表示方法

依据GB/T 1591—2018《低合金高强度结构钢》，低合金高强度结构钢的牌号由代表上屈服强度的“屈”字的汉语拼音首字母Q、规定最小上屈服强度数值、交货状态代号、质量等级符号（B、C、D、E、F）四个部分组成。

例：Q355ND

Q——钢的上屈服强度的“屈”字的汉语拼音首字母；

355——规定最小上屈服强度数值，单位为兆帕（MPa）；

N——交货状态为正火或正火轧制；

D——质量等级为D级。

最新国家标准中，针对不同的钢材牌号规定了不同的质量等级，见表3-2。设计选材时，须按此表正确选用钢材的质量等级，不应选用各种牌号钢中未规定的质量等级。

表 3-2　各钢材牌号的质量等级

钢材牌号	质量等级					
	A	B	C	D	E	F
Q355		√	√	√		
Q355N		√	√	√	√	√
Q355M		√	√	√	√	√
Q390		√	√	√		
Q390N		√	√	√	√	
Q390M		√	√	√	√	
Q420		√	√			
Q420N		√	√	√	√	
Q420M		√	√	√	√	
Q460			√			
Q460N			√	√	√	
Q460M			√	√	√	

注：1. Q460C 级钢仅适用于型材和棒材，不适应于板材。

2. 钢材牌号不带后缀者为热轧状态钢材，带后缀“N”“M”者分别为正火状态钢材和热机械轧制状态钢材。

四、低合金高强度结构钢常见的交货状态

交货状态是指交货钢材的最终变形或最终热处理状态。低合金高强度结构钢的交货状态按轧制及热处理工艺可分为热轧、正火/正火轧制和热机械轧制等。例如 Q355 钢在不同交货状态下的性能指标见表 3-3。

表 3-3　Q355 钢在不同交货状态下的性能指标

标准名称	钢材牌号	轧制工艺	质量等级	最大厚度、直径/mm	化学成分		力学性能			
					微量元素	碳当量（%）	屈服强度/MPa	抗拉强度/MPa	伸长率（%）	冲击吸收能量/J
GB/T 1591—2018	Q355 Q355N Q355M	热轧 Q355	B、C、D	250	C、Si、Mn、P、S、Nb、V、Ti、Cr、Ni、Cu、Mo、N、B	0.45 ~ 0.49	275 ~ 355	450 ~ 630	22 ~ 17（纵向） 20 ~ 17（横向）	34（纵向） 27（横向）
		正火、正火轧制 Q355N	B、C、D、E、F	250	C、Si、Mn、P、S、Nb、V、Ti、Cr、Ni、Cu、Mo、N、Al_s	0.43 ~ 0.45	275 ~ 355	450 ~ 630	22 ~ 21	63 ~ 27（纵向） 40 ~ 16（横向）
		热机械轧制 Q355M	B、C、D、E、F	120 ~ 150（对型钢和棒材）	C、Si、Mn、P、S、Nb、V、Ti、Cr、Ni、Cu、Mo、N、B、Al_s	0.39 ~ 0.45（P_{cm} ≤ 0.20）	320 ~ 355	430 ~ 630	22	34（纵向） 27（横向）

1. 热轧

把钢锭加热到1300℃左右，软化后用压轮轧制成板材，然后空冷的处理方式称为热轧。热轧是未经任何特殊轧制或热处理的状态，主要是通过合金元素如 Mn 等的固溶强化来获得高强度。常见热轧钢的牌号及化学成分见表3-4。

表 3-4　热轧钢的牌号及化学成分

牌号		化学成分（质量分数,%）														
钢级	质量等级	C①		Si	Mn	P③	S③	Nb④	V⑤	Ti⑤	Cr	Ni	Cu	Mo	N⑥	B
		以下公称厚度或直径/mm		不大于												
		≤40②	>40													
		不大于														
Q355	B	0.24		0.55	1.80	0.035	0.035	—	—	—	0.30	0.30	0.40	—	0.012	—
	C	0.20	0.22			0.030	0.030									
	D	0.20	0.22			0.025	0.025								—	
Q390	B	0.20		0.55	1.70	0.035	0.035	0.05	0.13	0.05	0.30	0.50	0.40	0.10	0.015	—
	C					0.030	0.030									
	D					0.025	0.025									
Q420⑦	B	0.20		0.55	1.70	0.035	0.035	0.05	0.13	0.05	0.30	0.80	0.40	0.20	0.015	—
	C					0.030	0.030									
Q460⑦	C	0.20		0.55	1.80	0.030	0.030	0.05	0.13	0.05	0.30	0.80	0.40	0.20	0.015	0.004

① 公称厚度大于100mm 的型钢，碳含量可由供需双方协商确定。

② 公称厚度大于30mm 的钢材，碳的质量分数不大于0.22%。

③ 对于型钢和棒材，其磷和硫的质量分数上限值可提高0.005%。

④ Q390、Q420 最高可到0.07%，Q460 最高可到0.11%。

⑤ 最高可到0.20%。

⑥ 如果钢中酸溶铝 Al_s 的质量分数不小于0.015%或全铝 Al_t 的质量分数不小于0.020%，或添加了其他固氮合金元素，氮元素含量不作限制，固氮元素应在质量证明书中注明。

⑦ 仅适用于型钢和棒材。

2. 正火、正火轧制

正火处理可起到细化晶粒，提高钢材强度，改善塑性韧性的作用。正火轧制也称控制轧制（简称控轧），是钢材在正火的温度范围内进行最终轧制的轧制工艺。正火轧制可使钢材达到正火后的使用状态，达到规定的力学性能要求。

常见正火、正火轧制钢的牌号及化学成分见表3-5。

表 3-5　正火、正火轧制钢的牌号及化学成分

牌号		化学成分（质量分数,%）													
钢级	质量等级	C	Si	Mn	P①	S①	Nb	V	Ti③	Cr	Ni	Cu	Mo	N	Al_s④
		不大于			不大于					不大于					不小于
Q355N	B	0.20	0.50	0.90~1.65	0.035	0.035	0.005~0.05	0.01~0.12	0.006~0.05	0.30	0.50	0.40	0.10	0.015	0.015
	C				0.030	0.030									
	D				0.030	0.025									
	E	0.18			0.025	0.020									
	F	0.16			0.020	0.010									

（续）

牌号		化学成分（质量分数,%）													
钢级	质量等级	C	Si	Mn	P①	S①	Nb	V	Ti③	Cr	Ni	Cu	Mo	N	Al_s④
		不大于			不大于					不大于					不小于
Q390N	B	0.20	0.50	0.90 ~ 1.70	0.035	0.035	0.01 ~ 0.05	0.01 ~ 0.20	0.006 ~ 0.05	0.30	0.50	0.40	0.10	0.015	0.015
	C				0.030	0.030									
	D				0.030	0.025									
	E				0.025	0.020									
Q420N	B	0.20	0.60	1.00 ~ 1.70	0.035	0.035	0.01 ~ 0.05	0.01 ~ 0.20	0.006 ~ 0.05	0.30	0.80	0.40	0.10	0.015	0.015
	C				0.030	0.030									
	D				0.030	0.025								0.025	
	E				0.025	0.020									
Q460N②	C	0.20	0.60	1.00 ~ 1.70	0.030	0.030	0.01 ~ 0.05	0.01 ~ 0.20	0.006 ~ 0.05	0.30	0.80	0.40	0.10	0.015	0.015
	D				0.030	0.025								0.025	
	E				0.025	0.020									

注：钢中应至少含有铝、铌、钒、钛等细化晶粒元素中一种，单独或组合加入时，应保证其中至少一种合金元素含量不小于表中规定含量的下限。

① 对于型钢和棒材，磷和硫的质量分数上限值可提高0.005%。

② V + Nb + Ti≤0.22%，Mo + Cr≤0.30%。

③ 最高可到0.20%。

④ 可用全铝 Al_t 替代，此时全铝最小质量分数为0.020%。当钢中添加了铌、钒，钛等细化晶粒元素且含量不小于表中规定含量的下限时，铝含量下限值不限。

3. 热机械轧制

热机械轧制也称TCMP（热机械控制过程），是钢板在特定温度范围内进行轧制，也可进行580℃以下的回火处理的轧制工艺。热机械轧制可使钢材获得仅通过用热处理无法获得的优异性能。常见热机械轧制钢的牌号及化学成分见表3-6。

表3-6 热机械轧制钢的牌号及化学成分

牌号		化学成分（质量分数,%）														
钢级	质量等级	C	Si	Mn	P①	S①	Nb	V	Ti②	Cr	Ni	Cu	Mo	N	B	Al_s③
		不大于														不小于
Q355M	B	0.14④	0.50	1.60	0.035	0.035	0.01 ~ 0.05	0.01 ~ 0.10	0.006 ~ 0.05	0.30	0.50	0.40	0.10	0.015	—	0.015
	C				0.030	0.030										
	D				0.030	0.025										
	E				0.025	0.020										
	F				0.020	0.010										
Q390M	B	0.15④	0.50	1.70	0.035	0.035	0.01 ~ 0.05	0.01 ~ 0.12	0.006 ~ 0.05	0.30	0.50	0.40	0.10	0.015	—	0.015
	C				0.030	0.030										
	D				0.030	0.025										
	E				0.025	0.020										

（续）

牌号		化学成分（质量分数,%）														
钢级	质量等级	C	Si	Mn	P[1]	S[1]	Nb	V	Ti[2]	Cr	Ni	Cu	Mo	N	B	Al_s[3]
		不大于														不小于
Q420M	B	0.16[4]	0.50	1.70	0.035	0.035	0.01~0.05	0.01~0.12	0.006~0.05	0.30	0.80	0.40	0.20	0.015	—	0.015
	C				0.030	0.030										
	D				0.030	0.025								0.025		
	E				0.025	0.020										
Q460M	C	0.16[4]	0.60	1.70	0.030	0.030	0.01~0.05	0.01~0.12	0.006~0.05	0.30	0.80	0.40	0.20	0.015	—	0.015
	D				0.030	0.025								0.025		
	E				0.025	0.020										
Q500M	C	0.18	0.60	1.80	0.030	0.030	0.01~0.11	0.01~0.12	0.006~0.05	0.60	0.80	0.55	0.20	0.015	0.004	0.015
	D				0.030	0.025								0.025		
	E				0.025	0.020										
Q550M	C	0.18	0.60	2.00	0.030	0.030	0.01~0.11	0.01~0.12	0.006~0.05	0.80	0.80	0.80	0.30	0.015	0.004	0.015
	D				0.030	0.025								0.025		
	E				0.025	0.020										
Q620M	C	0.18	0.60	2.60	0.030	0.030	0.01~0.11	0.01~0.12	0.006~0.05	1.00	0.80	0.80	0.30	0.015	0.004	0.015
	D				0.030	0.025								0.025		
	E				0.025	0.020										
Q690M	C	0.18	0.60	2.00	0.030	0.030	0.01~0.11	0.01~0.12	0.006~0.05	1.00	0.80	0.80	0.30	0.015	0.004	0.015
	D				0.030	0.025								0.025		
	E				0.025	0.020										

注：钢中应至少含有铝、铌、钒、钛等细化晶粒元素中一种，单独或组合加入时，应保证其中至少一种合金元素含量不小于表中规定含量的下限。

① 对于型钢和棒材，磷和硫的质量分数可以提高 0.005%。

② 最高可到 0.20%。

③ 可用全铝 Al_t 替代，此时全铝最小质量分数为 0.020%。当钢中添加了铌、钒、钛等细化晶粒元素且含量不小于表中规定含量的下限时，铝含量下限值不限。

④ 对于型钢和棒材，Q355M、Q390M、Q420M 和 Q460M 最大碳的质量分数可提高 0.02%。

五、低合金高强度钢的性能及应用

把钢锭加热到1300℃左右，经热轧成板材，然后空冷即成为热轧钢；钢板轧制和冷却后，经900℃正火即成为正火钢；钢板经900℃加热后水淬，再经600℃回火处理即成为调质钢。另外，还可以采用控制钢板温度和轧制工艺获得高强度高韧性的控轧钢。

“想一想”

什么是钢的强度？它和哪些因素有关？钢的强度是不是越高越好？

1. 热轧及正火钢

热轧及正火钢的屈服强度为295～490MPa，在热轧或正火状态下使用，属于非热处理强化钢，包括微合金化控轧钢、焊接无裂纹钢和抗层状撕裂钢，尽管它们采用了不同的冶炼和控轧技术，但从本质上讲都属于正火钢。这类钢广泛应用于常温下工作的各种焊接结构，如压力容器、动力设备、工程机械、桥梁、建筑结构和管线等。

2. 低碳调质钢

低碳调质钢的屈服强度为490～980MPa，在调质（淬火＋高温回火）状态下供货使用，属于热处理强化钢。其特点是含碳量较低（碳的质量分数一般低于0.22%）、合金元素总的质量分数低于5%，既有高的强度，又有良好的塑性和韧性，可以直接在调质状态下进行焊接，焊后也不需进行调质处理。这类钢在焊接结构中得到了越来越广泛的应用，主要用于大型机械工程、压力容器及舰船等。

3. 中碳调质钢

中碳调质钢的屈服强度一般为880～1176MPa或以上，钢中含碳量比低碳调质钢高（碳的质量分数为0.25%～0.50%），也属于热处理强化钢。其淬硬性比低碳调质钢高很多，具有很高的强度和硬度，但韧性较低，给焊接带来了很大的困难，因此一般是在退火状态下焊接，焊后再进行整体热处理来达到所要求的强度和硬度。这类钢主要用于强度要求很高的产品。

模块二　热轧及正火钢的焊接

一、热轧及正火钢的成分和性能

几种典型热轧及正火钢的牌号及化学成分见表3-7，力学性能见表3-8。

表3-7　几种典型热轧及正火钢的牌号及化学成分

牌号	化学成分（质量分数,%）										
	C	Mn	Si	S≤	P≤	V	Nb	Ti	Cr	Ni	其他
Q355	≤0.20	≤1.70	≤0.50	0.035	0.035	≤0.15	≤0.07	≤0.20	≤0.30	—	—
Q390	≤0.20	≤1.70	≤0.50	0.035	0.035	≤0.20	≤0.07	≤0.20	≤0.30	—	—
Q420	≤0.20	≤1.70	≤0.50	0.035	0.035	≤0.20	≤0.07	≤0.20	≤0.30	—	—
18MnMoNb	0.17～0.22	1.35～1.65	0.17～0.37	0.035	0.035	—	0.025～0.05	—	—	—	Mo0.45～0.55
13MnNiMoNb	≤0.16	1.00～1.60	0.10～0.50	0.025	0.025	—	0.005～0.022	—	0.20～0.40	0.70～1.10	Mo0.20～0.40
WH530	≤0.18	1.20～1.60	0.20～0.55	0.030	0.030	—	0.01～0.040	—	—	—	—
WH590	≤0.22	1.30～1.70	0.20～0.55	0.030	0.015	0.02～0.050	0.01～0.040	—	—	0.20～0.50	—

（续）

牌号	化学成分（质量分数,%）									
	C	Mn	Si	S≤	P≤	V	Nb	Ti	Cr	Ni	其他
D36	0.12～0.18	1.20～1.60	0.10～0.40	0.006	0.02	0.02～0.08	0.02～0.05	—	—	—	—
X60	≤0.12	1.00～1.30	0.10～0.40	0.025	0.010	—	—	—	—	—	—

表 3-8　几种典型热轧及正火钢的力学性能

牌号	热处理状态	力学性能			
		R_{eL}/MPa	R_m/MPa	A（%）	冲击吸收能量 KV_2/J
Q355	热轧	≥345	470～630	≥21	≥34
Q390	热轧	≥390	490～650	≥20	≥34
Q420	正火	≥420	520～680	≥19	≥34
18MnMoNb	正火＋回火	≥490	≥637	≥16	KU_2≥69
13MnNiMoNb	正火＋回火	≥392	569～735	≥18	≥39
WH530	正火	≥370	530～660	≥20	KU_2≥31（－20℃）
WH590	正火	≥410	590～730	≥18	≥34
D36	正火	≥353	≥490	≥21	≥34（－40℃）
X60	控轧	≥414	≥517	20.5～23.5	KU_2≥54（－10℃）

1. 热轧钢

屈服强度为345～390MPa的钢大都属于热轧钢，其合金系比较简单，一般为C-Mn或C-Mn-Si系，其强度靠Mn、Si的固溶强化作用来保证。在低碳条件下，w_{Mn}≤1.6%、w_{Si}≤0.60%，可以保持钢具有较高的塑性和韧性，超出这一范围后，塑、韧性明显恶化，因此合金元素的用量和钢的强度水平都受到了限制。热轧钢的综合力学性能和加工工艺性能都较好，且冶炼工艺简单、价格较低，在国内外得到了广泛应用。

Q355是我国1957年研制生产和应用最广泛的热轧钢，用于南京长江大桥和我国第一艘万吨远洋货轮。Q355按其中C、S和P的质量分数不同又分为B、C、D、E和F共五个质量等级。我国低合金结构钢系列中许多钢种是在Q355基础上发展起来的，例如，加入少量的V（0.03%～0.20%）、Ti（0.10%～0.20%）、Nb（0.01%～0.05%），利用它们的碳化物和氮化物的析出来细化晶粒，进一步提高强度，得到Q390钢等。

热轧钢的组织为铁素体＋珠光体，当板厚较大时，可以要求在正火条件下供货，经正火处理可使钢的化学成分均匀化，塑性、韧性提高，但强度略有下降。

2. 正火钢

当要求钢的屈服强度大于390MPa时，必须在固溶强化的同时加强合金元素的沉淀强化

作用。正火钢是在固溶强化的基础上，加入碳、氮化物形成元素（V、Ti、Nb 和 Mo 等），通过沉淀强化和细晶强化进一步提高钢的强度和保证韧性。正火处理的目的是促使碳化物和氮化物质点从固溶体中沉淀析出并同时细化晶粒。此外，碳化物的析出还降低了固溶在基体中的碳，使淬透性下降，焊接性也有所改善。

对于含 Mo 钢来讲，正火后必须进行回火才能保证良好的塑性和韧性，因此这类钢又分为：

1）在正火状态下使用的钢，主要是含有 V、Ti、Nb 的钢，其特点是屈强比较高，属于这类钢的有 Q420、WH530 和 WH590。

WH530 是武汉钢铁公司为满足市场需求研制的钢种，其强度、韧性优于目前应用的 Q355R，且焊接性良好。该钢的供货牌号为 15MnNbR（WH530），主要用于水电站压力钢管、球形储罐等结构。WH590 的供货牌号为 17MnNiVNbR（WH590），其抗拉强度 $R_m \geqslant$ 590MPa，具有高韧性和优良焊接性，可用于制造大型液化气槽车，改变我国液化气槽车壁厚大、自重系数高和容量比小的缺点，可以有力促进国产槽车的大型化。

2）在正火 + 回火状态下使用的钢，钢中加入质量分数为 0.50% 的 Mo，如 14MnMoV、18MnMoNb 等。Mo 可以提高强度，细化组织，并可以提高钢的中温性能，主要用于制造中温厚壁压力容器。含 Mo 钢在正火后的组织是上贝氏体 + 少量铁素体，塑性和韧性指标都不高，只有再经过回火才能获得良好的塑性和韧性。大多数含 Mo 的低合金钢是在 Mn-Mo 系的基础上添加 Ni 或 Nb，以进一步提高钢的强度，并且 Ni 可以提高厚板的低温韧性。

属于正火钢还包括 Z 向钢，它是保证厚度方向抗层状撕裂钢。例如，表 3-3 中的 D36 钢在冶炼过程中采用了钙或稀土处理、真空除气等特殊工艺措施，具有含 S 量极低（$w_S \leqslant$ 0.005%）、Z 向断面收缩率高（$Z \geqslant 35\%$）的特点。

3. 微合金控轧钢

加入质量分数为 0.1% 左右并对钢的组织性能有显著或特殊影响的微量合金元素的钢，称为微合金钢。多种微合金元素的共同作用称为多元微合金化。微合金控轧钢就是采用微合金化和控制轧制等技术，达到细化晶粒与沉淀强化相结合的效果，同时从冶炼工艺上采取降碳、降硫，改变夹杂物形态，提高钢的纯净度等措施，使钢材具有细晶组织。微合金控轧钢具有高强度、高韧性和良好的焊接性等优点，是热轧及正火钢的一个新分支，是近年发展起来的一类新钢种。它主要用于石油和天然气的输送管线，如 X60、X65 和 X70 等管线钢。

二、热轧及正火钢的焊接性

钢的焊接性主要取决于化学成分，其中碳对钢的焊接性影响最大，热轧及正火钢中碳和合金元素的含量都较低，焊接性总体来看较好；但随着合金元素含量的增加，其焊接性变差。焊接时需要注意的问题是焊接裂纹和热影响区性能的变化。

1. 焊接裂纹

（1）焊接冷裂纹　在产生冷裂纹的淬硬组织、拘束度和扩散氢含量三要素中，淬硬组织与材料有关，因此钢材的淬硬倾向可以作为判断冷裂纹敏感性的标准之一。而淬硬倾向又可以通过碳当量、P_{cm}、热影响区最高硬度等来判断。例如，钢材碳当量值越大，冷裂纹敏感性也越大，利用国际焊接学会推荐的碳当量计算公式计算 CE 值。

一般认为，CE<0.40%时，钢材在焊接过程中基本无淬硬倾向，冷裂敏感性小。屈服强度为 345～390MPa 的热轧钢的碳当量一般都小于0.40%，焊接性良好，除大厚度钢板和在环境温度很低等情况下焊接外，一般不需预热和严格控制焊接热输入。

当碳当量 CE=0.40%～0.60%时，钢的淬硬倾向逐渐增加，属于有淬硬倾向的钢，对冷裂纹比较敏感。屈服强度为440～490MPa 的正火钢基本属于这一范围，其中在碳当量不超过0.50%时，淬硬倾向不太严重，焊接性尚好，在板厚较大（$\delta \geqslant 25$mm）时需要采取预热措施，如 Q420 钢的焊接；当碳当量超过0.5%时，如18MnMoNb 钢，淬硬倾向严重，对冷裂很敏感，焊接时需要采取严格的工艺措施来防止冷裂纹，如严格控制热输入、预热和焊后热处理等。

（2）焊接热裂纹　热轧及正火钢的含碳量都较低，而含锰量较高，Mn/S 的比值可以达到防止结晶裂纹的要求，具有较好的抗热裂纹能力，在母材化学成分正常、焊接材料和焊接参数选择正确的情况下，一般不会产生热裂纹。但在个别情况下，如当母材中的碳与硫同时居上限或严重偏析时，则有可能产生结晶裂纹。反之，如果焊接时焊缝产生结晶裂纹，则是由母材中的碳与硫的含量不正常造成的，这时就要从工艺上设法减小熔合比，选用碳含量少、锰含量高的焊接材料，以降低焊缝中的碳含量和提高焊缝中的锰含量，可以达到消除结晶裂纹的目的。

（3）消除应力裂纹（再热裂纹）　含有 Mo、Cr 元素的钢在焊后消除应力热处理或焊后再次高温加热（包括长期高温下使用）过程中，可能出现裂纹，即消除应力裂纹，也称再热裂纹。消除应力裂纹一般产生在热影响区的粗晶区，裂纹沿熔合线方向断续分布。该裂纹的产生一般须有较大的焊接残余应力，因此在拘束度大的厚大工件中或应力集中部位更易出现消除应力裂纹。

在热轧及正火钢中，18MnMoNb 和 14MnMoV 钢有轻微的消除应力裂纹倾向，可采取提高预热温度或焊后立即进行热处理等措施来防止消除应力裂纹的产生。如18MnMoNb 钢，只要将防止冷裂纹需要的预热温度180℃提高到230℃即可防止消除应力裂纹产生。如果提高预热温度有困难，也可以在预热180℃下焊后立即进行180℃×2h 的后热来达到同样的效果。

（4）层状撕裂　层状撕裂主要与钢的冶炼轧制质量、板厚、接头形式和 Z 向应力有关，与钢材强度无直接关系。一般认为，钢中的含硫量和断面收缩率 Z 是衡量抗层状撕裂能力的判据。经验表明，当 $Z>20\%$ 时，即使 Z 向拘束应力较大，也不会产生层状撕裂。因此对有可能在焊接过程产生层状撕裂的重要结构，可采用 Z 向钢（如 D36），其 Z 最大值可达55%。但这些钢在冶炼过程中采取了特殊的工艺措施，因此成本较高。

2. 热影响区性能变化

热轧及正火钢焊接热影响区性能变化主要是过热区的脆化，在一些合金元素含量较低的钢中有时还可能出现热应变脆化问题。热影响区脆化是焊后产生裂纹，造成脆性破坏的主要原因之一。

（1）过热区脆化　在被加热到1200℃以上的热影响区过热区，会发生奥氏体晶粒的显著长大和一些难熔质点（如碳化物和氮化物）溶入基体。这些过程直接影响到热影响区性能，如难熔质点溶入基体后，在随后的冷却过程中往往来不及析出而使材料变脆；过热的粗大奥氏体晶粒会增加本身的稳定性，因钢材成分和热输入的不同，在冷却过程中可能产生脆

性较大的魏氏组织、粗大的马氏体组织和塑性很低的混合组织（即铁素体、高碳马氏体和贝氏体的混合组织）等。因此，过热区的性能变化不仅取决于焊接热输入（影响高温停留时间和冷却速度），而且与钢材的成分和强化方式有着密切关系。

热轧钢过热区脆化主要是由在热输入较大时产生的魏氏组织，或由含碳量偏高和冷却速度较快时产生的马氏体组织引起的。

正火钢过热区脆化与魏氏组织无关，除与晶粒粗化有关外，主要是由于在1200℃高温下，起沉淀强化作用的碳化物和氮化物质点分解并溶于奥氏体，在随后的冷却过程中来不及析出而固溶在基体中，使铁素体基体的硬度上升而韧性下降所致。这时如果减小热输入，就可以减少过热区在高温的停留时间，抑制碳化物和氮化物的溶解，从而有效防止过热区脆化。

（2）热应变脆化　热应变脆化是在焊接过程中，在热和应变共同作用下产生的一种应变时效。它一般发生在固溶氮含量较高而强度级别不高的低合金钢中，如抗拉强度为490MPa的C-Mn钢。热应变脆化是由氮、碳原子聚集在金属晶格的位错周围造成的，一般认为在200～400℃时最为明显。若在钢中加入足够的氮化物形成元素（Al、Ti、V等），则可以有效降低热应变脆化倾向，如Q420钢比Q355钢的热应变倾向小。消除热应变脆化的有效措施是焊后热处理，如Q355钢经600℃×1h退火处理后，其韧性可恢复到原有的水平。

三、热轧及正火钢的焊接工艺要点

1. 焊接方法

热轧及正火钢焊接时对焊接方法无特殊要求，不同焊接方法对焊接质量无显著影响，因此可以采用各种焊接方法进行焊接，如焊条电弧焊、埋弧焊、CO_2气体保护焊和电渣焊等，一般是根据产品的结构特点、批量、生产条件和经济效益等综合情况进行选择。

2. 下料、坡口加工和定位焊

热轧及正火钢可以采用各种切割方法下料，如气割、碳弧气刨、等离子切割等。坡口加工可采用机械加工，也可采用气割和碳弧气刨。对强度级别较高、厚度较大的焊件，经过火焰切割或碳弧气刨的坡口应用砂轮仔细打磨，消除氧化皮及凹槽；在坡口两侧20～30mm范围内清除油污、铁锈等。

定位焊焊缝应有足够的长度以防开裂，对于厚度较薄的板材，定位焊焊缝长度应不小于板厚的4倍。定位焊应选用与焊缝相同的焊接材料。定位焊焊缝应对称均匀分布，焊接顺序应能防止过大的拘束，允许焊件有适当的变形，采用的焊接电流可稍大于焊接时的焊接电流。

3. 焊接材料

选择焊接材料时必须考虑两方面的问题：一是保证焊缝不产生裂纹等焊接缺陷；二是能满足使用性能的要求。根据前面对热轧及正火钢的分析，在正常情况下，其焊缝金属的热裂和冷裂倾向不大，因此选择焊接材料的主要依据是保证焊缝金属的强度、塑性和韧性等力学性能与母材相匹配，而不要求与母材成分相同，因此选择焊接材料时应考虑以下问题。

（1）根据母材的强度级别选用相应的焊接材料　按照焊缝与母材等强匹配的原则选择焊接材料，一般要求焊缝与母材强度相等或略低于母材。焊缝中碳的质量分数应低于0.14%，其他合金元素也要低于在母材中的含量，以防止裂纹及强度过高。因为焊接时冷却速度很快，焊缝金属将形成过饱和的铸态组织，而完全脱离了平衡状态，如果焊缝与母材化学成分相同，则焊缝金属的性能将表现为强度很高，而塑性和韧性都很低，这对焊缝金属的抗裂性能和使用性能都是不利的。例如，适合焊接 Q420 钢的焊条 E5515，其中 C、Mn 的含量都比母材低，且不含沉淀强化元素 V，但用它焊接的焊缝金属的抗拉强度可达 549 ~ 608MPa，同时具有高的塑性和韧性。

“想一想”

什么叫熔合比？它如何影响焊缝的力学性能？

（2）考虑熔合比和冷却速度的影响　焊缝的力学性能取决于它的化学成分和组织状态。焊缝化学成分不仅取决于焊接材料，而且与母材的熔入量（即熔合比）有很大关系；而焊缝组织则与冷却速度有很大关系。采用同样的焊接材料，在熔合比和冷却速度不同时，所得焊缝的性能也会有很大差别。因此，选择焊条或焊丝时，应考虑到板厚和坡口形式的影响。焊接薄板时因熔合比较大，应选用强度较低的焊接材料，焊接厚板时则相反。

例如焊接 Q355 钢，当不开坡口对接焊时，由于母材熔入量较多，埋弧焊时用普通的低碳钢焊丝 H08A 配合高硅高锰焊剂即能达到要求；如采用大坡口对接，由于母材熔入量较少，若继续采用 H08A 焊丝，则焊缝强度将偏低，这时需要采用含 Mn 量高的 H08MnA 或 H10Mn2 焊丝来提高焊缝中的含 Mn 量，以保证焊缝与母材的等强度。

（3）考虑焊后热处理对焊缝力学性能的影响　焊后热处理（如消除应力退火）会使焊缝的强度有所降低，当焊缝强度余量不大时，焊后热处理后焊缝强度可能低于母材，因此，对于焊后要求正火处理的焊缝，应选择强度高一些的焊接材料。

此外，如果对焊缝金属的使用性能有特殊要求，则应同时加以考虑。例如，在焊接 16MnCu 时，要求焊缝金属与母材具有相同的耐蚀性能，则需选用含铜的焊条。

热轧及正火钢常用焊接材料见表 3-9。

表 3-9　热轧及正火钢常用焊接材料

牌号	强度级别 R_{eL}/MPa	焊条	埋弧焊		CO_2 气体保护焊焊丝
			焊剂	焊丝	
Q355	355	E50××型	HJ431	I 形坡口对接　H08A 中板开坡口对接　H10Mn2	H08Mn2Si、H08Mn2SiA
			HJ350	厚板深坡口对接　H10Mn2	
Q390	390	E50××型	HJ430 HJ431	不开坡口对接　H08MnA 中板开坡口对接 H10Mn2、H10MnSi	H08Mn2Si、H08Mn2SiA
			HJ250 HJ350	厚板深坡口　H08MnMoA	
Q420	440	E55××型 E60××型	HJ431	H10Mn2	H08Mn2Si、H08Mn2SiA
			HJ350 HJ250	H08MnMoA、H08Mn2MoA	
18MnMoNb	490	E70××型	HJ250 HJ350	H08Mn2MoA H08Mn2MoVA	H08Mn2SiMoA
X60	414	E4311	HJ431 SJ101	H08Mn2MoVA	—

4. 焊接参数

（1）焊接热输入　确定焊接热输入主要考虑热影响区的脆化和冷裂两个因素。根据焊接性分析，各类钢材的脆化倾向和冷裂倾向是不同的，因此对热输入的要求也不同。在焊接碳当量（Ceq）小于0.40%的热轧及正火钢时，如Q355钢，对热输入没有严格限制，因为这类钢对过热敏感性不大，淬硬倾向和冷裂倾向也不大。对于碳当量大于0.40%的钢种，随着碳当量和强度级别的提高，所使用焊接热输入的范围也变窄。焊接碳当量为0.40%～0.60%的热轧及正火钢时，由于淬硬倾向增大，马氏体的含碳量也提高，如果热输入较小，冷裂倾向就会加大，过热区的脆化也变得严重，因此在这种情况下，热输入应偏大一些。但在加大热输入、降低冷却速度的同时，会引起热影响区过热的加剧，因此在这种情况下，采用大热输入的效果不如采用小热输入＋预热更有效。恰当控制预热温度，既能避免产生裂纹，又能防止晶粒过热粗化。

对于一些含Nb、V、Ti的正火钢，为了避免由于沉淀相的溶解以及晶粒过热引起的脆化，焊接热输入应偏小一些。焊接屈服强度在440MPa以上的低合金钢或重要结构件时，严禁在非焊接部位引弧，多层焊的第一道焊缝须用小直径的焊条及小的热输入进行焊接，以减小熔合比。

（2）预热温度　预热的目的是防止裂纹，同时还有一定的改善组织和性能的作用。预热温度与钢材的淬硬性、板厚、拘束度、环境温度等因素有关，工程中必须结合具体情况经试验后才能确定，推荐的预热温度只能作为参考。多层焊时应保证道间温度不低于预热温度，但也要避免焊道间温度过高而产生的不利影响，如韧性下降等。

常用热轧及正火钢推荐的预热温度见表3-10。

表3-10　几种常用热轧及正火钢的预热温度和焊后热处理参数

牌号	预热温度/℃	焊后热处理参数	
		焊条电弧焊	电渣焊
Q355	100～150 （$\delta \geqslant 30$mm）	600～650℃退火	900～930℃正火 600～650℃回火
Q390	100～150 （$\delta \geqslant 28$mm）	550℃或650℃退火	950～980℃正火 550℃或650℃回火
Q420	100～150 （$\delta \geqslant 25$mm）	—	950℃正火 650℃回火
14MnMoV 18MnMoNb	≥200	600～650℃退火	950～980℃正火 600～650℃回火

（3）焊后热处理　除电渣焊由于接头严重过热需要进行焊后正火处理外，其他焊接接头应根据需要考虑是否进行焊后热处理。热轧及正火钢一般不需要进行焊后热处理；但对要求抗应力腐蚀的焊接结构、低温下使用的焊接结构和厚壁高压容器等，焊后需要进行消除应力的高温回火（550～650℃）。确定回火温度的原则是：

1）不超过母材原来的回火温度，以免影响母材本身的性能。

2）对有回火脆性的材料，要避开出现回火脆性的温度区间。例如，对含V或V＋Mo

的低合金钢，在回火时要避免在600℃左右的温度区间内停留较长时间，以防V的二次碳化物析出而造成脆化，如Q420钢的消除应力回火的温度为（550±25）℃。

小知识 钢的回火脆性有两类：第一类回火脆性发生在250～400℃温度区间，所有钢种都会出现；第二类回火脆性发生在450～600℃温度区间，含有Si、Mn、Cr的钢缓慢冷却条件下容易出现，快冷时不会产生。

Q355板对接焊条电弧焊

另外，对于抗拉强度大于490MPa的高强度钢，由于产生延迟裂纹的倾向较大，为了在消除应力的同时起到消氢处理的作用，要求焊后立即进行回火处理。如焊后不能及时进行热处理，应立即在250～350℃保温2～6h，以便使焊接区的氢逸出。

常用热轧及正火钢的焊后热处理规范见表3-10。

Q355板对接MIG焊

总结与提高：

1）热轧及正火钢的碳当量CE＜0.40%时焊接性良好；当CE＝0.40%～0.60%时，对冷裂纹较敏感；含有Cr、Mo元素的钢可能出现再热裂纹。

2）常用的焊接方法都可以用来焊接热轧及正火钢。

3）一般情况下，按照等强原则选择焊接材料，对于需要进行焊后热处理的结构，应选择强度高一些的焊接材料。

四、热轧及正火钢焊接生产案例——Q355R热轧钢制液化石油气球罐的焊接

Q355R热轧钢制液化石油气球罐的容积为1000m^3，设计使用的最大压力为1.74MPa，设计使用温度为0～40℃，板厚为38mm，坡口形式及尺寸如图3-1a所示。

1. 定位焊

采用ϕ4mm的E5015（J507）焊条。由于球罐钢板较厚、拘束度较大，虽然是在夏季施工，但为了防止冷裂，仍要预热至100～150℃。焊接电流为160～180A，焊缝长度为100mm，焊缝间距为400mm。

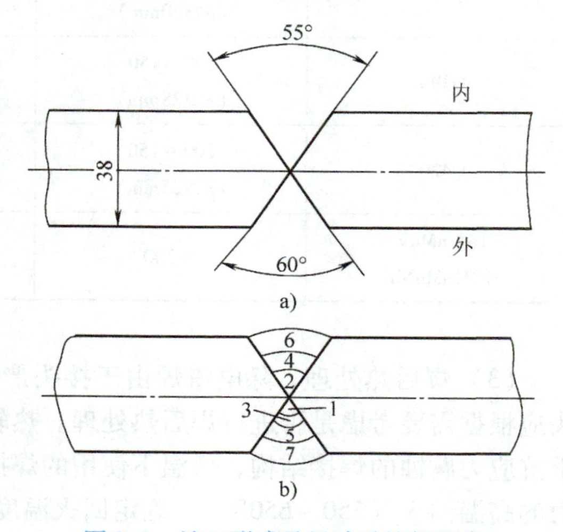

图3-1 坡口形式及尺寸及施焊顺序
a）坡口形式及尺寸 b）施焊顺序

2. 球板接料

连接两块球板的对接焊缝时，用焊条电弧焊打底，用焊条电弧焊或埋弧焊填充坡口。焊接最好在专用胎具上进行。焊条电弧焊所用的焊条和焊接参数与定位焊相同。埋弧焊采用H10Mn2焊丝与HJ431焊剂配合，焊接电流为650A，电弧电压为36～38V，焊接速度为16～20mm/h。焊条电弧焊打底时在坡口两侧各

100mm 范围内预热到 100～150℃。后面焊缝无论是采用焊条电弧焊还是埋弧焊，层间温度均不得低于预热温度。施焊顺序如图 3-1b 所示，先用焊条电弧焊施焊 1、2 两焊道，然后用碳弧气刨在外侧清理焊根，以后用焊条电弧焊或埋弧焊施焊 3、4、5、6、7 各焊道。

3. 球体装配焊接

球板压制成形以后，进行球体装配，经检验完全合格后，即可开始焊接。焊接时全部采用焊条电弧焊，采用 E5015（J507）焊条，焊接顺序为先焊纵缝、后焊环缝。焊接每条焊缝时先由一名焊工从外侧打底，然后由另一名焊工在内侧清根。待清根后，由两名焊工同时在内、外侧焊接。焊接前，必须将焊缝两侧 100mm 范围内预热到 100～150℃，层间温度均不得低于这个温度范围。每焊完一条焊缝，立即进行（250～300）℃×2h 或（300～350）℃×1.5h 的后热处理。

4. 焊后热处理

为了降低焊接残余应力、防止冷裂纹产生，焊后及时进行 600～650℃消应力退火热处理，恒温 2h。

模块三　低碳调质钢的焊接

热轧及正火钢是依靠添加合金元素并通过固溶强化、沉淀强化途径来提高钢的强度的，但当这种强化作用达到一定程度后，会导致塑性和韧性的降低，因此屈服强度大于 490MPa 的高强钢必须采用调质处理，通过组织强化获得高的综合力学性能。低碳调质钢属于热处理强化钢，这类钢既有较高的强度，又有良好的塑性和韧性，在工程结构中的应用日益广泛。

一、低碳调质钢的成分和性能

一般来讲，合金元素对钢材塑性和韧性的影响与其强化作用相反，即强化效果越大，塑性和韧性的降低越明显。在正火条件下，通过增加合金元素来进一步提高强度会引起韧性的急剧下降，因此为了在保证具有足够的塑性和韧性的基础上大幅度提高强度，需要进行调质处理。

“想一想”

回火后钢材性能如何变化?

为了保证良好的综合性能和焊接性，低碳调质钢要求钢中碳的质量分数不大于 0.22%（实际上一般 $w_C \leq 0.18\%$），此外要添加一些合金元素，如 Mn、Cr、Ni、Mo、V、Nb、B、Cu 等，目的是提高钢的淬透性和马氏体的耐回火性。这类钢由于含碳量低，淬火后得到低碳马氏体，而且会发生“自回火”，脆性小，具有良好的焊接性。

部分低碳调质钢的化学成分和力学性能见表 3-11 和表 3-12。其中抗拉强度为 600MPa、700MPa 的低碳调质钢 HQ60、HQ70 主要用于工程机械、动力设备、交通运输机械和桥梁等。这类钢可在调质状态下焊接，焊后不再进行调质处理，必要时可进行消除应力处理。抗拉强度为 800MPa 的低碳调质钢（如 14MnMoNbB、HQ80 和 HQ80C）在工程中也获得了广泛应用。

为了改善野外施工焊接条件和提高低温韧性，开发了一种含碳量极低（$w_C \leq 0.09\%$）

的调质钢，即焊接无裂纹钢（简称 CF 钢），焊接时采用超低氢焊接材料，在板厚为 50mm 以下或在 0℃时焊前均可不预热。

表 3-11 几种低碳调质钢的化学成分

牌号	化学成分（质量分数,%）										P_{cm}（%）	CE（%）
	C	Mn	Si	S	P	Ni	Cr	Mo	V	其他		
14MnMoVN	0.14	1.41	0.30	0.035	0.012	—	—	0.17	0.13	N：0.0155	0.265	0.50
14MnMoNbB	0.12～0.18	1.30～1.80	0.15～0.35	≤0.03	≤0.03	—	—	0.45～0.7	—	Nb：0.02～0.06 B：0.0005～0.003	0.275	0.56
WCF60[①]、WCF62	—	1.10～1.50	0.15～0.35	≤0.02	≤0.03	≤0.50	≤0.30	≤0.30	0.02～0.06	B≤0.003	0.226	0.47
HQ70A[②]	0.09～0.16	0.60～1.20	0.15～0.40	≤0.03	≤0.03	0.30～1.00	0.30～0.60	0.20～0.40	V+Nb≤0.10	Cu：0.15～0.50 B：0.0005～0.003	0.282	0.52
HQ80C	0.10～0.16	0.60～1.20	0.15～0.35	≤0.015	≤0.025	—	0.60～1.20	0.30～0.60	0.03～0.08	Cu：0.15～0.50 B：0.0005～0.003	0.297	0.58

① WCF 表示武汉钢铁公司生产的无裂纹钢。
② HQ 表示高强度钢。

表 3-12 几种低碳调质钢的力学性能

牌号	板厚/mm	屈服强度 R_{eL}/MPa	抗拉强度 R_m/MPa	伸长率 A（%）	冲击吸收能量/J
14MnMoVN	36	598	701	20	77（20℃） 77（-40℃）
14MnMoNbB	≤50	≥686	≥755	≥14	39（-40℃）
WCF60、WCF62	16～50	≥490	610～725	≥18	≥40（-40℃）
HQ70A	≥18	≥590	≥685	≥17	≥39（-20℃） ≥29（-40℃）
HQ80C	—	≥685	≥785	≥16	≥47（-20℃） ≥29（-40℃）

二、低碳调质钢的焊接性

低碳调质钢主要是作为高强度的焊接结构用钢，因此其中碳的质量分数较低，在合金成分的设计上也考虑了焊接性的要求。低碳调质钢是热处理强化钢，是通过调质处理获得强化效果的，因此焊接时在热影响区内除会发生脆化外，还有软化问题，在选择焊接材料时应着重考虑。

1. 焊接裂纹

（1）焊接热裂纹 低碳调质钢一般含碳量都较低，而含 Mn 量较高，且对 S、P 的限制也较严格，因此焊缝金属的结晶裂纹倾向较小。但对一些高 Ni 低 Mn 类型的低合金高强钢来讲，Ni 的作用会增加结晶裂纹倾向。此时，只要选择合适的焊接材料，提高焊缝金属的

含 Mn 量，就可以避免产生这种裂纹。

此外，在焊接高 Ni 低 Mn 的低合金高强钢时，有可能产生热影响区液化裂纹，该裂纹的产生主要与材料中的 Mn/S 比值和焊接热输入有关。钢材含碳量越高，要求的 Mn/S 比值也越高。当碳的质量分数不超过 0.20%，Mn/S 比值大于 30 时，钢材的液化裂纹敏感性小。但 Ni 的存在会增加钢材对液化裂纹的敏感性。因此，避免该类裂纹的关键在于控制 C 和 S 的含量，保持高的 Mn/S 比，尤其是含 Ni 量较高时对此要求更为严格。

焊接热输入对液化裂纹的形成也起着重要作用，热输入越大，过热区晶粒长得越大，晶界熔化越严重，液态晶间层存在的时间越长，液化裂纹产生的倾向也越大。因此，在焊接时要严格控制焊接热输入。

（2）焊接冷裂纹　低碳调质钢在严格控制焊缝扩散氢含量的情况下，对冷裂纹不敏感。该类钢中加入了较多的提高淬透性的合金元素，提高了过冷奥氏体的稳定性，在焊接条件下，焊缝组织为马氏体或贝氏体。马氏体虽然属于淬火组织，但由于含碳量低，因此仍保持了较高的韧性。另外，这类钢的 *Ms* 点比较高（400℃），如果焊接时在 *Ms* 点附近的冷却速度比较低，马氏体形成后可以进行一次“自回火”过程，使韧性得到改善，因此可以避免产生冷裂纹；反之，如果在 *Ms* 点附近的冷却速度较快，不能实现“自回火”过程，则在焊接应力作用下可能产生冷裂纹。

低碳调质钢对扩散氢比较敏感，如果焊缝中扩散氢含量较多，冷裂纹敏感性还是相当高的。因此，焊接时必须选用低氢或超低氢焊接材料，并严格控制焊接区氢的来源。

（3）消除应力裂纹　低碳调质钢中大都含有 Cr、Ni、Mo、V、Nb、B 等提高消除应力裂纹敏感性的元素，其中影响最大的是 V，其次是 Mo，二者共存时情况更严重。一般认为 Mo-V 系的钢，特别是 Cr-Mo-V 系的钢对消除应力裂纹最敏感；Mo-B 和 Cr-Mo 系的钢也有一定的敏感性。但不同成分的钢对该裂纹的敏感温度范围有所差别，焊接时可通过一定的工艺措施，如控制预热和后热温度、降低消除应力退火温度等，来防止消除应力裂纹的发生。

2. 热影响区性能变化

低碳调质钢热影响区的组织性能不均匀，突出特点是同时存在脆化和软化现象。即使低碳调质钢母材本身具有较高的韧性，结构在运行过程中微裂纹也易在热影响区脆化部位产生和发展，存在接头区出现脆性断裂的可能。另外，受焊接热循环的影响，低碳调质钢热影响区可能存在强化效果降低而导致强度下降的软化区。

（1）热影响区脆化　低碳调质钢热影响区脆化的原因和规律与热轧及正火钢都不同。这类钢经调质处理后的组织是低碳马氏体或下贝氏体，它们都有较高的韧性，因此产生正常的淬火组织不是引起脆化的原因。

低碳调质钢热影响区脆化的原因是，当过热区在 500～800℃温度区间，冷却速度较低时，会形成由铁素体和高碳马氏体或高碳贝氏体组成的混合组织，促使过热区严重脆化。冷却速度越低，析出的铁素体越多，晶粒越粗大，脆化就越严重。提高冷却速度，抑制铁素体的析出，可以得到韧性较高的低碳马氏体或贝氏体组织，但过分提高冷却速度会使塑性降低而引起冷裂纹。在焊接时应控制合适的冷却速度，保证焊接接头既有良好的韧性，又能防止冷裂纹的产生。

此外，低碳调质钢中 Ni 含量较高时，将形成高 Ni 马氏体或贝氏体，它们都具有较高的韧性，可以防止脆化的产生。

（2）热影响区软化　热影响区软化是指其强度和硬度下降的现象，是焊接调质钢时普遍存在的问题。热影响区内所有加热温度高于母材回火温度至 Ac_1 的区域，由于组织转变及碳化物的沉淀和聚集长大会引起软化，而且温度越接近 Ac_1 区域，软化越严重，如图3-2所示。从强度方面考虑，热影响区中的软化区是焊接接头中的一个薄弱环节，对焊后不再进行调质处理的调质钢来说尤为重要。钢材的强度级别越高，焊前母材强化程度越大（母材调质处理的回火温度越低），焊后热影响区的软化越严重。

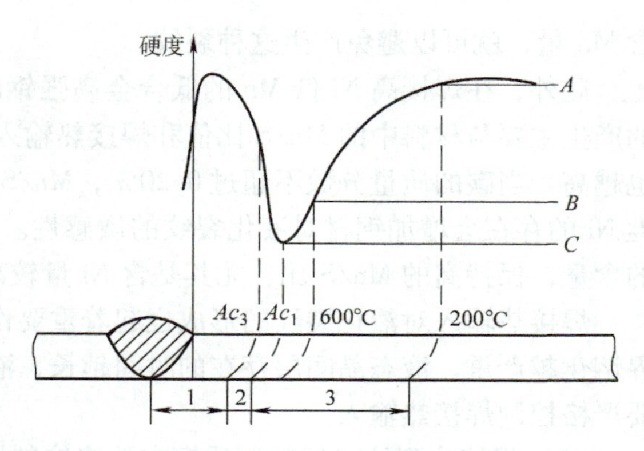

图3-2　调质钢焊接热影响区的硬度分布

A—焊前淬火＋低温回火　B—焊前淬火＋高温回火　C—焊前退火

1—淬火区　2—部分淬火区　3—回火区

低碳调质钢热影响区的软化是由母材的强化特性决定的，只能通过一定的工艺措施来防止。软化区的宽度和软化程度与焊接方法和热输入有很大关系，低碳调质钢焊接时不宜采用大的焊接热输入和较高的预热温度。

三、低碳调质钢的焊接工艺要点

低碳调质钢的特点是含碳量低，基体组织是强度和韧性都较高的低碳马氏体和贝氏体，这对焊接是有利的。但是对调质钢而言，只要加热温度超过它的回火温度，性能就会发生变化。焊接时由于热循环的作用，必然会使热影响区的强度和韧性下降，因此，低碳调质钢焊接时要注意两个基本问题：一是马氏体转变时的速度不能太快，使马氏体能够发生“自回火”过程，以免产生冷裂纹；二是要使热影响区在800～500℃之间的冷却速度大于产生脆性混合组织的临界冷却速度。这两个问题是制订低碳调质钢焊接工艺的主要依据。

1. 焊前准备

对于屈服强度大于600MPa的低碳调质钢，接头应力集中程度和焊缝布置方法都对接头质量有明显影响。在接头设计上应尽可能减小应力集中，并应便于进行焊后检验。接头形式尽量采用对接接头，坡口以U形或V形为好。为减小应力，还可采用双U形或双V形坡口。强度较高的钢在焊缝成形不良时，在焊趾处易产生严重的应力集中，因此任何形式的接头或坡口都要求在焊缝与母材的交界处平滑过渡。

低碳调质钢可以用气割方法切割坡口，但切口边缘有硬化层，应通过加热或机械加工来消除。板厚小于100mm时，切割前不需预热；板厚大于100mm时，应进行100～150℃的预热。强度级别较高的钢，应尽量采用机械切割或等离子切割方法，以减小硬化层厚度。

2. 焊接方法

低碳调质钢在焊接时需要解决的问题：一是防止裂纹；二是在保证获得高强度的同时，提高焊缝金属和热影响区的韧性。对于低碳调质钢焊后出现的强度和韧性下降问题，可以通过重新调质处理进行解决；对焊后不能再进行调质处理的，要限制焊接过程中热量对母材的作用。下屈服强度 $R_{eL}\geqslant980$MPa的低碳调质钢焊接时，需要采用钨极氩弧焊或真空电子束焊才能获得满足要求的焊接接头；对于下屈服强度 $R_{eL}<980$MPa的低碳调质钢，焊条电弧焊、埋弧焊、熔化极气体保护焊和钨极氩弧焊等都可以采用，但对于下屈服强度 $R_{eL}\geqslant686$MPa的

低碳调质钢，熔化极气体保护焊（如 $Ar+CO_2$ 混合气体保护焊）是最合适的焊接方法。如果一定要采用多丝埋弧焊和电渣焊等热输入大、冷却速度慢的焊接方法，则焊后必须进行调质处理。

"想一想"

低碳调质钢气割切口边缘为何会产生硬化层？如果采用等离子切割呢？

3. 焊接材料

低碳调质钢焊后一般不再进行调质处理，因此在选择焊接材料时要求焊缝金属在焊态下的力学性能应接近于母材。在特殊情况下，如结构的刚度很大、冷裂纹很难避免时，应选择比母材强度稍低一些的焊接材料。也就是说，低碳调质钢焊接材料的选择原则是"等强匹配"或"低强匹配"，任何情况下都不可选择"超强匹配"。低碳调质钢焊接材料的选用见表3-13。

表3-13 低碳调质钢焊接材料的选用

牌号	焊条电弧焊焊条	熔化极气体保护焊	
		焊丝	保护气体（体积分数）
HQ70A HQ70B 15MnMoVN 15MnMoVNRE	E7015	H08Mn2Ni2Mo	CO_2 $Ar+CO_2$ (20%) $Ar+O_2$ (1%～2%)
15MnMoVNRE（QJ－70）	E7515	H08Mn2Ni2Mo	$Ar+CO_2$ (20%)
14MnMoNbB	E8515		$Ar+O_2$ (1%～2%)

4. 焊接参数

在不预热的条件下焊接低碳调质钢，焊接参数对热影响区组织和性能影响很大，其中焊接热输入是决定接头性能的关键。

（1）焊接热输入　从防止热影响区脆化的角度出发，要求冷却速度较快为好；而从防止冷裂角度来讲，要求冷却速度越慢越好。因此，确定冷却速度应该兼顾两者的要求，选择一个合适的范围，上限要不产生冷裂，下限要不产生引起脆化的混合组织。

选择焊接热输入的原则：在保证不出现裂纹和满足热影响区韧性的条件下，应选择尽可能大的焊接热输入。每种钢所能采用的最大焊接热输入可以通过试验确定，然后根据最大热输入时冷裂纹倾向大小再考虑是否需要预热和预热温度的大小。例如，HQ70钢焊接时的预热温度和最大焊接热输入见表3-14。

表3-14 HQ70钢焊接时的预热温度和最大焊接热输入

牌号	板厚/mm	预热温度/℃			焊道间温度/℃	最大焊接热输入/(kJ/cm)
		焊条电弧焊	气体保护焊	埋弧焊		
HQ70	6～13	50	25	50	≤150	≤25
	13～26	75～100	50	50～75	≤200	≤45
	26～50	125	75	100	≤220	≤48

为了限制过大的焊接热输入，低碳调质钢不宜采用大直径的焊条或焊丝施焊，应尽量采用多层多道焊工艺，采用窄焊道而不用横向摆动的运条技术。对双面施焊的焊缝，背面焊道

应采用碳弧气刨清理焊根并打磨气刨表面后再进行焊接，这不仅可以使热影响区和焊缝有较好的韧性，还可以减小焊接变形。

（2）预热和后热温度　低碳调质钢在板厚不大、接头拘束度较小的情况下焊接时可以不预热。例如，板厚小于10mm 的 HQ60、HQ70 钢在采用低氢型焊条电弧焊、CO_2 气体保护焊和 CO_2 + Ar 混合气体保护焊时，可以不预热进行焊接。

但当焊接热输入提高到最大允许值还不能避免裂纹时，就必须采取预热措施。对低碳调质钢预热的目的是防止冷裂，对改善热影响区的组织性能作用不大；同时，从它对 800 ~ 500℃的冷却速度的影响来看，对热影响区韧性还可能有不利的影响。因此，低碳调质钢一般采用较低的预热温度（T_0≤200℃）。

预热主要是希望低碳调质钢能降低马氏体转变时的冷却速度，使马氏体能实现“自回火”来提高抗裂性能。预热温度过高，不仅对防止冷裂没有必要，反而会使 800 ~ 500℃ 的冷却速度低于出现脆性混合组织的临界冷却速度，而使热影响区韧性下降。所以，要避免不必要的提高预热温度，包括焊道间温度。两种低碳调质钢的焊接预热温度范围见表 3-15。

表 3-15　两种低碳调质钢的焊接预热温度范围　（单位：℃）

板厚/mm	14MnMoVN	14MnMoNbB
<13	—	—
13 ~ 16	50 ~ 100	100 ~ 150
16 ~ 19	100 ~ 150	150 ~ 200
19 ~ 22	100 ~ 150	150 ~ 200
22 ~ 25	150 ~ 200	200 ~ 250
25 ~ 35	150 ~ 200	200 ~ 250

低碳调质钢焊接结构一般是在焊态下使用，正常情况下不进行焊后热处理，除非焊后接头区强度和韧性过低、结构要求耐应力腐蚀，以及焊后需要进行高精度加工来保证结构尺寸等时，才进行焊后热处理。为了保证材料的强度性能，焊后热处理温度必须比母材原调质处理的回火温度低 30℃。

总结与提高：

1）低碳调质钢焊缝对扩散氢比较敏感，如果焊缝中扩散氢含量较多，则产生冷裂纹的敏感性较大。因此，焊接时必须选用低氢或超低氢焊接材料，并严格控制焊接区氢的来源。

2）低碳调质钢焊接热影响区组织性能不均匀，同时存在脆化和软化现象。

3）下屈服强度 R_{eL}≥980MPa 的低碳调质钢焊接时，需要采用钨极氩弧焊或真空电子束焊才能获得满足要求的焊接接头；下屈服强度 R_{eL}<980MPa 的低碳调质钢可以采用焊条电弧焊、埋弧焊、熔化极气体保护焊和钨极氩弧焊进行焊接，而对于 R_{eL}≥686MPa 的低碳调质钢，熔化极气体保护焊（如 Ar + CO_2 混合气体保护焊）是最合适的焊接方法。

4）低碳调质钢焊接材料的选择原则是“等强匹配”或“低强匹配”，任何情况下都不可选择“超强匹配”。

5）低碳调质钢焊接结构一般在焊态下使用。只有在焊接接头区强度和韧性过低、结构要求耐应力腐蚀及焊后需要高精度加工时才进行焊后热处理，且焊后热处理温度必须比母材原调质处理的回火温度低 30℃。

四、低碳调质钢焊接生产案例——15MnMoVN 球形高压容器的环缝焊接

球形高压容器采用 15MnMoVN 低碳调质钢制造，壁厚为 66mm，环缝焊接坡口形式和尺寸如图 3-3a 所示，其焊接工艺如下。

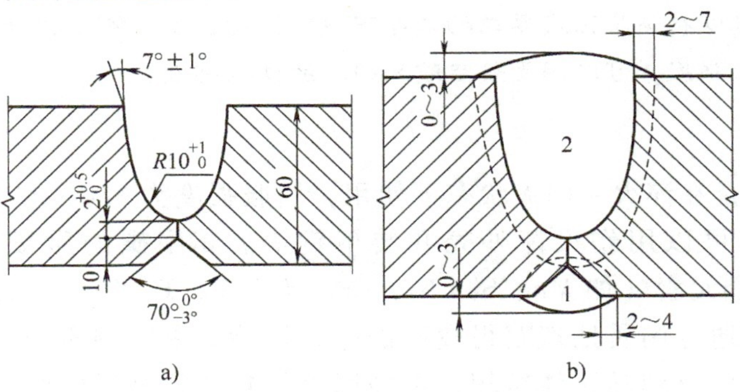

图 3-3　环缝焊接坡口形式、尺寸及焊接顺序

a）环缝坡口形式和尺寸　b）焊接顺序

1. 焊接方法

焊接方法采用焊条电弧焊和埋弧焊。先用焊条电弧焊焊接第一面坡口，然后用碳弧气刨在背面清根后，用埋弧焊焊满坡口。

2. 焊接材料

焊条电弧焊用 E7015-D（J707），ϕ4mm、ϕ5mm 焊条；埋弧焊采用 H08Mn2NiMo，ϕ4mm 焊丝配 HJ431 焊剂。

3. 预热温度

焊前将焊件加热到 100～150℃，然后进行焊接。层间温度控制在 150～350℃。

4. 焊接参数

电源采用直流反接。焊条电弧焊，E7015-D（J707）、ϕ4mm 焊条，焊接电流为 170～190A，电弧电压为 22～26V；E7015-D（J707）、ϕ5mm 焊条，焊接电流为 220～240A，电弧电压为 22～26V。埋弧焊 H08Mn2NiMo、ϕ4mm 焊丝、HJ431 焊剂，焊接电流为 550～600A，电弧电压为 35～37V，焊接速度为 26～29m/h。

5. 焊后热处理

焊后立即进行消氢处理，温度为 350～400℃，保温 3h；然后进行消除应力热处理，加热温度为 600～620℃，恒温 4h。

模块四　中碳调质钢的焊接

中碳调质钢中碳和其他合金元素的含量都较高，通过调质处理可获得较高的强度。其中加入合金元素的作用是保证淬透性和提高耐回火性，而其强度主要还是取决于含碳量。随着含碳量的增加，钢的焊接性明显变差，焊接时必须采取严格的工艺措施，焊后必须经过调质处理才能获得满足使用要求的接头性能。

一、中碳调质钢的成分和性能

小知识 比强度是指材料的抗拉强度与密度的比值。比强度高的材料可以在满足强度要求的条件下减轻结构自重。例如铝合金具有很高的比强度，可以用于航空航天领域的结构制造。

中碳调质钢都是在淬火+回火状态下使用，屈服强度为880~1176MPa，具有高的比强度和高硬度，可以用作火箭外壳和装甲钢等。其中碳的质量分数为0.25%~0.5%，并加入合金元素（如Mn、Si、Ni、Cr、Mo、V、Ti等），以保证钢的淬透性和消除回火脆性，再通过调质处理获得较好的综合性能。中碳调质钢的淬硬性比低碳调质钢高得多，淬火后得到马氏体组织，再经回火得到片状马氏体组织。片状马氏体属于硬脆组织，因此钢的韧性较低，给焊接带来了很大困难。常用中碳调质钢的化学成分和力学性能分别见表3-16和表3-17。

表3-16　中碳调质钢的化学成分（质量分数,%）

牌号	C	Mn	Si	Cr	Ni	Mo	V	S	P
30CrMnSi	0.28~0.35	0.8~1.1	0.9~1.2	0.8~1.1	≤0.30	—	—	≤0.030	≤0.035
30CrMnSiNi2A	0.27~0.34	1.0~1.3	0.9~1.2	0.9~1.2	1.4~1.8	—	—	≤0.025	≤0.025
35CrMo	0.30~0.40	0.4~0.7	0.17~0.35	0.9~1.3	—	0.2~0.3	—	≤0.030	≤0.035
35CrMoV	0.30~0.38	0.4~0.7	0.2~0.4	1.0~1.3	—	0.2~0.3	0.1~0.2	≤0.030	≤0.035
34Cr2Ni2Mo	0.3~0.4	0.5~0.8	0.27~0.37	0.7~1.1	2.75~3.25	0.25~0.4	—	≤0.030	≤0.035
40CrNiMo	0.36~0.44	0.5~0.8	0.17~0.37	0.6~0.9	1.25~1.75	0.15~0.25	—	≤0.030	≤0.030

表3-17　中碳调质钢的力学性能

牌号	热处理规范	下屈服强度 R_{eL}/MPa	抗拉强度 R_m/MPa	伸长率 A(%)	断面收缩率 Z(%)	冲击吸收能量/J	硬度 HBW
30CrMnSi	870~890℃油淬 510~550℃回火	≥833	≥1078	≥10	≥40	≥49	346~363
	870~890℃油淬 200~260℃回火	—	≥1568	≥5	—	≥25	≥444
30CrMnSiNi2A	890~910℃油淬 200~300℃回火	≥1372	≥1568	≥9	≥45	≥59	≥444

（续）

牌号	热处理规范	下屈服强度 R_{eL}/MPa	抗拉强度 R_m/MPa	伸长率 A（%）	断面收缩率 Z（%）	冲击吸收能量/J	硬度 HBW
40Cr	850℃油淬 520℃回火	≥785	≥980	≥9	≥45	≥47	≥207
35CrMo	860～880℃油淬 560～580℃回火	≥490	≥657	≥15	≥35	≥49	197～241
35CrMoV	880～900℃油淬 640～660℃回火	≥686	≥814	≥13	≥35	≥39	255～302
34Cr2Ni2Mo	850～870℃油淬 580～670℃回火	≥833	≥931	≥12	35	39	285～341
40CrNiMo	840～860℃油淬 550～650℃水冷或空冷	833	980	12	55	78	269

按照合金系统，中碳调质钢大概可以归纳为以下几种。

1. Cr钢

40Cr是一种广泛使用的含Cr调质钢，具有良好的综合力学性能、较高的淬透性和较高的疲劳强度，用于制造较重要的在交变载荷下工作的机器零件，如齿轮和轴类。Cr能增加高温或低温的耐回火性，但Cr钢有回火脆性。该钢中$w_{Cr}<1.5\%$时能有效提高钢的淬透性，继续增加则无实际意义；当$w_{Cr}=1\%$时，对钢的塑性和韧性略有提高；当$w_{Cr}>2\%$时，对塑性影响不大，而使钢的冲击韧度略有降低。

2. Cr-Mo钢

35CrMo和35CrMoV属于Cr-Mo系钢，是在Cr钢基础上发展起来的中碳调质钢，具有良好的强度与韧性匹配，一般在动力设备中用于制造一些承受负荷较高、截面较大的重要零部件，如汽轮机叶轮、主轴和发电机转子等。Cr钢中加入少量Mo（$w_{Mo}=0.15\%\sim0.25\%$）可以消除Cr钢的回火脆性，提高其淬透性和高温强度；V可以细化晶粒，提高强度、塑性和韧性，增加高温耐回火性。但由于钢中的含碳量较高，淬透性较大，因此焊接性较差，一般要求焊前预热和焊后热处理。

3. Cr-Mn-Si钢

30CrMnSi和30CrMnSiNi2都属于Cr-Mn-Si系钢，这类钢的显著特点是强度很高，但焊接性差，在飞机制造中应用较多。

Cr-Mn-Si系钢具有回火脆性，在300～450℃内出现第一类回火脆性，因此回火时必须避开这一温度范围。这类钢还有第二类回火脆性，因此高温回火时必须采取快速冷却的办法，否则韧性会显著降低。这类钢除了在调质状态下使用外，有时在损失一定韧性的情况下，为了提高钢的强度，减轻结构重量，采用200～250℃的低温回火，以便得到具有很高强度的回火马氏体组织。当工件厚度小于25mm时，可采用等温淬火得到下贝氏体组织，此时强度与塑性、韧性可得到良好配合。

30CrMnSi是一种典型的Cr-Mn-Si系中碳调质钢，其中不含贵重的Ni，在我国得到了广泛应用。在退火状态下，它的组织是铁素体+珠光体，调质状态下的组织为回火索氏体。

30CrMnSiNi2是在Cr-Mn-Si系基础上增加Ni，大大提高了钢的淬透性，与30CrMnSi相比，其调质后的强度有较大提高，并保持了良好的韧性，但它的焊接性较差，具有较大的冷裂倾向。

4. Cr-Ni-Mo 钢

40CrNiMo 和 34Cr2Ni2Mo 属于 Cr-Ni-Mo 系钢，具有良好的综合性能，如强度高、韧性好、淬透性大等，主要用于制造高负荷、大截面的轴类和承受冲击载荷的构件，如汽轮机、喷气涡轮机轴、喷气式客机的起落架及火箭发动机外壳等。

二、中碳调质钢的焊接性

1. 焊缝中的热裂纹

中碳调质钢中的碳及合金元素含量都较高，因此液-固相温度区间大，结晶时成分偏析也较严重，焊接时易产生结晶裂纹，具有较大的热裂纹倾向。为防止热裂纹，焊接时尽量采用含碳量低和杂质 S、P 含量低的焊接材料；在焊接工艺上，应注意填满弧坑和保证良好的焊缝成形，因为热裂纹容易出现在未填满的弧坑处，尤其是在多层焊第一层焊道的弧坑中以及焊缝的凹陷部位。

2. 焊接冷裂纹

由于中碳调质钢含碳量及合金元素含量都较高，尤其是加入了增加淬透性的元素，因此淬硬倾向十分明显，焊接热影响区易出现硬脆的马氏体组织，增大了焊接接头的冷裂纹倾向。母材含碳量越高，淬硬性越大，焊接冷裂纹倾向也越大。同时，中碳调质钢由于 *Ms* 点较低，形成的马氏体难以产生“自回火”作用，并且马氏体中的含碳量较高，形态多为片状甚至针状，使得马氏体的硬度和脆性更大，因此中碳调质钢比低碳调质钢对冷裂纹的敏感性更大。

屈服强度为 590～980MPa 的低碳调质钢和中碳调质钢的碳当量（Ceq）一般超过了 0.5%，多数超过了 0.6%，属于高淬硬倾向的钢。从碳当量来看，低碳调质钢和中碳调质钢的差别不是很显著，但二者的焊接性差别却很大，其原因在于马氏体的类型和性能不同。低碳马氏体呈板条状且有“自回火”作用，韧性好，因此冷裂纹倾向小。

焊接中碳调质钢时，为了防止产生冷裂纹，应尽量降低焊接接头的含氢量，除采取焊前预热外，还必须在焊后及时进行回火处理。

3. 热影响区脆化

如前所述，中碳调质钢的淬硬倾向很大，在焊接热影响区的过热区容易产生大量的脆硬高碳马氏体组织，导致过热区脆化。生成的马氏体越多，脆化越严重。为减小过热区脆化，从减小淬硬倾向出发，应该采用大的焊接热输入；但是这类钢的淬硬倾向又很大，仅仅通过加大焊接热输入也难以避免马氏体的形成，相反却增大了奥氏体的过热，促使形成粗大的马氏体，使过热区的脆化更为严重。因此，中碳调质钢为防止过热区脆化应采用小的焊接热输入，同时采取预热、缓冷和后热等措施。因为小的焊接热输入可减少高温停留时间，避免奥氏体晶粒的过热长大；同时，采取预热和缓冷措施来降低冷却速度，对改善过热区的性能非常有利。

4. 热影响区软化

对于必须在调质状态下焊接的中碳调质钢，需要考虑热影响区软化问题。

“想一想”

中碳调质钢与低碳调质钢的热影响区软化是否相同？

钢材在调质状态下被加热到该钢调质处理的回火温度以上时，焊接热影响区将出现强度、硬度低于母材的软化区，一般加热温度在 $Ac_1 \sim Ac_3$ 的部位软化最明显，30CrMnSi 调质钢焊接热影响区的强度分布如图 3-4 所示。中碳调质钢的强度级别越高，软化越严重，并且软化程度和软化区的宽度与焊接热输入、焊接方法有很大关系。焊接热输入越小，加热和冷却速度越快，软化程度越小，软化区的宽度也越窄。从图 3-4 可以看出，30CrMnSi 采用气焊时，软化区的抗拉强度降为 590 ~ 685MPa，而采用焊条电弧焊时软化区强度为 880 ~ 1030MPa，气焊时的软化区比焊条电弧焊时宽得多。因此，焊接热源越集中，对减少软化越有利。

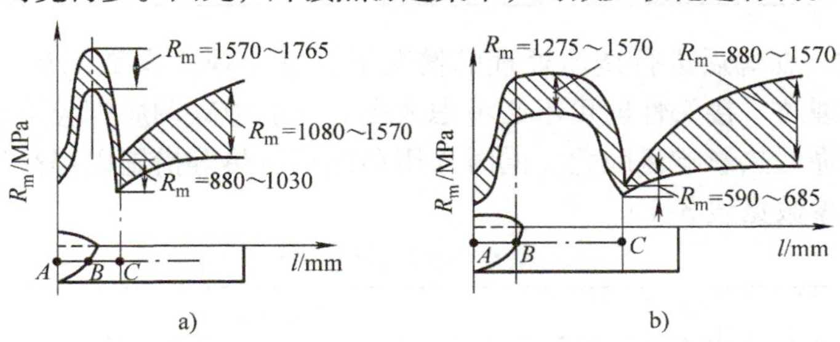

图 3-4　调质状态的 30CrMnSi 调质钢焊接热影响区的强度分布

a）焊条电弧焊　b）气焊

三、中碳调质钢的焊接工艺要点

中碳调质钢的淬透性很大，焊后的淬火组织是脆硬的高碳马氏体，不仅对冷裂敏感，而且焊后如果不经过热处理，热影响区性能将达不到母材性能，因此这类钢一般在退火状态下焊接，焊后经过整体调质处理以获得满足要求的焊接接头；但有时必须在调质状态下进行焊接，这种情况下热影响区的性能恶化很难解决。因此，中碳调质钢焊前所处的状态是非常重要的，它决定了焊接时出现问题的性质和应采取的工艺措施。

1. 在退火状态下焊接

（1）焊接方法　中碳调质钢焊接的合理工艺方案是在退火（或正火）状态下进行焊接，焊后进行整体调质处理，实际上，大多数中碳调质钢焊接均采用该方案。焊接时的主要问题是裂纹，热影响区性能可以通过焊后调质处理来保证，因此对焊接方法几乎没有限制。常用的焊接方法有焊条电弧焊、埋弧焊和气体保护焊等。采用热量集中的脉冲氩弧焊、等离子弧焊及电子束焊等，有利于减小热影响区宽度，获得细晶组织，提高接头力学性能。焊接薄板时，多采用气体保护焊、钨极氩弧焊和微束等离子弧焊等方法。

（2）焊接材料　在选择焊接材料时，除应保证焊接时不产生冷裂纹、热裂纹外，还应考虑焊缝金属的主要合金系统应尽量与母材相似，并对能使焊缝金属热裂倾向增加和促使金属脆化的元素（C、Si、S、P 等）严格加以限制，以使焊缝金属在焊后经过与母材相同的调质处理规范后，性能与母材相同。常用钢种焊接材料的选用见表 3-18。

表 3-18　常用钢种焊接材料的选用

牌号	焊条电弧焊	气体保护焊		埋弧焊	
		保护气体	焊丝	焊丝	焊剂
30CrMnSi	E8515-G E10015-G	CO_2	H08Mn2SiMo H08Mn2Si	H19CrMo H18CrMo	HJ431 HJ260
		Ar	H18CrMo		
30CrMnSiNi2	—	Ar	H18CrMo	H18CrMo	HJ350-1 HJ260

（续）

牌号	焊条电弧焊	气体保护焊		埋弧焊	
		保护气体	焊丝	焊丝	焊剂
35CrMo	E10015-G	Ar	H19CrMo	H19CrMo	HJ260
35CrMoV	E8515-G E10015-G	Ar	H19CrMo	—	—

（3）焊接参数　在焊后进行调质处理的情况下，确定焊接参数的出发点主要是保证在调质处理前不出现裂纹，接头性能可不必考虑太多。一般中碳调质钢应采用尽可能小的焊接热输入，这样可以降低热影响区脆化，同时采用预热和后热等措施以提高抗冷裂性能。常用中碳调质钢的焊接参数见表3-19。

表3-19　常用中碳调质钢的焊接参数

焊接方法	牌号	板材厚度/mm	焊丝或焊条直径/mm	焊接参数					说　明
				焊接电压/V	焊接电流/A	焊接速度/(m/h)	送丝速度/(m/h)	焊剂或保护气流量/(L/min)	
焊条电弧焊	30CrMnSi	4	ϕ3.2	20~25	90~110	—	—	—	—
	30CrMnSiNi2	10	ϕ3.2	21~32	130~140	—	—	—	预热350℃，焊后680℃回火
			ϕ4.0		200~220				
埋弧焊	30CrMnSi	8	ϕ2.5	21~38	290~400	27	—	HJ431	焊接3层
	30CrMnSiNi2	26	ϕ3.0 ϕ4.0	30~35	280~450	—	—	HJ350	焊接1~3层
CO_2气体保护焊	30CrMnSi	2	ϕ0.8	17~19	75~85	—	120~150	CO_2：7~8	短路过渡
		4			85~110	—	150~180	CO_2：10~14	
钨极氩弧焊	45CrNiMoV	2.5	ϕ1.6	9~12	100~200	60	30~52	Ar：10~20	预热260℃，焊后650℃回火
		23		12~14	250~300	4.5	30~57	Ar：14；He：5	预热300℃，焊后670℃回火

（4）预热和焊后热处理　预热和焊后热处理是中碳调质钢焊接时的重要工艺措施。除了拘束度小、结构简单的薄板结构不需预热外，一般情况下焊接中碳调质钢时都需要进行预热和焊后热处理，预热温度一般为200~350℃。常用中碳调质钢的预热温度见表3-20。如果采用局部预热，预热范围应在焊缝两侧不小于100mm。

表 3-20 常用中碳调质钢的预热温度

牌号	预热温度/℃	说 明
30CrMnSi	200 ~ 300	薄板可不预热
40Cr	200 ~ 300	—
30CrMnSiNi2	300 ~ 350	预热温度应一直保持到焊后热处理

对于焊后不能立即进行调质处理的焊接结构，为了保证冷却到室温后、在调质前不出现延迟裂纹，需要在焊后及时进行一次中间热处理，即焊后在等于或高于预热温度下保温一段时间的热处理，如低温回火或650 ~ 680℃的高温回火。常用中碳调质钢的焊后热处理温度见表 3-21。

表 3-21 常用中碳调质钢的焊后热处理温度

牌号	焊后热处理/℃	说 明
30CrMnSi	淬火 + 回火：480 ~ 700	使焊缝金属组织均匀化，焊接接头获得最佳性能
30CrMnSiNi2	淬火 + 回火：200 ~ 300	
30CrMnSi	回火：500 ~ 700	消除焊接应力，以便于冷加工
30CrMnSiNi2		

例如，30CrMnSi 钢在退火状态下焊件厚度大于 3mm 时，应将焊件预热到 200 ~ 300℃，并在整个焊接过程中保持该温度；焊后如果不能及时进行调质处理，应进行 680℃ 回火处理。如果产品结构复杂且焊缝数量很多，则要在焊完一定数量的焊缝后及时进行中间回火处理，以避免最后热处理时先焊部位已产生延迟裂纹。中间回火的次数要根据焊缝的多少和产品结构的复杂程度来决定。对于淬火倾向更大的 30CrMnSiNi2 钢，为了防止冷裂纹的产生，焊后必须立即（焊缝金属不能冷却到低于 250℃）将焊件入炉加热到（650 ± 10）℃或 680℃回火，然后按规定进行调质处理。

2. 在调质状态下焊接

当必须在调质状态下进行焊接时，主要的问题是焊接裂纹和热影响区的脆化及软化。高碳马氏体引起的热影响区脆化和硬化，可以通过焊后回火处理来解决；而高温回火区软化引起的强度下降，在焊后不能进行调质处理的情况下是无法挽救的。因此，在制订焊接工艺时，主要是防止裂纹和避免软化。

为减小热影响区软化，应尽量选择热量集中、能量密度大的焊接方法，而且焊接热输入越小越好。这一点与低碳调质钢的焊接是一致的，因此气焊最不合适；气体保护焊比较好，尤其是钨极氩弧焊，其热量容易控制，焊接质量容易保证；而脉冲氩弧焊、等离子弧焊和电子束焊效果更好。但从经济性和方便性考虑，目前焊接这类钢时应用最多的还是焊条电弧焊。

为消除热影响区的淬硬组织和防止延迟裂纹的产生，必须选择合适的预热温度并在焊后及时进行回火处理。必须注意预热温度、焊道间温度和热处理温度，应控制在比母材淬火后的回火温度低 50℃。

由于焊后不再进行调质处理，因此选择焊接材料时没有必要考虑成分和热处理规范与母材的匹配问题。选择焊接材料时考虑的主要问题是防止冷裂，焊接时经常采用奥氏体铬镍钢焊条或镍基焊条。例如，焊接调质状态下的 30CrMnSi 和 30CrMnSiNi2 钢，可采用塑韧性好的奥氏体铬镍钢焊条，焊后进行 250℃、2h 或更长时间的低温回火处理。在焊接如

30CrMnSiNi2 这种淬硬倾向很大的钢种时，除焊后进行低温回火外，还要进行预热且保持焊道间温度为 240～260℃。

> 总结与提高：
>
> 1）中碳调质钢中碳和提高淬透性的合金元素含量都较高，焊接性差，对热裂纹、冷裂纹都敏感，同时还存在热影响区脆化和软化问题。
>
> 2）中碳调质钢都是在淬火＋回火状态下使用，合理的焊接工艺方案应是在退火（或正火）状态下焊接，焊后进行整体调质处理。焊接方法的选择原则是不产生焊接裂纹，焊接接头的性能用焊后调质处理来保证。焊接材料的选择除应保证焊接时不产生冷裂纹、热裂纹外，还需要考虑焊缝金属的主要合金系统与母材相近，以保证焊缝金属在焊后经过热处理获得与母材相同的性能。
>
> 3）当必须在调质状态下焊接时，制订焊接工艺主要考虑的问题是防止裂纹和避免软化。

四、中碳调质钢焊接生产案例——42CrMo 水轮机法兰轴的焊接

某水轮机厂生产的出口水轮机，根据用户要求，法兰轴采用 42CrMo 中碳调质高强钢，结构如图 3-5 所示。基于法兰轴形状特殊，轴颈与法兰尺寸相差甚远，以及该厂的锻造条件有限等原因，该法兰轴宜在法兰和轴分体锻造加工后再焊接而成。

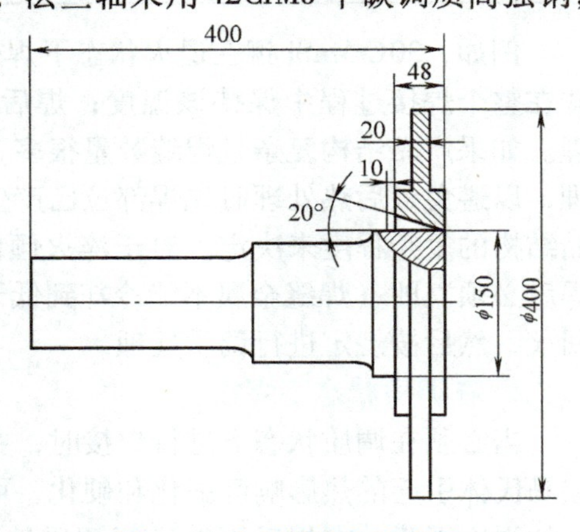

图 3-5 法兰轴结构示意图

1. 42CrMo 中碳调质高强钢焊接性分析

42CrMo 钢是中碳调质高强钢，其下屈服强度 R_{eL}≥950MPa，要求在调质状态下进行焊接，其化学成分及调质处理温度见表 3-22。

由于该钢的含碳量较高，强度高，焊接接头淬硬倾向大，焊接时易出现冷裂纹；另外，该钢的 Ms 点较低，在低温下形成的马氏体一般难以产生"自回火"效应，这又增大了冷裂敏感性，可见其焊接性很差。因此须制订严格的工艺，焊接时须采取焊前预热及焊后处理等措施。

表 3-22 化学成分及调质处理温度

化学成分（质量分数,%）							调质处理		
C	Si	Mn	Cr	Mo	Ni	S、P	淬火温度/℃	回火温度/℃	
0.42	0.25	0.68	1.0	0.21	0.28	<0.025	850	法兰	580
								轴	

2. 焊接参数的选择

（1）焊接方法的选择　42CrMo 法兰轴要求在调质状态下焊接，为减少热影响区的软化，宜采用焊接热输入小的方法，又考虑到经济性、方便性，决定采用焊条电弧焊，但焊接电流及焊接速度应得到严格控制。

（2）焊接材料的选择　按接头与母材等强度原则应选用J907Cr焊条，这里采用强度略低于母材的J807焊条，一方面可降低焊接接头的冷裂倾向，另一方面也降低了成本。

（3）焊前预热温度的选择　为了有效地防止42CrMo钢焊接冷裂纹的产生及减小焊接热影响软化区，焊件在焊前必须进行预热。焊前预热温度选为300℃。

（4）焊后热处理方案的选择　对于冷裂纹倾向较大的高强度钢的焊接，氢是引起焊接冷裂纹的重要因素之一。焊接生产中常采用较高温度的去应力退火处理，以使焊缝和热影响区的扩散氢含量及内应力降到很低的水平，从而达到避免出现延迟裂纹的目的。按照调质钢在调质状态下焊接时，热处理温度应比调质处理时的回火温度低50℃的原则，选择530℃的热处理温度，保温3h。

3. 焊接工艺

1）焊前严格清除坡口及其附近的油污、铁锈、水渍、毛刺及其他杂质。

2）将焊件整体入炉预热，预热温度为300℃，升温速度为80℃/h，保温2h。

3）焊条使用前在（400±10）℃的条件下烘干2h，随后放入100～150℃焊条保温箱内，随用随取。

4）采用直流反接，选用J807焊条，焊条直径为ϕ4mm，焊接电流为160～180A，电弧电压为23～25V，焊接速度为160～170mm/min。

5）焊接采用多层多道焊，两面交替进行，如图3-6所示。焊接时，在不产生裂纹的情况下，每个焊层应尽量薄，一般不大于焊条直径。每条焊道的引弧、收弧处要错开，收弧时填满弧坑。施焊过程中，要保持层间温度不低于预热温度。

在多层多道焊接中，后一焊道对前一焊道起到热处理的作用，最后一焊层需熔敷一层退火焊道，以改善焊缝的组织和提高抗裂性，退火焊道采用J427、ϕ4mm焊条焊接。

6）每条焊道焊后应清渣，仔细检查有无气孔、裂纹、夹渣等缺陷。发现缺陷应彻底清除后重焊。

7）进行焊后热处理，其工艺曲线如图3-7所示。

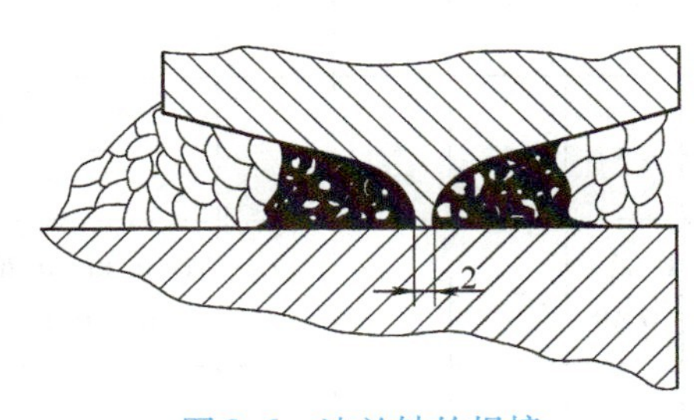

图3-6　法兰轴的焊接

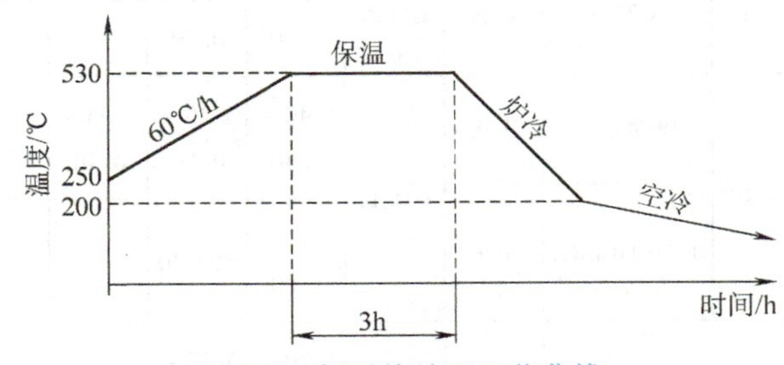

图3-7　焊后热处理工艺曲线

模块五　低温钢的焊接

低温钢是指工作温度为－196～－10℃的钢，工作温度为－273～196℃的钢称为超低温钢。低温钢的主要性能特点是在低温工作条件下具有足够的强度、塑性和韧性，同时具有良好的加工性，主要用于制造石油化工业中的低温设备，如液化石油气和液化天然气等的储存和运输容器、管道等。

一、低温钢的分类、成分和性能

1. 低温钢的分类

低温钢的钢种很广泛，分类方法也很多。

（1）按使用温度等级分类　分为 -90 ~ -50℃、-120 ~ -100℃和 -273 ~ -196℃等级的低温钢。

（2）按低温钢组织分类　分为铁素体型低温钢、马氏体型低温钢和奥氏体型低温钢。

（3）按有无 Ni、Cr 元素分类　分为无 Ni、Cr 低温钢和含 Ni、Cr 低温钢。

（4）按热处理方法分类　分为非调质低温钢和调质低温钢。

常用低温钢的类型及适用温度范围如图 3-8 所示。

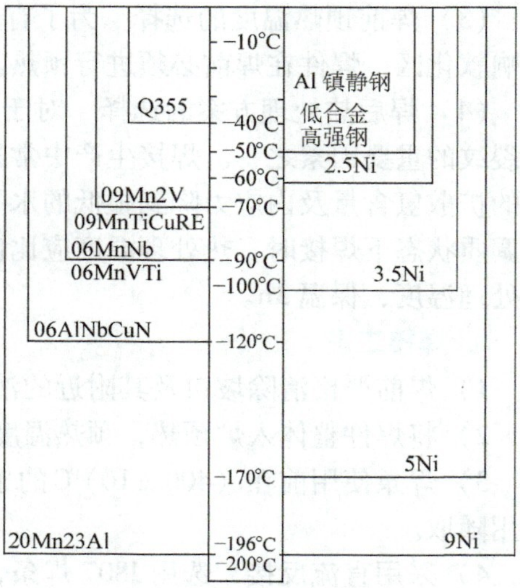

-10℃
Q355
-40℃
-50℃
-60℃
09Mn2V
-70℃
09MnTiCuRE
06MnNb
06MnVTi
-90℃
-100℃
06AlNbCuN
-120℃
-170℃
20Mn23Al
-196℃
-200℃
Al 镇静钢
低合金
高强钢
2.5Ni
3.5Ni
5Ni
9Ni

图 3-8　常用低温钢的类型及适用温度范围

2. 低温钢的成分、组织和性能

低温钢的钢种很多，包括从低碳铝镇静钢、低合金高强度钢、低 Ni 钢，直到 Ni 的质量分数为 9% 的钢。常用低温钢的温度等级和化学成分见表 3-23，力学性能见表 3-24。

表 3-23　常用低温钢的温度等级和化学成分（质量分数,%）

分类	温度等级/℃	牌号	组织状态	C	Mn	Si	V	Nb	Cu	Al	Cr	Ni	其他
无镍低温钢	-40	Q255	正火	≤0.20	1.20 ~ 1.60	0.20 ~ 0.60	—	—	—	—	—	—	—
	-70	09Mn2V	正火	≤0.12	1.40 ~ 1.80	0.20 ~ 0.50	0.04 ~ 0.10	—	—	—	—	—	—
		09MnTiCuRE	正火		1.40 ~ 1.70	≤0.40	—	—	0.20 ~ 0.40	—	—	—	Ti：0.30 ~ 0.80 RE：0.1
	-90	06MnNb	正火	≤0.07	1.20 ~ 1.60	0.17 ~ 0.37	—	0.02 ~ 0.04	—	—	—	—	—
	-100	06MnVTi	正火	≤0.07	1.40 ~ 1.80	0.17 ~ 0.37	0.04 ~ 0.10	—	—	0.04 ~ 0.08	—	—	—
	-105	06AlNbCuN	正火	≤0.08	0.80 ~ 1.20	≤0.35	—	0.04 ~ 0.08	0.30 ~ 0.40	0.04 ~ 0.15	—	—	N：0.010 ~ 0.015
	-196	20Mn23Al	固溶	0.10 ~ 0.25	21.0 ~ 26.0	≤0.50	0.06 ~ 0.12	—	0.10 ~ 0.20	0.7 ~ 1.2	—	—	N：0.03 ~ 0.08 B：0.001 ~ 0.005

（续）

<table>
<tr><th>分类</th><th>温度等级/℃</th><th>牌号</th><th>组织状态</th><th>C</th><th>Mn</th><th>Si</th><th>V</th><th>Nb</th><th>Cu</th><th>Al</th><th>Cr</th><th>Ni</th><th>其他</th></tr>
<tr><td rowspan="9">含镍低温钢</td><td rowspan="5">-60</td><td>0.5NiA</td><td rowspan="5">正火或调质</td><td>≤0.14</td><td>0.70～1.50</td><td rowspan="5">0.10～0.30</td><td rowspan="5">0.02～0.05</td><td rowspan="5">0.15～0.50</td><td rowspan="5">≤0.35</td><td rowspan="5">0.15～0.50</td><td rowspan="5">≤0.25</td><td>0.30～0.70</td><td rowspan="5">Mo≤0.10</td></tr>
<tr><td>1.5NiA</td><td>≤0.14</td><td>0.30～0.70</td><td>1.30～1.60</td></tr>
<tr><td>1.5NiB</td><td>≤0.18</td><td>0.50～1.50</td><td>1.30～1.70</td></tr>
<tr><td>2.5NiA</td><td>≤0.14</td><td>≤0.80</td><td>2.00～2.50</td></tr>
<tr><td>2.5NiB</td><td>≤0.18</td><td>≤0.80</td><td>2.00～2.50</td></tr>
<tr><td rowspan="2">-100</td><td>3.5NiA</td><td rowspan="2">正火或调制</td><td>≤0.14</td><td rowspan="2">≤0.80</td><td rowspan="2">0.10～0.30</td><td rowspan="2">0.02～0.05</td><td rowspan="2">0.15～0.50</td><td rowspan="2">≤0.35</td><td rowspan="2">0.10～0.50</td><td rowspan="2">≤0.25</td><td rowspan="2">3.25～3.75</td><td rowspan="2">—</td></tr>
<tr><td>3.5NiB</td><td>≤0.18</td></tr>
<tr><td>-120～-170</td><td>5Ni</td><td>淬火+回火</td><td>≤0.12</td><td>≤0.80</td><td>0.10～0.30</td><td>0.02～0.05</td><td>0.15～0.50</td><td>≤0.35</td><td>0.10～0.50</td><td>≤0.25</td><td>4.75～5.25</td><td>—</td></tr>
<tr><td>-196</td><td>9Ni</td><td>淬火+回火</td><td>≤0.10</td><td>≤0.80</td><td>0.10～0.30</td><td>0.02～0.05</td><td>0.15～0.50</td><td>≤0.35</td><td>0.10～0.50</td><td>≤0.25</td><td>8.0～10.0</td><td>—</td></tr>
</table>

表 3-24　常用低温钢的力学性能

牌号	热处理状态	试验温度/℃	下屈服强度 R_{eL}/MPa	抗拉强度 R_m/MPa	伸长率 A（%）	冲击吸收功/J
Q355	正火	-40	≥343	≥510	≥21	≥34
09Mn2V	正火	-70	≥343	≥490	≥20	≥47
09MnTiCuRE	正火	-70	≥343	≥490	≥20	≥47
06MnNb	正火	-90	≥294	≥432	≥21	≥47
06AlNbCuN	正火	-120	≥294	≥392	≥20	≥20.5
2.5NiA	正火	-50	≥255	450～530	≥23	≥20.5
3.5NiB	正火	-101	≥255	450～530	≥23	≥20.5
5Ni	淬火+回火	-170	≥448	655～790	≥20	≥34.5
9Ni	淬火+回火	-196 -196	≥517 ≥585	690～828 690～828	≥20 ≥20	≥34.5 ≥34.5

具有面心立方晶格的金属材料，如铝、铜、镍和奥氏体型不锈钢等，其塑性和韧性很好，即使在低温下断裂仍为延性断裂；而一切具有体心立方晶格的金属材料均具有低温脆化

现象，即随温度的降低，其断裂由延性转变为脆性。低温钢是通过采取一定的措施来改善低温韧性的，如细化晶粒、合金化和提高纯净度等。

低温钢大部分是接近铁素体型的低合金钢，其含碳量较低，主要通过加入Al、V、Nb、Ti和稀土（RE）等元素进行固溶强化和细化晶粒，再经过正火、回火处理来获得晶粒细而均匀的组织，以得到良好的低温韧性。如果在钢中加入Ni，可提高钢的强度，同时可进一步改善低温韧性；但在提高Ni的同时，要相应降低含碳量和严格控制S、P含量，才能充分发挥Ni的有利作用。

（1）铁素体型低温钢　显微组织为铁素体＋少量珠光体，使用温度范围为－100～－40℃，如16MnDR、09Mn2VDR、06MnNbDR、3.5Ni和06MnVTi等，有“DR”标示的为低温容器专用钢，一般在正火状态下使用。16MnDR是制造－40℃低温设备用的细晶粒钢；09Mn2VDR也属细晶粒钢，主要用于制造－70℃的低温设备，如冷冻设备、液化气储罐、石油化工低温设备等；06MnNbDR是具有较高强度的－90℃用细晶粒钢，主要用于制造－90～－60℃的制冷设备、容器和储罐。3.5Ni钢一般经过870℃正火和635℃×1h消除应力回火，其最低使用温度达－100℃；调质处理可提高其强度，改善韧性和降低韧脆转变温度，其最低使用温度可达－129℃。

（2）低碳马氏体型低温钢　含Ni较高的钢如9Ni钢，淬火后组织为低碳马氏体，正火后的组织除低碳马氏体外，还有少量铁素体和少量奥氏体。此钢具有较高的强度（高于奥氏体型不锈钢）、塑性和低温韧性，能用于－196℃的低温，适于制造储存液化气的大型储罐。

（3）奥氏体型低温钢　具有很好的低温性能，其中以18-8型铬镍奥氏体型不锈钢应用最广泛，25-20型可用于超低温条件。我国为了节约铬、镍贵重金属而研制了以铝代镍的15Mn26Al4的奥氏体型不锈钢。

二、低温钢的焊接性

1. 无Ni低温钢的焊接性

无Ni低温钢即铁素体型低温钢，其中$w_C=0.06\%\sim0.20\%$，合金元素的总质量分数不大于5%，碳当量为0.27%～0.57%，焊接性良好。在室温下焊接不易产生冷裂纹，当板厚小于25mm时焊前不需预热；板厚超过25mm或接头刚性拘束较大时，应预热100～150℃，注意预热温度过高（超过200℃）会引起热影响区晶粒长大而降低韧性。

2. 含Ni低温钢的焊接性

含Ni较低的低温钢，如2.5Ni和3.5Ni钢，虽然加入Ni提高了钢的淬透性，但由于含碳量限制得较低，冷裂倾向并不严重，焊接薄板时可不预热，焊接厚板时须进行100℃的预热。

含Ni高的低温钢，如9Ni钢，其淬硬性很大，焊接时热影响区产生马氏体组织是不可避免的，但由于含碳量低，并采用奥氏体焊接材料，因此冷裂倾向不大。但焊接时应注意以下几个问题。

（1）正确选择焊接材料　9Ni钢具有较大的线胀系数，选择的焊接材料必须使焊缝与母材线胀系数大致相近，以免因线胀系数差别太大而引起焊接裂纹。通常选用镍基合金焊接材料，焊后焊缝组织为奥氏体组织，其低温韧性好，且线胀系数与9Ni钢接近。

"想一想"

直流电弧焊焊接时产生磁偏吹的原因是什么？应如何防止产生磁偏吹？

（2）避免磁偏吹现象　9Ni 钢具有强磁性，采用直流电源焊接时会产生磁偏吹现象，影响焊接质量。防治措施是焊前焊件避免接触强磁场，并尽量选用可以采用交流电源的镍基焊条。

（3）注意焊接热裂纹　Ni 能提高钢材的热裂纹倾向，因此应该严格控制钢材及焊接材料中的 S、P 含量，以免因 S、P 含量偏高在焊缝结晶过程中形成低熔点共晶，而导致形成结晶裂纹。含 Ni 钢的另一个问题是具有回火脆性，因此应注意这类钢焊后回火的温度和控制冷却速度。

9Ni 钢是典型的低碳马氏体型低温钢，其淬硬性较大。焊前应进行淬火 + 高温回火或 900℃水淬 +570℃回火处理，其组织为低碳板条状马氏体，具有较高的低温韧性，焊接性也优于一般低合金高强钢。板厚小于 50mm 的焊接结构焊接时不需预热，焊后可不进行消除应力热处理。

对这类易淬火的低温钢，通常采用控制焊道间温度及焊后缓冷等工艺措施，以降低冷却速度，避免淬硬组织产生；采用较小的焊接热输入，避免热影响区晶粒过分长大，以达到防止冷裂和改善热影响区低温韧性的目的。

三、低温钢的焊接工艺要点

低温钢焊接时，除了要防止产生裂纹外，关键是保证焊缝和热影响区的低温韧性。热影响区的韧性是通过控制焊接热输入来保证的，而焊缝的韧性不仅与热输入有关，还取决于焊缝的成分。由于焊缝金属是铸态组织，其性能低于同样成分的母材，故焊缝成分不能与母材完全相同。因此，应针对不同类型的低温钢选择不同的焊接方法和焊接材料。

1. 焊接方法

焊接低温钢时，焊条电弧焊和氩弧焊应用广泛，埋弧焊的应用受到限制，而气焊和电渣焊一般不用。为避免焊缝金属和热影响区形成粗大组织而使接头韧性降低，焊接热输入不能过大。多层焊时要控制焊道间温度不可过高，例如焊接 06MnNbDR 低温钢时，焊道间温度不可超过 300℃。

2. 焊接材料

焊条电弧焊焊接低温钢时一般选用高韧性焊条，焊接含 Ni 的低温钢所用焊条的含 Ni 量应与母材相当或比母材稍高；埋弧焊焊接低温钢一般选用中性熔炼焊剂配合 Mn-Mo 焊丝或碱性熔炼焊剂配合含 Ni 焊丝，也可采用 C-Mn 焊丝配合碱性非熔炼焊剂，由焊剂向焊缝过渡微量 Ti、B 合金元素，以保证焊缝获得良好的低温韧性。

常用低温钢焊接材料的选用见表 3-25。

表 3-25　常用低温钢焊接材料的选用

牌号	状态	焊条电弧焊		埋弧焊	
		型号	牌号	焊丝	焊剂
16MnDR	正火	E5016-G E5015-G	J506RH J507RH	H10Mn2	SJ101

（续）

牌号	状态	焊条电弧焊		埋弧焊	
		型号	牌号	焊丝	焊剂
09Mn2VDR	正火	E5015-G E5515-C1	W607A W707Ni	H08Mn2MoV	HJ250
06MnNbDR	正火 800 ~ 900℃空冷	E5515-C2	W907Ni	—	—
15MnNiDR	正火	E5015-G	W507R	—	—

氩弧焊焊接低温钢一般选质量分数为 1.5% ~ 2.5% 的含 Ni 焊丝，保护气可以是纯氩气，或 $Ar+O_2$、$Ar+CO_2$ 的混合气体。例如焊 C-Mn 钢可选用 Ni-Mo 焊丝，焊 3.5Ni 钢可选用 4NiMo 焊丝，焊 9Ni 钢可选用镍基焊丝 70Ni-Mo-W、60Ni-Mo-W 等。

3. 低温钢焊接操作要点

为减小热输入，焊条电弧焊通常采用小直径焊条（一般不大于 ϕ4mm），用尽量小的焊接电流，采用多层多道焊，焊接时采用快速不摆动的运条方法。快速多道焊可避免焊道过热，多层焊时后续焊道对前焊道的再次加热作用可细化晶粒。低温钢焊条电弧焊平焊时的焊接参数见表 3-26。其他位置焊接时焊接电流应减小 10%。注意焊接时应在坡口内引弧，焊件表面不允许有电弧擦伤。在横焊、立焊和仰焊时，为保证焊缝成形并与母材充分熔合，可做必要的摆动，如采用“之”字形运条法，但应控制电弧在坡口两侧的停留时间，收弧时要将弧坑填满。

表 3-26　低温钢焊条电弧焊平焊时的焊接参数

焊缝金属类型	焊条直径/mm	焊接电流/A	焊接电压/V
铁素体型	ϕ3.2	90 ~ 120	23 ~ 24
	ϕ4.0	140 ~ 180	24 ~ 26
奥氏体型	ϕ3.2	80 ~ 100	23 ~ 24
	ϕ4.0	100 ~ 120	24 ~ 25

四、低温钢焊接生产案例——16MnDR 储气罐的焊接

某公司设计生产的储气罐属 I 类压力容器，该设备材料为 16MnDR 低温钢，容器规格为 ϕ1800mm × 7200mm × 26mm，设备焊后需整体热处理。

1. 坡口形式及尺寸

坡口角度为 60°的 V 形坡口，钝边、装配间隙如图 3-9 所示。焊前要将坡口两侧 20mm 范围内的铁锈、油污及水分清除干净，并露出金属光泽。

2. 焊接方法及焊接材料

为提高生产率，决定采用埋弧焊，但埋弧焊的焊接热输入大，会使焊缝的低温冲击韧度降低，这对 16MnDR 低温钢的焊接是不利的。因此，必须选择合理的焊丝/焊剂组配，以提

高焊接接头的低温韧性。

焊剂的碱度对低温韧性有很大的影响。碱度越大，焊缝中的含氧量越低，焊缝金属的冲击韧性越高。SJ101 氟碱型烧结焊剂属于碱性焊剂，焊剂中碱性氧化物 CaO 和 MgO 的含量较高，焊剂的碱度较高，且含硫、磷量较低。SJ101 还具有松装密度小、熔点高等特点，适用于大热输入的焊接。由于烧结焊剂具有碱度高、冶金效果好，能获得较好的强度、塑性和韧性配合的优点，因此选用 SJ101 烧结焊剂，配合 H10Mn2 焊丝作为焊接材料。焊剂焊前需在 350℃严格烘干，保温 2h。

3. 焊接工艺

焊接时应遵循小热输入、快速焊的原则，层（道）间温度应控制在 150℃以下，焊接参数见表 3-27。采用多层多道焊，焊接层次如图 3-9 所示。焊接完毕后需进行焊后热处理。

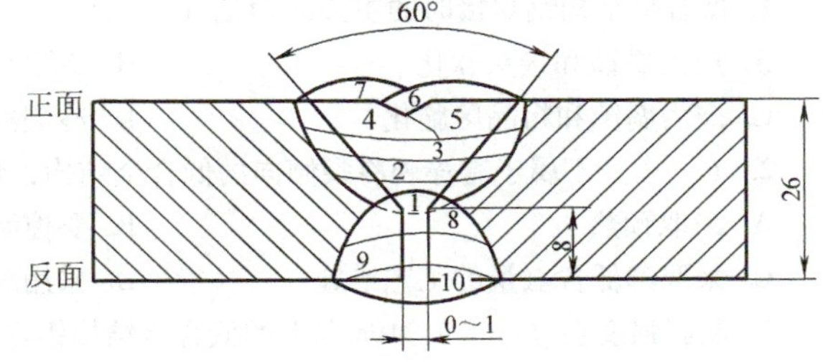

图 3-9　坡口形式及尺寸

4. 焊接产品质量

采用此埋弧焊工艺进行产品 A、B 类焊缝的焊接，焊后经 X 射线检验合格率在 98% 以上。此工艺既保证了产品的低温冲击韧性，又保证了焊缝的外观质量，提高了焊接生产率。

表 3-27　焊接参数

焊接层次	焊丝直径/mm	电源极性	焊接电流/A	电弧电压/V	焊接速度/(cm/min)	焊接热输入/(kJ/cm)
1、2、8、9	ϕ4	直流	480～500	30～33	50	17.3～19.8
3～7、10	ϕ4	直流	500～530	33～36	47	21.1～24.4

课后习题

一、简答题

1. 什么是合金结构钢？从方便焊接的角度出发是如何进行分类的？
2. 什么是高强度钢？按屈服强度级别和热处理状态分为哪几种？
3. 合金结构钢一般含有哪些合金元素？合金元素的作用如何？
4. 热轧与正火钢的主要强化元素和强化方式有何不同？其焊接性有何差异？
5. 低碳调质钢的成分和性能有何特点？
6. 低碳调质钢焊接时可能出现什么问题？
7. 低碳调质钢在什么情况下需要预热？为什么有最低预热温度的要求？
8. 简述低碳调质钢的焊接工艺要点。
9. 低合金高强度钢焊接时，选择焊接材料的原则是什么？
10. 中碳调质钢焊接时容易出现哪些问题？
11. 低碳调质钢和中碳调质钢都属于调质钢，它们的焊接热影响区脆化机理是否相同？为什么低碳调质钢在调质状态下焊接可以保证焊接质量，而中碳调质钢一般要求焊后调质处理？

12. 同一牌号的中碳调质钢分别在调质状态和退火状态下焊接，其工艺有什么差别？

13. 低温钢焊接时的主要问题是什么？

14. 影响低温钢焊接接头韧性的因素是什么？

15. Q355 钢用于常温和 -40℃使用时，在焊接工艺和焊接材料选择上是否有差别？为什么？

二、选择题（焊工等级考试模拟题）

1. 低合金结构钢焊接时的主要问题是（　　）。

A. 应力腐蚀和接头软化　　B. 冷裂纹和接头软化

C. 应力腐蚀和粗晶区脆化　　D. 冷裂纹和粗晶区脆化

2. （　　）不属于有淬硬冷裂倾向的低合金结构钢焊接工艺特点。

A. 采取预热　　B. 要控制热输入

C. 采取降低含氢量的工艺措施　　D. 采用酸性焊条

3. 屈服强度在（　　）MPa 以上的低合金结构钢焊接时，一般需要预热。

A. 275　　B. 295　　C. 345　　D. 390

4. 低合金结构钢采取局部预热时，预热范围为焊缝两侧各不小于焊件厚度的 3 倍，且不小于(　　) mm。

A. 300　　B. 250　　C. 200　　D. 100

5. 板厚 16mm 以下的 16Mn 钢，焊接环境温度（　　）℃以下预热 100～150℃。

A. 5　　B. 0　　C. -5　　D. -10

6. 低温钢焊接时关键是要保证（　）。

A. 不产生冷裂纹　　B. 接头的低温强度

C. 焊缝的低温耐蚀性能　　D. 焊缝区和粗晶区的低温韧性

7. 18MnMoNb 钢的使用状态为（　　）。

A. 正火加回火　　B. 退火　　C. 热轧　　D. 热轧加回火

8. 18MnMoNb 钢是中温厚壁压力容器和锅炉用钢，最高工作温度可达（　　）℃

A. 300　　B. 350　　C. 400　　D. 450

9. 18MnMoNb 钢的焊接性较差，焊前需要预热，预热温度为（　　）℃。

A. 100～130　　B. 130～150　　C. 150～180　　D. 180～250

10. 18MnMoNb 钢焊条电弧焊或埋弧焊焊后，要进行回火或消除应力热处理，其加热温度为(　　)℃。

A. 450～500　　B. 500～550　　C. 550～600　　D. 600～650

11. 低温压力容器用钢 16MnDR 的最低使用温度为（　　）℃。

A. -20　　B. -40　　C. -50　　D. -60

12. 低温钢 9Ni 钢的最低使用温度为（　　）℃。

A. -40　　B. -70　　C. -100　　D. -196

13. 低合金高强度钢按热处理状态分类，30CrMnSi 钢属于（　　）。

A. 正火钢　　B. 热轧钢　　C. 非热处理强化钢　　D. 中碳调质钢

三、判断题（焊工等级考试模拟题）

1. 某些钢在淬火后再进行中温回火的连续热处理工艺称为“调质”处理。　（　　）

2. 合金钢中，合金元素的质量分数的总和大于5%的钢称为高合金钢。（　　）

3. 低温压力容器用钢16MnDR的最低使用温度为－20℃。（　　）

4. 低温钢焊接时，关键是要保证焊缝区和粗晶区的低温强度。（　　）

5. 低温钢9Ni的最低使用温度为－100℃。（　　）

6. 根据GB/T 3077—2015规定，合金结构牌号首部用两位阿拉伯数字表示碳的质量分数的平均值（以万分数表示）。（　　）

第三单元课后习题答案

第四单元　不锈钢及其焊接工艺

知识目标

掌握不锈钢的种类、成分、性能特点和应用。
掌握常用典型钢种的焊接性特点及焊接工艺要点。
了解奥氏体型不锈钢、铁素体型不锈钢和马氏体型不锈钢的焊接性特点和焊接工艺要点。

技能目标

能够根据不锈钢的成分和性能特点判断其焊接性。
能够根据不锈钢的成分和性能要求正确选择焊接方法和焊接材料。
能够根据焊接结构特点和焊接接头性能要求制订和编写常用典型不锈钢的焊接工艺。

不锈钢是指所有以耐蚀性为主要性能，且铬的质量分数至少为10.5%，碳的质量分数不超过1.2%的钢。不锈钢具有良好的耐蚀性、耐热性和较好的力学性能，适于制造耐腐蚀、抗氧化、耐高温和超低温的零部件和设备。

不锈钢中主加元素铬的质量分数一般大于12%，通常还含其他合金元素，如Ni、Mn、Mo等。不锈钢之所以具有耐蚀性，一是因为不锈钢中含有一定量的Cr元素，能在钢材表面形成一层不溶于腐蚀介质的坚固的氧化钝化膜，使金属与外界介质隔离而不发生化学作用；二是因为大部分金属腐蚀均属于电化学腐蚀，铬的加入可提高钢基体的电极电位；三是因为Cr、Ni、Mn、N等元素的加入会促使形成单相组织，阻止形成微电池，从而提高耐蚀性。按照合金元素对不锈钢组织的影响和作用的程度，将其分为两大类：一类是形成或稳定奥氏体的元素，如C、Ni、Mn、N和Cu等；另一类是缩小或封闭奥氏体区，即形成铁素体的元素，如Cr、Si、Mo、Ti、Nb、V、W和Al等。

模块一　不锈钢的类型和性能

一、不锈钢的类型及成分

不锈钢实际上是不锈钢和耐（酸）蚀钢的总称。在空气或弱介质中能抵抗侵蚀的钢称为不锈钢；在某些强腐蚀介质中能抵抗侵蚀的钢称为耐蚀钢。不锈钢不一定能耐（酸）腐蚀，而耐蚀钢一定具有良好的耐蚀性。

不锈钢按其金相组织可分为铁素体型不锈钢、马氏体型不锈钢、奥氏体型不锈钢、奥氏

体-铁素体型不锈钢和沉淀硬化型不锈钢等。

"想一想"

你的生活用品中哪些是由不锈钢制成的?

1. 铁素体型不锈钢

铁素体型不锈钢的室温组织为铁素体，其牌号和化学成分见表4-1，一般铬的质量分数在10.5%~32.0%的范围内。随w_{Cr}增加，其耐酸性能提高；加入钼后，则可以提高耐酸腐蚀性和抗应力腐蚀的能力。这类钢的典型牌号有022Cr12、10Cr17、10Cr17Mo、008Cr30Mo2等，主要用于制造硝酸化工设备的吸收塔、热交换器、储运和运输硝酸用的槽罐，以及不承受冲击载荷的其他零部件和设备。

根据C和N的总含量，铁素体型不锈钢分为普通纯度和超高纯度两个系列。

（1）普通纯度铁素体型不锈钢　其碳的质量分数在0.10%左右，并含有少量的氮，典型的牌号为10Cr17、10Cr17Mo等。与奥氏体型不锈钢相比，其缺点是材质较脆，焊接性较差。主要原因是其中碳和氮的含量较高，在高温加热条件下造成钢的韧脆转变温度升高所致。

（2）超高纯度铁素体型不锈钢　通过真空或保护气体精炼技术炼出超低碳和超低氮含量（C+N总的质量分数为0.025%~0.035%）的超高纯度铁素体型不锈钢，其典型牌号有019Cr19Mo2NbTi和008Cr27Mo等。这类钢不论是在韧性、耐蚀性还是焊接性等方面均优于普通纯度的铁素体型不锈钢，因此得到了广泛的应用。

2. 马氏体型不锈钢

马氏体型不锈钢的室温组织为马氏体，其牌号和化学成分见表4-2，一般铬的质量分数在11.5%~18.0%范围内，碳的质量分数最高可达1.2%。w_C越高，马氏体型不锈钢的强度和硬度越高。在其中加入少量的镍可以促使生成马氏体，同时又能提高其耐蚀性。

马氏体型不锈钢具有一定的耐蚀性和较好的热稳定性及热强性，主要用于力学性能要求较高，且在弱腐蚀介质中工作的零件和工具，也可作为温度在700℃以下长期工作的耐热钢使用，如汽轮机的叶片、内燃机排气阀和医疗器械等。这类钢的焊接性较差，其典型牌号有12Cr13、20Cr13、30Cr13、14Cr17Ni2等。

3. 奥氏体型不锈钢

奥氏体型不锈钢的室温组织为奥氏体，它是在高铬不锈钢中加入适当的镍（镍的质量分数为8%~25%）而形成的。其牌号和化学成分见表4-3。

奥氏体型不锈钢不能利用热处理进行强化来提高硬度，而是通过冷加工硬化来提高其硬度，它通常没有磁性，经过变形量较大的冷加工时，会产生形变，诱导马氏体而具有较弱的磁性。

奥氏体型不锈钢属于耐蚀钢，在氧化性、中性及弱还原性介质中具有良好的耐蚀性，是应用最广泛的不锈钢，其中以18-8型不锈钢最具有代表性。它具有较好的力学性能，便于机加工、冲压和焊接，其在氧化性环境中具有优良的耐蚀性能和良好的耐热性能；但对溶液中含有氯离子（Cl^-）的介质特别敏感，易于发生应力腐蚀。若在18-8钢中适当减少镍和铬的含量，则在常温下得到不稳定的奥氏体组织，再经冷加工容易产生马氏体组织，最终使这种钢变得强度高、硬度大且脆；相反，若适当增加镍和铬的含量，则可获得稳定的奥氏体组织，同时可改善冷加工性能。若在18-8钢中添加钛和铌，则能提高其抗晶间腐蚀的能力；

表 4-1　铁素体型不锈钢的牌号和化学成分(摘自 GB/T 20878—2007)

序号	新牌号	旧牌号	化学成分(质量分数,%)								
			C	Si	Mn	P	S	Ni	Cr	Mo	N
1	06Cr11Ti	0Cr11Ti	0.08	1.00	1.00	0.045	0.030	(0.60)	10.50~11.70	—	—
2	10Cr15	1Cr15	0.12	1.00	1.00	0.040	0.030	(0.60)	14.00~16.00	—	—
3	06Cr13Al	0Cr13Al	0.08	1.00	1.00	0.040	0.030	(0.60)	11.50~14.50	—	—
4	022Cr11Ti	—	0.030	1.00	1.00	0.040	0.020	(0.60)	10.50~11.70	—	0.030
5	022Cr12Ni	—	0.030	1.00	1.50	0.040	0.015	0.30~1.00	10.50~12.50	—	0.030
6	022Cr12	00Cr12	0.030	1.00	1.00	0.040	0.030	(0.60)	11.00~13.50	—	—
7	10Cr17	1Cr17	0.12	1.00	1.00	0.040	0.030	(0.60)	16.00~18.00	—	—
8	Y10Cr17	Y1Cr17	0.12	1.00	1.25	0.060	≥0.15	(0.60)	16.00~18.00	(0.60)	—
9	022Cr18Ti	00Cr17	0.030	0.75	1.00	0.040	0.030	(0.60)	16.00~19.00	—	—
10	10Cr17Mo	1Cr17Mo	0.12	1.00	1.00	0.040	0.030	(0.60)	16.00~18.00	0.75~1.25	—
11	10Cr17MoNb	—	0.12	1.00	1.00	0.040	0.030	—	16.00~18.00	0.75~1.25	—
12	019Cr19Mo2NbTi	00Cr18Mo2	0.025	1.00	1.00	0.040	0.030	1.00	17.50~19.50	1.75~2.50	0.035
13	16Cr25N	2Cr25N	0.20	1.00	1.50	0.040	0.030	(0.60)	23.00~27.00	—	0.25
14	008Cr27Mo	00Cr27Mo	0.010	0.40	0.40	0.030	0.020	—	25.00~27.50	0.75~1.50	0.015
15	008Cr30Mo2	00Cr30Mo2	0.010	0.40	0.40	0.030	0.020	—	28.50~32.00	1.50~2.50	0.015

表 4-2 马氏体型不锈钢的牌号和化学成分（摘自 GB/T 20878—2007）

序号	新牌号	旧牌号	化学成分(质量分数,%)								
			C	Si	Mn	P	S	Ni	Cr	Mo	N
1	12Cr12	1Cr12	0.15	0.50	1.00	0.040	0.030	(0.60)	11.50~13.00	—	—
2	12Cr13	1Cr13	0.15	1.00	1.00	0.040	0.030	(0.60)	11.50~13.50	—	—
3	20Cr13	2Cr13	0.16~0.25	1.00	1.00	0.040	0.030	(0.60)	12.00~14.00	—	—
4	30Cr13	3Cr13	0.26~0.35	1.00	1.00	0.040	0.030	(0.60)	12.00~14.00	—	—
5	40Cr13	4Cr13	0.36~0.45	0.60	0.80	0.040	0.030	(0.60)	12.00~14.00	—	—
6	14Cr17Ni2	1Cr17Ni2	0.11~0.17	0.80	0.80	0.040	0.030	1.50~2.50	16.00~18.00	—	—
7	68Cr17	7Cr17	0.60~0.75	1.00	1.00	0.040	0.030	(0.60)	16.00~18.00	(0.75)	—
8	85Cr17	8Cr17	0.75~0.95	1.00	1.00	0.040	0.030	(0.60)	16.00~18.00	(0.75)	—
9	108Cr17	11Cr17	0.95~1.20	1.00	1.00	0.040	0.030	(0.60)	16.00~18.00	(0.75)	—
10	95Cr18	9Cr18	0.90~1.00	0.80	0.80	0.040	0.030	(0.60)	17.00~19.00	—	—
11	32Cr13Mo	3Cr13Mo	0.28~0.35	0.80	1.00	0.040	0.030	(0.60)	12.00~14.00	0.50~1.00	—
12	90Cr18MoV	9Cr18MoV	0.85~0.95	0.80	0.80	0.040	0.030	(0.60)	17.00~19.00	1.00~1.30	—
13	10Cr12Ni3Mo2VN	—	0.08~0.13	0.40	0.50~0.90	0.030	0.025	2.00~3.00	11.00~12.5	1.50~2.00	0.020~0.04
14	42Cr9Si2	4Cr9Si2	0.35~0.50	2.00~3.00	0.70	0.035	0.030	0.60	8.00~10.00	—	—
15	45Cr9Si3	—	0.40~0.50	3.00~3.50	0.60	0.030	0.030	0.60	7.50~9.50	—	—

表 4-3 奥氏体型不锈钢的牌号和化学成分（摘自 GB/T 20878—2007）

序号	新牌号	旧牌号	化学成分(质量分数,%)								
			C	Si	Mn	P	S	Ni	Cr	Mo	N
1	12Cr17Mn6Ni5N	1Cr17Mn6Ni5N	0.15	1.00	5.50～7.50	0.050	0.030	3.50～5.50	16.00～18.00	—	0.05～0.25
2	12Cr18Mn9Ni5N	1Cr18Mn8Ni5N	0.15	1.00	7.50～10.00	0.050	0.030	4.00～6.00	17.00～19.00	—	0.05～0.25
3	20Cr13Mn9Ni4	2Cr13Mn9Ni4	0.15～0.25	0.80	8.00～10.00	0.035	0.025	3.70～5.00	12.00～14.00	—	—
4	12Cr17Ni7	1Cr17Ni7	0.15	1.00	2.00	0.045	0.030	6.00～8.00	16.00～18.00	—	0.10
5	17Cr18Ni9	2Cr18Ni9	0.13～0.21	1.00	2.00	0.035	0.025	8.00～10.5	17.00～19.00	—	—
6	12Cr18Ni9	1Cr18Ni9	0.15	1.00	2.00	0.045	0.030	8.00～10.00	17.00～19.00	—	0.10
7	12Cr18Ni9Si3	1Cr18Ni9Si3	0.15	2.00～3.00	2.00	0.045	0.030	8.00～10.00	17.00～19.00	—	0.10
8	06Cr19Ni10	0Cr18Ni9	0.08	1.00	2.00	0.045	0.030	8.00～11.00	18.00～20.00	—	—
9	022Cr19Ni10	00Cr19Ni10	0.030	1.00	2.00	0.045	0.030	8.00～12.00	18.00～20.00	—	—
10	07Cr19Ni10	—	0.04～0.10	1.00	2.00	0.045	0.030	8.00～11.00	18.00～20.00	—	—
11	06Cr19Ni9NbN	0Cr19Ni10NbN	0.08	1.00	2.50	0.045	0.030	7.50～10.50	18.00～20.00	—	0.15～0.30
12	06Cr18Ni12	0Cr18Ni12	0.08	1.00	2.00	0.045	0.030	11.00～13.50	16.50～19.00	—	—
13	06Cr16Ni18	0Cr16Ni18	0.08	1.00	2.00	0.045	0.030	17.00～19.00	15.00～17.00	—	—
14	022Cr17Ni12Mo2	00Cr17Ni14Mo2	0.030	1.00	2.00	0.045	0.030	10.00～14.00	16.00～18.00	2.00～3.00	—
15	06Cr17Ni12Mo2Ti	0Cr18Ni12Mo3Ti	0.08	1.00	2.00	0.045	0.030	10.00～14.00	16.00～18.00	2.00～3.00	—

若添加钼、铜和钛，则能提高其在还原性酸（如稀硫酸等）中的耐蚀性能，同时能提高其抗晶间腐蚀的能力；若添加硫、磷和硒等元素，则可以改善不锈钢的加工性能。18-8 型不锈钢按其化学成分中碳的含量不同可分为三个等级：一般含碳量（$w_C \leqslant 0.15\%$）、低碳级（$w_C \leqslant 0.08\%$）和超低碳级（$w_C \leqslant 0.03\%$），如 12Cr18Ni9、06Cr19Ni10、022Cr19Ni10 三种钢材分别属于上述三个等级。

部分奥氏体型不锈钢可作为耐热钢使用，这是由于奥氏体的再结晶温度高，铁和其他元素的原子在奥氏体中的扩散系数小，故其强化稳定性比铁素体高。工作温度高于 650℃ 的热强钢多为奥氏体型不锈钢，即在 18-8 型不锈钢的基础上添加一些提高热强性的合金元素而成。如 06Cr17Ni12Mo2、06Cr23Ni13 等牌号的不锈钢，既可作为耐蚀钢使用，也可作为耐热钢使用。为了提高钢的热强性、抗氧化性和抗渗碳性，在 06Cr25Ni20 基础上加入硅，研制出 16Cr25Ni20Si2 钢材，可作为在更高温度下抗氧化的奥氏体型不锈钢使用。化工设备中的炉管，既要求具有耐蚀性能，又要求具有耐高温的能力，往往选用铸造或电渣熔铸的奥氏体为基体的不锈耐热钢或耐热合金。

4. 奥氏体-铁素体型不锈钢

奥氏体-铁素体型不锈钢的室温组织为奥氏体 + 铁素体，铁素体的体积分数小于 10% 的不锈钢，是在奥氏体不锈钢基础上发展起来的钢种。它与含碳量相同的奥氏体型不锈钢相比，具有较小的晶间腐蚀倾向和较高的力学性能，且韧性比铁素体型不锈钢好。同时，由于少量铁素体的存在，还有利于奥氏体型不锈钢在焊接过程中防止热裂纹的形成。

“想一想”

各种不锈钢的主要化学成分及典型牌号？

当铁素体的体积分数为 30% ~60% 时，不锈钢具有特殊的抗点蚀、抗应力腐蚀的性能，如 022Cr19Ni5Mo3Si2N、12Cr21Ni5Ti 等牌号。这类钢的屈服强度约为一般奥氏体型不锈钢的两倍，在化肥厂和化工厂等设备中有着广泛的应用，其机械加工、冷冲压和焊接性能良好，且具有较好的耐蚀性能。

5. 沉淀硬化型不锈钢

沉淀硬化型不锈钢是在不锈钢中单独或复合添加硬化元素，通过适当热处理获得的高强度、高韧性并具有良好耐蚀性能的一类不锈钢，通常作为耐磨、耐蚀、高强度结构件，如轴、齿轮、弹簧、阀等零件，以及高强度压力容器、化工处理设备和航空航天设备等。

二、不锈钢的性能

1. 不锈钢的物理性能

不锈钢与低碳钢的物理性能有很大差别，一般来讲，具有同类组织状态的钢，其物理性能也基本相同。不同类别不锈钢和低碳钢的物理性能见表 4-4。由表可以看出，奥氏体型不锈钢的线胀系数比低碳钢大将近 50%，而热导率仅为低碳钢的 1/3 左右；铁素体型不锈钢和马氏体型不锈钢的线胀系数与低碳钢相近，而热导率仅为低碳钢的 1/2 左右。由于奥氏体型不锈钢的特殊物理性能，其在焊接过程中会产生较大的焊接变形，特别是在焊接异种钢时，由于两种材料的热导率和线胀系数有很大差别，会产生很大的残余应力，成为焊接接头产生裂纹的主要原因之一。

"想一想"

焊接不锈钢时，是否会产生磁偏吹？

奥氏体型不锈钢通常是非磁性的，当冷加工硬化产生马氏体相变时，将产生磁性，可用热处理方法来消除马氏体和磁性。

表 4-4　不同类别不锈钢和低碳钢的物理性能

物理性能	钢种			
	低碳钢	奥氏体型不锈钢	铁素体型不锈钢	马氏体型不锈钢
密度/(kg/m^3)	7.8	7.8~8.0	7.8	7.8
线胀系数(0~538℃)/10^{-6}℃	11.7	17.0~19.2	11.2~12.1	11.2~12.1
热导率(100℃)/[W/(m·K)]	60	18.7~22.8	24.4~26.3	28.7
比热容(0~100℃)/[J/(kg·K)]	480	460~500	460~500	420~460
电阻率/(10^{-8}Ω/m)	12	69~102	59~67	55~72
熔点/℃	1538	1400~1450	1480~1530	1480~1530

2. 不锈钢的力学性能

典型不锈钢的力学性能见表4-5。由表可以看出，奥氏体型不锈钢的综合性能最好，既有足够的强度，又有极好的塑性，同时硬度也不高，这就是奥氏体型不锈钢被广泛应用的原因之一。奥氏体型不锈钢同绝大多数其他金属材料相似，其抗拉强度、屈服强度和硬度随着温度的降低而提高；塑性则随着温度降低而减小；并具有较高的冷加工硬化性。

马氏体型不锈钢是热处理强化钢，高温加热后空冷有很大的淬硬倾向，需调质处理后使用。

表 4-5　典型不锈钢的力学性能

类　型	牌　号	热处理状态	抗拉强度 R_m/MPa	伸长率 A (%)	硬度 HBW
奥氏体型	06Cr19Ni10	固溶处理	≥520	≥40	≤187
	06Cr19Ni10N		≥550	≥35	≤217
	06Cr25Ni20		≥520	≥40	≤187
	06Cr17Ni12Mo2Ti		≥530	≥35	≤187
奥氏体-铁素体型	022Cr19Ni5Mo3Si2N	固溶处理	≥590	≥20	—
	14Cr18Ni11Si4AlTi		≥715	≥30	—
	12Cr21Ni5Ti		≥635	≥20	—
	022Cr25Ni6Mo2N		≥590	≥18	≤277

（续）

类　型	牌　号	热处理状态	抗拉强度 R_m/MPa	伸长率 A（%）	硬度 HBW
铁素体型	06Cr13Al	退火处理	≥410	≥20	≤183
	10Cr15		≥450	≥22	≤183
	022Cr18Ti		≥365	≥22	≤183
	10Cr17Mo		≥410	≥20	≤217
	019Cr19Mo2NbTi		≥410	≥20	≤217
马氏体型	12Cr12	退火处理	≥440	≥20	≤200
	12Cr13		≥440	≥20	≤183
	30Cr13		≥540	≥18	≤235
	14Cr17Ni2		≥1080①	≥10	—

① 14Cr17Ni2 为淬火回火状态下的抗拉性能。

铁素体型不锈钢的特点是常温下韧性低。当在高温长时间加热时，可能导致 475℃ 脆化，造成 σ 脆性相产生或晶粒粗大等，使力学性能进一步恶化。

3. 不锈钢的耐蚀性能

金属受介质的化学及电化学作用而破坏的现象称为腐蚀。不锈钢通常可在多种介质中具有良好的耐蚀性，但在某种或某些介质中，却可能因化学稳定性低而发生腐蚀。不锈钢的主要腐蚀形式有均匀腐蚀（表面腐蚀）、晶间腐蚀、点腐蚀、缝隙腐蚀和应力腐蚀破裂五种。

（1）均匀腐蚀　均匀腐蚀是接触腐蚀介质的金属表面全部产生腐蚀的现象。由于不锈钢中铬的质量分数在 12.5% 以上，在氧化性介质中容易在表面形成富铬氧化膜，该膜能够阻止金属的离子化而产生钝化作用，同时能提高基体的电极电位，因此提高了不锈钢的耐均匀腐蚀性能。

（2）晶间腐蚀　晶间腐蚀是起源于金属表面沿金属晶界发生的有选择地深入金属内部的腐蚀。该种腐蚀是一种局部腐蚀，能够导致晶粒间结合力的丧失，使材料强度几乎消失。所以在所有的腐蚀形式中，晶间腐蚀的危害性最大，容易造成设备突然破坏，而在金属外形上没有任何变化。奥氏体型不锈钢和铁素体型不锈钢均会产生晶间腐蚀。

（3）点腐蚀　点腐蚀是在金属表面产生的尺寸约小于 1.0mm 的穿孔性或蚀坑性的宏观腐蚀。它是以腐蚀破坏形貌特征命名的，主要是由材料表面钝化膜的局部破坏引起的。试验研究表明，材料的阳极电位值越高，抗点腐蚀能力越好。超低碳高铬镍含钼奥氏体型不锈钢和超高纯度含钼高铬铁素体型不锈钢均有较高的耐点腐蚀性能。

（4）缝隙腐蚀　缝隙腐蚀是在金属构件缝隙处发生的斑点状或溃疡形宏观蚀坑。它是以腐蚀部位的特征命名的，常发生在垫圈、铆接、螺钉连接缝、搭接的焊接接头等部位，主要是由介质的电化学不均匀性引起的。从材料试验结果分析上看，06Cr19Ni10 及 022Cr17Ni12Mo2N 奥氏体型不锈钢、铁素体及马氏体型不锈钢在海水中均有缝隙腐蚀的倾向。适当增加铬、钼含量可以改善抗缝隙腐蚀的能力。实际上只有采用钛、高钼镍基合金和铜合金等，才能有效地防止缝隙腐蚀的发生。因此，改变介质成分和结构形式是防止缝隙腐蚀的重要措施。

(5) 应力腐蚀破裂　应力腐蚀破裂是指在拉伸应力与电化学介质的共同作用下，由阳极溶解过程引起的断裂。其产生的条件如下：

1) 介质条件。应力腐蚀的最大特点之一是在腐蚀介质与材料的组合上有选择性，在特定组合以外的条件下不产生应力腐蚀。

作为奥氏体型不锈钢，应力腐蚀的介质因素是溶液中 Cl^- 含量和含氧量的关系。尽管 Cl^- 含量很高，但含 O 量很少时，不会产生应力腐蚀裂纹；反之，也不会产生应力腐蚀裂纹，即强调了两者共存的条件。此种现象又常称为氯脆。

"想一想"

从你所学的知识中，有哪些方法可以防止金属腐蚀？

2) 应力条件。应力腐蚀破裂在拉应力作用下才能产生，在压应力的作用下不会产生。引起应力腐蚀的应力有焊件加工过程中的内应力和工作应力。总的来说，主要是焊接残余应力，其次是零件冷、热加工中的残余应力。消除残余应力是防止应力腐蚀最有效的措施之一。

3) 材料条件。一般条件下纯金属不会产生应力腐蚀，应力腐蚀均发生在合金中。在晶界上的合金元素是引起合金的晶间型开裂应力腐蚀的重要原因。

应力腐蚀破裂在断裂部位上具有如下特征：一般在近介质表面出现；没有总体均匀腐蚀；宏观裂纹较平直，常常有分枝、花纹和龟裂；微观裂纹一般有分枝特征，裂纹尖端较锐利，根部较宽，且常起源于点蚀坑底和表面；有沿晶、穿晶与混合型裂纹。断口形貌特征：一般无显著的塑性变形；宏观断口粗糙，多呈结晶状、层片状、放射状和山形形貌。

模块二　奥氏体型不锈钢的焊接

一、奥氏体型不锈钢的焊接性

奥氏体型不锈钢具有面心立方晶体结构，通常具有良好的塑性和韧性，因此这类钢具有良好的弯折、卷曲和冲压成形性；冷加工时不会产生任何的淬火硬化，尽管其线胀系数比较大，但焊接过程中极少出现冷裂纹。从这一点上看，其焊接性比铁素体型不锈钢和马氏体型不锈钢都要好。奥氏体型不锈钢焊接时存在的主要问题是：焊缝及热影响区热裂纹敏感性大；接头产生碳化铬沉淀析出，使耐蚀性下降；接头中铁素体含量高时，可能出现475℃脆化或 σ 相脆化。

1. 焊接热裂纹

单相奥氏体型不锈钢焊接时，具有较高的热裂纹敏感性，在焊缝及近缝区都有可能出现热裂纹，最常见的是焊缝凝固裂纹，也可能在热影响区（HAZ）或多层焊道间金属出现液化裂纹。

(1) 焊接接头产生热裂纹的原因　奥氏体型不锈钢具有较大的热裂纹敏感性，主要取决于其化学成分、组织与性能特点。

1) 化学成分。奥氏体型不锈钢中的合金元素较多，尤其是含有一定数量的镍，它易与硫、磷等杂质形成低熔点共晶，如 Ni-S 共晶熔点为645℃，Ni-P 共晶熔点为880℃，比 Fe-

S、Fe-P 共晶的熔点更低，危害性也更大。其他元素如硅、硼、铌等，也能形成有害的易熔晶间层，这些低熔点共晶会促使热裂纹的产生。

"想一想"

碳素钢、低合金高强钢产生的热裂纹与奥氏体型不锈钢的热裂纹有何区别？

2）组织。奥氏体型不锈钢焊缝易形成方向性强的粗大柱状晶组织，有利于有害杂质元素的偏析，从而促使形成连续的晶间液膜，增加了热裂纹的敏感性。

3）性能特点。从奥氏体型不锈钢的物理性能看，它具有热导率小、线胀系数大的特点，因而在焊接局部加热和冷却条件下，易产生较大的焊接残余拉应力，进一步促进焊接热裂纹的产生。

从上述三个方面分析可知，奥氏体型不锈钢的焊接热裂纹倾向比低碳钢大得多，尤其是高镍奥氏体型不锈钢。

"想一想"

低合金高强钢防止热裂纹措施与奥氏体型不锈钢有何异同？

（2）防止奥氏体型不锈钢产生热裂纹的主要措施

1）冶金措施。

① 严格控制焊缝金属中有害杂质元素的含量。钢中镍含量越高，越应该严格控制硫、磷、硼、硒等有害元素的含量。

② 调整焊缝化学成分。加入铁素体化元素，使焊缝金属出现奥氏体-铁素体双相组织，能够有效地防止焊缝热裂纹的产生。如 18-8 钢焊缝组织中有少量铁素体（δ）相存在，则抗裂性能大大提高，如图 4-1 所示。这是因为 δ 相的存在打乱了奥氏体焊缝柱状晶的方向性（见图 4-2），细化了晶粒，低熔点的杂质被铁素体分散和隔开，避免了低熔点杂质呈连续网状分布，从而阻碍热裂纹扩展和延伸；δ 相能溶解较多的硫、磷等微量元素，使其在晶界上的数量大为减少，从而提高焊缝抗热裂纹的能力。常用的铁素体化元素有铬、钼、钒等。

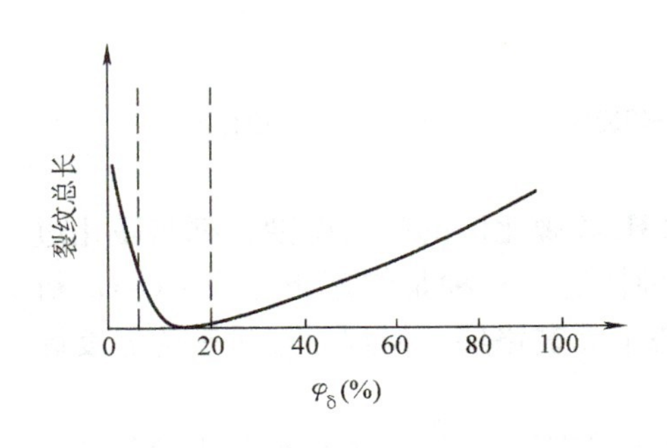

图 4-1　δ 相含量对焊缝热裂倾向的影响

注：φ 表示体积分数，后同。

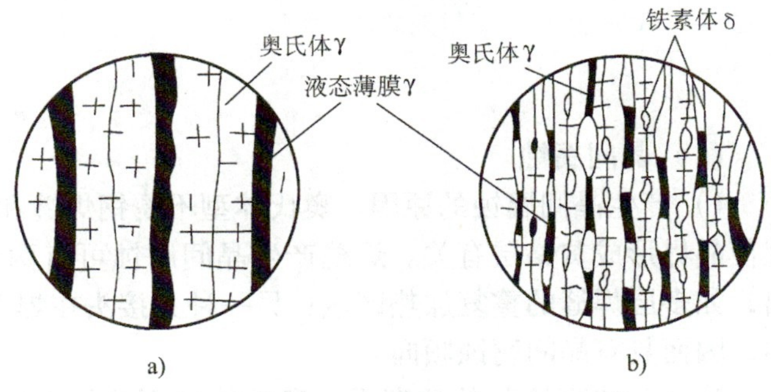

图 4-2　δ 相在奥氏体基体上的分布

a）单相 γ　b）γ+δ

③ 控制焊缝金属中的铬镍比。对于18-8型不锈钢来说，当焊接材料的铬镍比小于1.61时，容易产生热裂纹；而铬镍比达到2.3～3.2时，就可以防止热裂纹的产生。这一措施的实质也是为保证有一定量的铁素体存在。

④ 在焊缝金属中加入少量的铈、锆、钽等微量元素。这些元素可以细化晶粒，也可以减少焊缝对热裂纹的敏感性。

上述冶金因素主要是通过选择焊接材料来达到调整焊缝化学成分的目的。目前，我国生产的18-8型不锈钢焊条的熔敷金属都能获得奥氏体-铁素体双相组织。

2）工艺措施。焊接时应尽量减小熔池过热程度，以防止形成粗大的柱状晶。为此，焊接时宜采用小热输入及小截面的焊道；多层焊时，焊道间温度不宜过高，以免焊缝过热；焊接过程中焊条不允许摆动，采用窄焊缝的操作技术。

此外，液化裂纹主要出现在25-20型奥氏体型不锈钢的焊接接头中。为防止液化裂纹的产生，除了严格限制母材中的杂质含量、控制母材的晶粒度以外，在工艺上应尽量采用高能量密度的焊接方法、小热输入和提高接头的冷却速度等措施，以减少母材的过热和避免近缝区晶粒的粗化。

2. 焊接接头的晶间腐蚀

有些奥氏体型不锈钢的焊接接头在腐蚀介质中工作一段时间后可能发生局部沿着晶界的腐蚀，一般称此种腐蚀为晶间腐蚀，06Cr19Ni10不锈钢的晶间腐蚀如图4-3所示。根据母材类型和所采用焊接材料与焊接工艺不同，奥氏体型不锈钢焊接接头的晶间腐蚀可能发生在焊缝区、HAZ敏化区（600～1000℃）和熔合区，如图4-4所示。

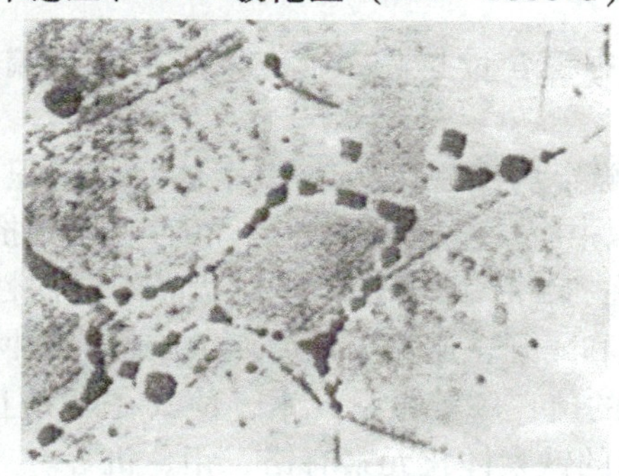

图4-3　06Cr19Ni10不锈钢的晶间腐蚀

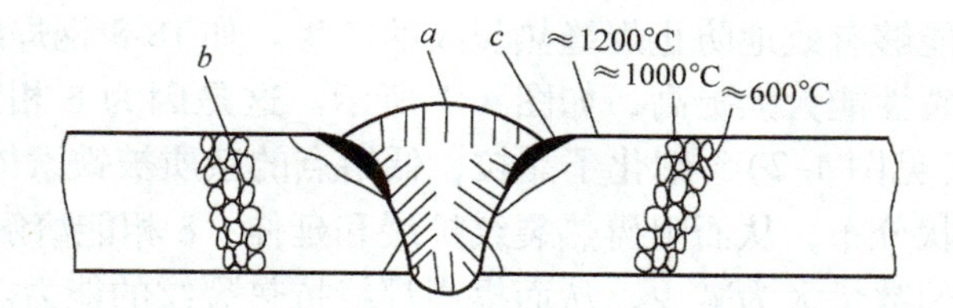

图4-4　奥氏体型不锈钢焊接接头可能发生晶间腐蚀的部位

a—焊缝区　*b*—HAZ敏化区　*c*—熔合区

（1）晶间腐蚀

1）产生晶间腐蚀的原因。奥氏体型不锈钢焊缝和HAZ敏化区的晶间腐蚀，都与敏化过程使晶界形成贫铬层有关。焊缝产生晶间腐蚀可有两种情况：一种是焊态下已有$Cr_{23}C_6$析出，如多层焊缝的重复加热区域；另一种为接头在焊态下无贫铬层，但焊后经过敏化温度区间，因而具有晶间腐蚀倾向。

从“贫铬理论”的角度看，奥氏体型不锈钢在固溶状态下，碳以过饱和形式溶解在γ固溶体中。加热时，过饱和的碳与铬结合以$Cr_{23}C_6$的形式沿晶界析出。$Cr_{23}C_6$析出消耗了大量的铬，因而使晶界附近铬的质量分数降到低于钝化所需的最低质量分数，从而在晶界表面形成了贫铬层。贫铬层的电极电位比晶粒内低得多，当金属与腐蚀介质接触时，就形成了

微电池，电极电位低的晶界成为阳极，因此被腐蚀介质溶解腐蚀。

奥氏体型不锈钢在加热到450～850℃时，对晶间腐蚀最敏感，此温度区间称为敏化温度区。这是因为当温度低于450℃时，碳原子活动能力很弱，$Cr_{23}C_6$析出困难，不会形成贫铬层；而当温度高于850℃时，晶粒内部的铬获得了足够的动能，扩散到晶界，从而使已形成的贫铬层消失；在450～850℃温度区间内，既有利于$Cr_{23}C_6$的析出，晶粒内部的铬原子又不能扩散到晶界，最容易形成贫铬层，对晶间腐蚀最敏感。当然，如果在450～850℃温度区间加热足够长的时间，晶内的铬原子也可以扩散到晶界，使贫铬层消失。

2）防止焊接接头产生晶间腐蚀的措施。

① 冶金措施。

a. 使焊缝金属具有奥氏体-铁素体双相组织，其铁素体的体积分数应在4%～12%的范围内，此时不仅能提高焊缝金属抗晶间腐蚀的能力和抗应力腐蚀的能力，还能提高焊缝金属抗热裂纹的能力。

b. 在焊缝金属中渗入比铬更容易与碳结合的稳定化元素，如钛、铌、钽和锆等。一般认为钛碳比大于5时，能提高抗晶间腐蚀的能力。试验结果证明，钛碳比大于或等于6.7时才有明显的效果；大于7.8时，才能彻底改善晶间腐蚀的倾向。这是由于钛优先与全部的碳结合，消除了晶界的贫铬地带，从而改善了耐蚀性。

c. 超低碳有利于防止晶间腐蚀。最大限度地降低碳在焊缝金属中的含量，达到低于碳在不锈钢中室温溶解极限值以下，使碳不可能与铬生成$Cr_{23}C_6$，从根本上消除晶界的贫铬区。碳的质量分数在焊缝金属中小于0.03%时，就能提高焊缝金属的抗晶间腐蚀能力。

如上所述，为了使焊缝金属中含有恰当的合金元素种类和数量，只有从焊接材料着手，选择满足上述冶金因素条件的焊条、焊剂及焊丝，才能使焊缝金属达到不产生晶间腐蚀的目的。

② 工艺措施。

a. 选择合适的焊接方法，即选择热输入最小的焊接方法，让焊接接头尽可能地缩短在敏化温度区间停留的时间。对于薄件、小型、规则的焊接接头，应选用能量集中的真空电子束焊、等离子弧焊、钨极氩弧焊；对于中等厚度板材的焊缝，可采用熔化极气体保护焊；而大厚度板材的焊接，应选用埋弧焊、焊条电弧焊为常用的焊接方法，不宜采用气焊。

b. 焊接参数应在保证焊缝质量的前提下，采用小的焊接电流，最快的焊接速度。

c. 在操作上尽量采用窄焊缝、多道多层焊，并注意每焊完一道焊缝后要等焊接处冷却至室温再进行下一道焊缝的焊接。在施焊过程中，不允许焊条或焊丝摆动；焊接管子采用氩弧焊打底时，可以不加填充材料进行熔焊，在可能的条件下，管内通氩气保护。其作用是保护熔池不易氧化，加快焊缝的冷却速度，有利于背面焊缝的成形。对于接触腐蚀介质的焊缝，在有条件的情况下一定要最后施焊，以减少接触介质焊缝的受热次数。

d. 强制焊接区的快速冷却。对于有规则的焊缝，在可能的条件下焊缝背面可用纯铜垫，在铜垫上通水或通保护气体等方式进行强迫冷却，有利于防止焊接接头的晶间腐蚀，因为快速冷却可以防止贫铬层的形成。

e. 进行固溶处理或稳定化处理。奥氏体型不锈钢的热处理方法有固溶处理和稳定化处理。固溶处理是把钢加热到1050～1150℃，得到成分均匀的单相奥氏体组织，然后快冷，使高温过饱和固溶体组织状态保持到室温。固溶处理后，奥氏体型不锈钢具有最低的强度和硬度，最好的耐蚀性，是防止晶间腐蚀的重要手段。出现敏化现象的奥氏体型不锈钢可再次用固溶处理来消除。

稳定化处理是针对含稳定剂的奥氏体型不锈钢而设计的一种热处理工艺。奥氏体型不锈钢中加稳定剂（Ti 或 Nb）的目的是让钢中的碳与 Ti 或 Nb 形成稳定的 TiC 或 NbC，而不形成 $Cr_{23}C_6$，从而防止晶间腐蚀。稳定化处理加热温度高于 $Cr_{23}C_6$ 的溶解温度，低于 TiC 或 NbC 的溶解温度，一般在 850 ~ 930℃，并保温 2 ~ 4h。稳定化处理也可用于消除因敏化加热而产生的晶间腐蚀倾向。

"想一想"

你能将奥氏体型不锈钢防止晶间腐蚀的每一项措施与产生腐蚀的机理对应起来吗?

（2）刀状腐蚀

1）刀状腐蚀产生的原因。刀状腐蚀简称刀蚀，它是焊接接头中特有的一种晶间腐蚀，只发生在含有 Ti、Nb 等稳定化元素的奥氏体型不锈钢焊接接头中。腐蚀部位沿熔合线发展，处于 HAZ 的过热区，由于区域很窄（电弧焊一般为 1.0 ~ 1.5mm），形状如刀削切口，故称为刀状腐蚀。图 4-5 所示为含 Ti 奥氏体型不锈钢焊接接头的刀状腐蚀形貌。

图 4-5　含 Ti 奥氏体型不锈钢焊接接头的刀状腐蚀形貌

高温过热和中温敏化是导致焊接接头过热区产生刀蚀的重要条件。刀蚀产生的原因也与 $Cr_{23}C_6$ 析出沉淀造成贫铬层有关。含有稳定剂的奥氏体型不锈钢，钢中的大部分碳与 Ti、Nb 形成 TiC、NbC。焊接时在温度超过 1200℃ 的过热区，钛和铌的碳化物溶入固溶体中。在高温的作用下，由于碳的扩散能力强，溶解的碳能迅速向晶界处迁移，冷却后偏聚在晶界附近呈过饱和状态，而钛和铌则因扩散能力低而留在晶内。如果焊接接头在敏化温度区间再次加热，过饱和的碳在奥氏体晶界将以 $Cr_{23}C_6$ 形式析出，而 Ti、Nb 由于在奥氏体相里的扩散速度非常慢，很难迁移到晶界与碳再次结合，这样 Ti、Nb 就失去了稳定化元素的作用，使晶界形成贫铬层，在腐蚀介质的作用下就会产生刀蚀。

2）防止刀蚀的措施。

① 降低母材的含碳量。这是防止刀蚀的有效措施，如超低碳奥氏体型不锈钢的焊接接头就不会产生刀蚀。

② 采用合理的焊接工艺。在保证焊缝质量的前提下，尽量选择较小的热输入，以减少过热区在高温下停留的时间，并注意避免在焊接过程中产生"中温敏化"效果。双面焊时，与腐蚀介质接触的焊缝应尽量最后施焊，如不能实施，则应调整焊接参数及焊缝形状，尽量避免与腐蚀介质接触的过热区再次受到敏化加热，如图 4-6 所示。焊接过程中或焊后采用强制冷却的方法，使焊缝快速冷却；焊后矫正时应采用冷矫方法进行。对腐蚀性能要求较高的

焊件，必要时要进行焊后的稳定化处理或固溶处理。

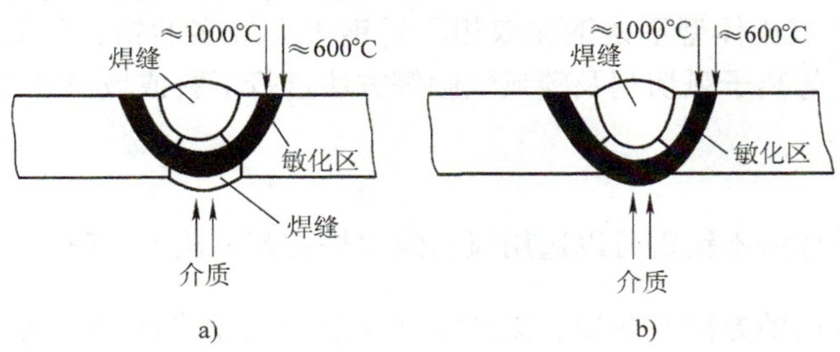

图 4-6　第二面焊缝的敏化区对刀蚀的影响

a）敏化区与腐蚀介质不接触　b）敏化区与腐蚀介质接触

3. 应力腐蚀开裂（SCC）

（1）应力腐蚀开裂产生的原因　应力腐蚀开裂是在拉应力和特定腐蚀介质共同作用下发生的一种破坏形式。随着拉应力的加大，发生破坏的时间缩短；当拉应力减小时，腐蚀量也随之减小，甚至不发生破坏。应力腐蚀开裂是奥氏体型不锈钢非常敏感且经常发生的腐蚀破坏形式。有关统计资料表明，由应力腐蚀开裂引起的事故占整个腐蚀破坏事故的60%以上。

奥氏体型不锈钢由于导热性差、线胀系数大、屈服强度低，焊接时很容易产生变形，当焊接变形受到限制时，焊接接头中必然会残留较大的焊接残余拉应力，加速腐蚀介质的作用。因此，奥氏体型不锈钢焊接接头容易出现应力腐蚀开裂，这是焊接奥氏体型不锈钢时最不易解决的问题之一，特别是在化工设备中，应力腐蚀开裂现象经常出现。

"想一想"

奥氏体型不锈钢的应力腐蚀开裂与金属的断裂是否相同？

应力腐蚀开裂的表面特征是：裂纹均发生在焊缝表面上；裂纹多相互平行且近似垂直焊接方向；裂纹细长并曲折，常常贯穿有黑色点蚀的部位；从表面开始向内部扩展，点蚀往往是裂纹的根源，裂纹通常表现为穿晶扩展，裂纹尖端常出现分枝，裂纹整体为树枝状；严重的裂纹可穿过熔合区进入热影响区。

（2）防止应力腐蚀开裂的措施

1）合理地设计焊接接头。避免腐蚀介质在焊接接头部位聚集，降低或消除焊接接头应力集中。

2）消除或降低焊接接头的残余应力。焊后进行消除应力处理是常用的工艺措施，加热温度在850～900℃之间才可得到比较理想的消除应力效果；采用机械方法，如表面抛光、喷丸和锤击来造成表面压应力；进行结构设计时要尽量采用对接接头，避免出现十字交叉焊缝，单V形坡口宜改用双Y形坡口等。

3）正确选用材料。选用母材和焊接材料时，应根据介质的特性选用对应力腐蚀开裂敏感性低的材料。

二、奥氏体型不锈钢的焊接工艺要点

1. 焊前准备

为了保证焊接接头的耐蚀性，防止焊接缺陷产生，在焊前准备中，对下列问题应予以特

别注意。

(1) 下料方法　奥氏体型不锈钢和双相不锈钢中有较多的铬，用氧乙炔火焰切割有困难，可用机械切割、等离子弧切割及碳弧气刨等方法进行下料或坡口加工。

"想一想"

奥氏体型不锈钢可以选用氧乙炔火焰切割方法下料吗？为什么？

机械切割中最常用的方法有剪切、刨削等，一般只限于直线形，切割曲线时受到限制。剪切下料时，由于奥氏体型不锈钢的韧性高，容易发生冷作硬化，所需剪切力比剪切相同厚度的低碳钢大1/3左右。等离子弧切割的切割表面光滑、切口窄、切割速度快（最大切割速度可达100mm/min），是切割奥氏体型不锈钢最理想的方法。碳弧气刨具有设备简单、操作灵活等优点，特别适用于开孔、铲焊根或焊缝返修等场合；若操作不当，很容易在切割表面引起"粘渣"或"粘碳"，直接影响不锈钢钢的耐蚀性。

(2) 焊前清理　为了保证焊接质量，焊前应将坡口及其两侧20~30mm范围内的焊件表面清理干净，如有油污，可用丙酮或酒精等有机溶剂擦拭。对表面质量要求特别高的焊件，应在适当范围内涂上用白垩粉调制的糨糊，以防止飞溅金属损伤钢材表面。

(3) 表面防护　在搬运、坡口制备、装配及点焊过程中，应注意避免损伤不锈钢表面，以免使产品的耐蚀性能降低，如不允许在钢材表面随意打弧及用利器划伤钢板表面等。

(4) 自冷作硬化现象　因奥氏体型不锈钢的线胀系数大，对冷作硬化敏感，在刚性固定条件下焊接时，焊缝在冷却中会产生较大的塑性变形，而发生自发的冷作硬化现象。经"自冷作硬化"的焊缝，屈服强度可提高40%左右，塑性有所降低。

2. 焊接方法

奥氏体型不锈钢可以采用所有的熔焊方法，如焊条电弧焊、钨极氩弧焊、熔化极气体保护焊、埋弧焊、等离子弧焊等进行焊接。

焊条电弧焊是最常用的焊接方法，具有操作灵活、方便等优点。为提高焊缝金属抗热裂纹能力，宜选择碱性药皮的焊条；对于耐蚀性要求高、表面成形要求好的焊缝，宜选用工艺性能良好的钛钙型药皮的焊条。焊条电弧焊对接焊缝的常用焊接参数见表4-6。

表4-6　焊条电弧焊对接焊缝的常用焊接参数

板厚/mm	坡口形式	焊接位置	层数	坡口尺寸			焊接电流/A	焊接速度/(mm/min)	焊条直径/mm
				间隙/mm	钝边/mm	坡口角度/(°)			
2	I	平焊	2	0~1	—	—	40~60	140~160	ϕ2.6
			1	2	—	—	80~110	100~140	ϕ3.2
			1	0~1	—	—	60~80	100~140	ϕ2.6
3	I	平焊	2	2	—	—	80~110	100~140	ϕ3.2
			1	3	—	—	110~150	150~200	ϕ4
			2	2	—	—	90~110	140~160	ϕ3.2

（续）

板厚/mm	坡口形式	焊接位置	层数	坡口尺寸 间隙/mm	钝边/mm	坡口角度/(°)	焊接电流/A	焊接速度/(mm/min)	焊条直径/mm
5	I	平焊	2	3	—	—	80~110	120~140	φ3.2
	I	平焊	2	4	—	—	120~150	140~180	φ4
	V	平焊	2	2	2	75°	90~110	140~180	φ3.2
6	V	平焊	4	0	—	80°	90~140	160~180	φ3.2、4
		平焊	2	4	—	60°	140~180	140~150	φ4、5
		平焊	3	2	2	75°	90~140	140~160	φ3.2、4
9	V	平焊	4	0	2	80°	130~140	140~160	φ4
		平焊	3	4	—	60°	140~180	140~160	φ4、5
		平焊	3	2	2	75°	90~140	140~160	φ3.2、4
12	V	平焊	5	0	2	80°	140~180	120~180	φ4、5
		平焊	4	4	—	60°	140~180	120~160	φ4、5
		平焊	3	2	2	75°	90~140	130~160	φ3.2、4

氩弧焊是焊接奥氏体型不锈钢的理想方法，焊接过程中合金元素烧损很小，焊缝表面洁净无渣，焊缝成形好。此外，由于焊接热输入较低，特别适宜对过热敏感的奥氏体型不锈钢进行焊接。氩弧焊对接焊缝常用焊接参数见表4-7、表4-8。

表4-7　钨极氩弧焊对接焊缝常用焊接参数

板厚/mm	坡口形式	焊接位置	层数	坡口尺寸 间隙/mm	钝边/mm	电极直径/mm	焊接电流/A	焊接速度/(mm/min)	焊丝直径/mm	氩气 流量/(L/min)	孔径/mm	备注
1	I	平焊	1	0	—	φ1.6	50~80	100~120	φ4	4~6	φ11	单面焊
		立焊	1	0	—	φ1.6	50~80	80~100	φ4	4~6	φ11	
4	I	平焊	2	0~2	1.6~2	φ2.4	150~200	100~120	φ3.2~φ4	6~10	φ11	双面焊
		立焊	2	0~2	1.6~2	φ2.4	150~200	80~120	φ3.2~φ4	6~10	φ11	
6	V	平焊	3 2	0~2	0~2 0~2	φ2.4 φ2.4	150~200	100~150	φ3.2~φ4	6~10 6~10	φ11 φ11	反面挑根焊
		立焊	2 2	0~2	0~2 0~2	φ2.4 φ2.4	150~200	80~120	φ3.2~φ4	6~10 6~10	φ11 φ11	
12	V	立焊	6 8	0~2	0~2 0~2	φ2.4 φ2.4	150~200	150~200	φ3.2~φ4	6~10 6~10	φ11 φ11	反面挑根焊
		平焊	6 8	0~2	0~2 0~2	φ2.4 φ2.4	200~250	100~200	φ3.2~φ4	6~10 6~10	φ11~φ13 φ11~φ13	

表 4-8　熔化极氩弧焊对接焊缝常用焊接参数

板厚/mm	坡口形式	焊接位置	层数	坡口尺寸 间隙/mm	坡口尺寸 钝边/mm	焊接 电流/A	焊接 电压/V	焊接 速度/(mm/min)	焊丝 直径/mm	焊丝 送进速度/(m/min)	氩气流量/(L/min)	备注
4	I	平焊	1	0~2	—	200~240	22~26	400~550	ϕ1.6	3.5~4.5	14~18	垫板
		立焊		0~2	—	180~220	22~25	350~500	ϕ1.6	3~4		
6	I	平焊	2	0~2	—	220~260	22~26	300~500	ϕ1.6	4~5	14~18	反面挑根焊
		立焊				200~240	22~25	250~450		3.5~4.5		
	V	平焊	2	0~2	0~2	220~260	22~26	300~500	ϕ1.6	4~5	14~18	垫板
		立焊				200~240	22~25	250~450		3.5~4.5		
12	V	平焊	5	0~2	0~2	240~280	24~27	200~350	ϕ1.6	4.5~6.5	14~18	反面挑根焊
		立焊	6			220~260	23~26	200~400		4~5		
		平焊	4	0~2	0~2	240~280	24~27	200~350	ϕ1.6	4.5~6.5	14~18	垫板
		立焊	6			220~260	23~26	200~400		4~5		

埋弧焊是一种高效的焊接方法，其特点是热输入大，熔池尺寸较大，冷却速度和凝固速度慢，因此焊接热裂纹敏感性大。埋弧焊对母材稀释率变化范围大（10%~75%），这就会对焊缝金属成分产生重大影响，关系到焊缝组织中铁素体含量的控制。

CO_2 气体保护焊不适合焊接奥氏体型不锈钢，因为焊接时会使焊缝增碳，当焊丝 $w_C<0.1\%$ 时，可使焊缝增碳0.02%~0.04%，对接头的耐蚀性不利。

等离子弧焊也属于惰性气体保护的熔化焊方法，由于等离子弧焊具有能量集中、焊件加热范围小、焊接速度快、热能利用率高及热影响区窄等特点，因此对提高接头的耐蚀性，改善接头组织非常有利。

3. 焊接材料

对于工作在高温条件下的奥氏体型不锈钢，填充材料选择的原则是在无裂纹的前提下保证焊缝金属的热强性与母材基本相同，这就要求其选材成分大致与母材成分相匹配，同时应当考虑焊缝金属中铁素体含量的控制。对于长期在高温条件下运行的奥氏体型不锈钢焊接接头，铁素体含量不应超过5%，以免出现脆化。在铬、镍的质量分数均大于20%的奥氏体型不锈钢中，为获得抗裂性高的纯奥氏体组织，选用 $w_{Mn}=6\%\sim8\%$ 的焊接材料是一种行之有效且经济的解决办法。

对在腐蚀介质中工作的奥氏体型不锈钢，主要按腐蚀介质和耐蚀性要求来选择焊接材料，一般选用与母材成分相同或相近的焊接材料。由于含碳量对耐蚀性有很大影响，因此熔敷金属中碳的质量分数不能高于母材。腐蚀性弱或仅为避免锈蚀污染的设备，可选用含 Ti 或 Nb 等稳定化元素或超低碳焊接材料；对于要求耐酸腐蚀性能较高的焊件，常选用含 Mo 的焊接材料。

表 4-9 所列为部分奥氏体型不锈钢弧焊用焊接材料举例。

表 4-9　部分奥氏体型不锈钢弧焊用焊接材料举例

牌号	电焊条 型号	电焊条 牌号	氩弧焊焊丝①	埋弧焊 焊丝	埋弧焊 焊剂
06Cr19Ni10 022Cr19Ni10	E308-16	A102	H08Cr21Ni10	H08Cr21Ni10	HJ260、HJ151 SJ601~SJ608

（续）

牌号	电焊条		氩弧焊焊丝①	埋弧焊	
	型号	牌号		焊丝	焊剂
06Cr18Ni11Nb 07Cr19Ni11Nb	E347-16	A132	H0Cr20Ni10Nb	H0Cr20Ni10Nb	HJ172
06Cr17Ni12Mo2Ti	E316L-16	A022	H00Cr19Ni12Mo2	H00Cr19Ni12Mo2	HJ260、HJ172
022Cr17Ni12Mo2	E316L-16	A022	H00Cr19Ni12Mo2	H00Cr19Ni12Mo2 H0Cr20Ni14Mo3	HJ260、HJ172 SJ601
022Cr19Ni13Mo3	E308L-16	A002	H00Cr19Ni12Mo2	H00Cr20Ni14Mo3	SJ601
022Cr18Ni14Mo2Cu2	E317MoCuL-16	A032	—	—	—

① TIG 焊时主要用纯 Ar 气体保护，焊稍厚焊件时可采用 Ar + He；MIG 焊射流过渡时用 Ar + $O_2$2%，短路过渡时用 Ar + $CO_2$5%。

4. 焊接工艺要点

根据奥氏体型不锈钢对抗裂性和耐蚀性的要求，焊接时要注意以下几点：

（1）焊前不预热　由于奥氏体型不锈钢具有较好的塑性，冷裂纹倾向较小，因此焊前不必预热。多层焊时要避免焊道间温度过高，一般应冷到 100℃以下再焊下一层，否则接头冷却速度慢，将促使产生碳化铬而造成耐晶间腐蚀性下降。在焊件刚性极大的情况下，有时为了避免裂纹的产生，才进行焊前预热。

（2）防止接头过热　具体措施有：焊接电流比焊低碳钢时小 10%～20%，短弧快速焊，直线运条，减少起弧、收弧次数，尽量避免重复加热，强制冷却焊缝（加铜垫板、喷水冷却等）。

（3）要保证焊件表面完好无损　焊件表面损伤是产生腐蚀的根源，应避免碰撞损伤，尤其要避免在焊件表面进行引弧造成局部烧伤等。

（4）焊后热处理　奥氏体型不锈钢焊接后，原则上不进行热处理。只有焊接接头产生了脆化或要进一步提高其耐蚀能力时，才根据需要选择固溶处理、稳定化处理或消除应力处理。

5. 焊后清理

不锈钢焊后，焊缝必须进行酸洗、钝化处理。酸洗的目的是去除焊缝及热影响表面的氧化皮；钝化的目的是使酸洗的表面重新形成一层无色的致密氧化膜，起到耐蚀作用。

常用的酸洗方法有以下两种。

（1）酸液酸洗　分为浸洗法和刷洗法。浸洗法是将焊件在酸洗槽中浸泡 25～45min，取出后用清水冲净，适用于较小焊件。刷洗法是用刷子或抹布反复刷洗，直到呈亮白色后用清水冲净，适用于大型焊件。

（2）酸膏酸洗　适用于大型结构，是将配制好的酸膏敷于结构表面，停留几分钟后，再用清水冲净。

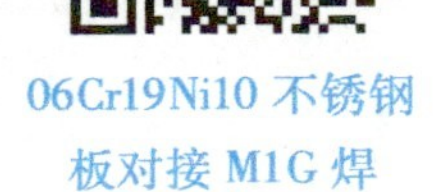

06Cr19Ni10 不锈钢板对接 M1G 焊

酸洗前必须进行表面清理及修补，包括修补表面损伤、彻底清除焊缝表面残渣及焊缝附近表面的飞溅物。

钝化在酸洗后进行，用钝化液在部件表面揩一遍，然后用冷水冲洗，再用抹布仔细擦洗，最后用温水冲洗干净并干燥。经钝化处理后的不锈钢制品表面呈白色，具有较好的耐蚀性。

总结与提高：

1）不锈钢是以耐蚀性为主要特性，且铬的质量分数至少为10.5%，碳的质量分数最大不超过1.2%的钢。按金相组织分为奥氏体型不锈钢、铁素体型不锈钢、奥氏体-铁素体型不锈钢、马氏体型不锈钢和沉淀硬化型不锈钢。

2）奥氏体型不锈钢的焊接性良好，焊接时一般不需要采取特殊工艺措施，但如果焊接材料选用不当或焊接工艺不正确，则有可能产生晶间腐蚀、热裂纹和应力腐蚀开裂。

3）奥氏体型不锈钢常用的焊接方法有焊条电弧焊、钨极氩弧焊、熔化极氩弧焊、埋弧焊和等离子弧焊，焊接材料的选用应使焊缝金属与母材的化学成分基本相同。

4）奥氏体型不锈钢在焊接前和焊接过程中都应做好防护，以免损伤表面，焊后要进行抛光、酸洗或钝化处理。

三、奥氏体型不锈钢焊接生产实例——18-8型不锈钢的焊接

18-8型奥氏体型不锈钢是应用最广泛、最具代表性的一类奥氏体型不锈钢。它有较好的力学性能，便于进行机械加工、冲压和焊接，可以采用焊条电弧焊、埋弧焊、惰性气体保护焊和等离子弧焊等熔焊方法进行焊接。

在焊前准备和坡口加工中，应十分重视焊接区、坡口表面和焊材表面的清洁度，任何污染都会使焊缝金属增碳，从而降低接头的耐蚀性。对耐蚀性要求较高的不锈钢焊件，焊接区、坡口表面和焊丝表面应用丙酮或去油能力强的其他溶剂擦拭干净。

某不锈钢脱泡罐采用06Cr19Ni10材料，焊缝代号及分布图如图4-7所示，其典型接头的焊接工艺卡见表4-10和表4-11。

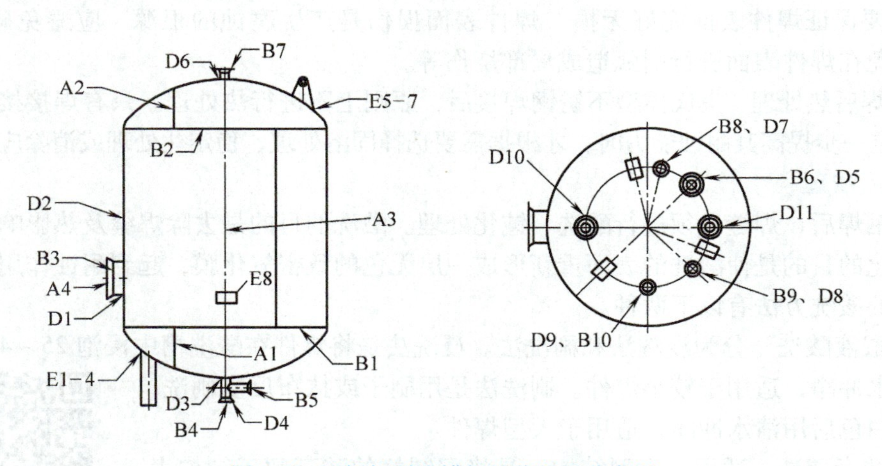

图4-7　不锈钢脱泡罐焊缝代号及分布图

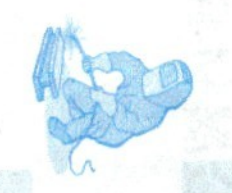

表 4-10　接头焊接工艺卡（一）

<table>
<tr><td>焊接工艺编号</td><td colspan="2">1</td><td>焊接技术要求</td></tr>
<tr><td>件号</td><td colspan="2">封头拼缝</td><td rowspan="9">1. 消除坡口内、外侧 20mm 范围内的油、锈、污物等杂质
2. 按简图要求进行定位焊
3. 检验组对间隙及对口错边量
4. 焊条电弧焊 1、2、3 层
5. 角磨机清根并磨光
6. 焊第 4 层，焊后清理
7. 焊缝外观检查
8. 按NB/T 4713.2—2015 进行检测</td></tr>
<tr><td>接头名称</td><td colspan="2">对接接头</td></tr>
<tr><td>接头编号</td><td colspan="2">A1-2</td></tr>
<tr><td>焊评编号</td><td colspan="2">11-01HP</td></tr>
<tr><td>焊工资格项目</td><td colspan="2">SMAW-Ⅳ-2G. 3G-12-F4</td></tr>
<tr><td rowspan="2">母材</td><td>牌号</td><td>06Cr19Ni10</td></tr>
<tr><td>厚度</td><td>12mm</td></tr>
<tr><td>焊接位置</td><td colspan="2">平焊</td></tr>
<tr><td>预热温度/℃</td><td colspan="2">室温</td></tr>
<tr><td>层间温度/℃</td><td colspan="2">≤150</td><td></td></tr>
<tr><td>焊后热处理</td><td colspan="2"></td><td></td></tr>
<tr><td>后热</td><td colspan="2"></td><td></td></tr>
<tr><td rowspan="2">保护气体</td><td rowspan="2">气体流量/(L/min)</td><td>正面</td><td></td></tr>
<tr><td>背面</td><td></td></tr>
</table>

<table>
<tr><td rowspan="2">层/道</td><td rowspan="2">焊接方法</td><td colspan="2">焊接材料</td><td colspan="2">焊接电流</td><td rowspan="2">电弧电压/V</td><td rowspan="2">焊接速度/(mm/min)</td><td rowspan="2">热输入/(kJ/cm)</td></tr>
<tr><td>牌号</td><td>直径/mm</td><td>种类/极性</td><td>电流/A</td></tr>
<tr><td>1</td><td>焊条电弧焊</td><td>A102</td><td>ϕ4.0</td><td>交流</td><td>140 ~ 160</td><td>19 ~ 21</td><td>120 ~ 140</td><td></td></tr>
<tr><td>2、3</td><td>焊条电弧焊</td><td>A102</td><td>ϕ5.0</td><td>交流</td><td>160 ~ 180</td><td>21 ~ 23</td><td>160 ~ 180</td><td></td></tr>
<tr><td>4</td><td>埋弧焊</td><td></td><td></td><td></td><td></td><td></td><td></td><td></td></tr>
<tr><td></td><td></td><td></td><td></td><td></td><td></td><td></td><td></td><td></td></tr>
</table>

<table>
<tr><td rowspan="5">检验</td><td>序号</td><td>本厂</td><td>锅检所</td><td>第三方或客户</td></tr>
<tr><td></td><td></td><td></td><td></td></tr>
<tr><td></td><td></td><td></td><td></td></tr>
<tr><td></td><td></td><td></td><td></td></tr>
<tr><td></td><td></td><td></td><td></td></tr>
</table>

表 4-11　接头焊接工艺卡（二）

焊接工艺编号	2
件号	壳体纵、环缝
接头名称	对接接头
接头编号	A3、B1-2
焊评编号	11-02HP
焊工资格项目	SMAW-Ⅳ-2FG. 5FG-12/60-F4 SAW-Ⅱ-2009
母材 牌号	06Cr19Ni10
母材 厚度	12mm
焊接位置	
预热温度/℃	
层间温度	
焊后热处理	
后热	

焊接技术要求

1. 消除坡口内、外侧 20mm 范围内的油、锈、污物等杂质
2. 按简图要求进行定位焊
3. 检验组对间隙及对口错边量
4. 焊条电弧焊 1、2、3 层
5. 角磨机清根并磨光
6. 焊第 4 层，焊后清理
7. 焊缝外观检查
8. 按NB/T 4713.2—2015 进行检测

层/道	焊接方法	焊接材料 牌号	焊接材料 直径/mm	焊接电流 种类/极性	焊接电流 电流/A	电弧电压 /V	焊接速度 /(mm/min)	热输入 /(kJ/cm)
1	焊条电弧焊	A102	$\phi4.0$	交流	140～160	19～21	120～140	
2、3	焊条电弧焊	A102	$\phi5.0$	交流	160～180	21～23	160～180	
4	埋弧焊	HOCr21Ni10 + HJ260	$\phi4.0$	直流反接	580～630	32～35	45～50	

保护气体	气体流量/(L/min)
正面	
背面	

检验 序号	本厂	锅检所	第三方或客户

模块三　铁素体型不锈钢的焊接

一、铁素体型不锈钢的焊接性

1. 铁素体型不锈钢的类型和特性

铁素体型不锈钢含中铬的质量分数为12%～30%，其化学成分特点是低碳、高铬。随着铬质量分数的增加、碳质量分数的降低，奥氏体区逐渐减小，如$w_C=0.03\%$，$w_{Cr}=12\%$或$w_{Cr}=17\%$钢中，不再形成奥氏体，即从熔点附近至室温一直保持铁素体组织。故铁素体型不锈钢一般在室温下具有纯铁素体组织。铁素体型不锈钢的耐蚀性好，主要用作耐硝酸、氨水腐蚀的不锈钢，也可用于抗高温氧化用钢，但很难用作热强钢。

按铬的质量分数不同，铁素体型不锈钢可分为三种类型：Cr13型、Cr17型和Cr25型～Cr28型。除Cr元素外，可以根据需要向钢中加入少量的Si、Ti、Al等元素。加Ti可以防止铁素体型不锈钢的晶间腐蚀；加Si、Al可以进一步提高其抗氧化性能。

铁素体型不锈钢在900℃以上温度加热时晶粒长大，铬的质量分数越高，长大倾向越严重。铁素体型不锈钢韧脆转变温度在室温以上，因此在室温下其韧性极低。

铁素体型不锈钢铸态组织晶粒粗大，一般通过压力加工来细化晶粒。为消除由压力加工产生的应力和获得均匀成分的铁素体组织，压力加工后应进行温度不超过900℃的淬火或退火处理。

2. 铁素体型不锈钢的焊接性特点

铁素体型不锈钢焊接时的主要问题有：加热冷却过程中无同素异构转变，焊缝及HAZ晶粒长大严重，易形成粗大铁素体组织，如图4-8所示；由于无相变，使这种晶粒粗化现象不能通过热处理来改善，导致接头韧性比母材更低；多层焊时，焊道间重复加热，导致σ相析出和475℃脆性，进一步增加接头的脆化；对于耐蚀条件下使用的铁素体型不锈钢，还要注意近缝区的晶间腐蚀倾向。

图4-8　铁素体型不锈钢焊接接头低倍组织

（1）焊接接头的晶间腐蚀　铁素体型不锈钢晶间腐蚀产生的原因与奥氏体型不锈钢基本相同，也是形成贫铬层的结果。但由于钢的成分及组织不同，铁素体型不锈钢出现晶间腐蚀的部位和温度条件与奥氏体型不锈钢不完全相同。

铁素体型不锈钢的焊接接头出现晶间腐蚀的位置在接头熔合线附近（950℃以上），而且在快速冷却的条件下才能发生。焊后若经700～850℃短时间加热保温并缓冷，可以恢复其耐晶间腐蚀的性能。这是因为铁素体型不锈钢一般是在退火状态下焊接，其组织为固溶微量的碳和氮的铁素体及少量均匀分布的碳和氮的化合物，组织稳定、耐蚀性好。当焊接加热温度达到950℃以上时，碳、氮的化合物逐步溶解到铁素体相中，得到碳、氮过饱和固溶体。由于碳、氮在铁素体相中的溶解度比在奥氏体中的溶解度小得多，而扩散速度快得多，在焊后冷却过程中，甚至在淬火冷却过程中均来得及扩散到晶界，而铬的扩散速度慢，导致晶界上沉淀 $Cr_{23}C_6$、Cr_2N，出现贫铬区。在腐蚀介质的作用下，即会产生晶间腐蚀。

防止晶间腐蚀的措施如下：

1）焊后经过700～900℃加热缓冷，铬自晶粒内扩散到晶界，从而使贫铬层消失，恢复其耐蚀性能。

2）选用含有Ti、Nb等稳定剂的焊接材料。

3）降低母材中的碳和氮的总含量。

（2）焊接接头的脆化　铁素体型不锈钢焊接接头的脆化主要是由晶粒长大、σ相脆性和475℃脆性造成的。

晶粒长大主要是在焊接热循环的作用下，在950℃以上停留时间越长，晶粒长大越严重，同时碳、氮化物沿晶界偏析，导致焊接接头的塑性和韧性下降。当焊接构件的刚度足够大时，在室温条件下就可能出现脆裂。铁素体型不锈钢加热时无固态相变，晶粒一旦粗化，便无法用热处理方法进行细化消除。

σ相脆性是指不论母材还是焊缝金属在铬的质量分数大于21%时，如果在520～820℃之间长期加热，会形成硬而脆的铁铬金属间化合物（σ相），使材料的脆性增大。σ相是在长期加热条件下形成的，若温度过低，因原子活动困难，不会形成σ相；在820℃以上高温时，σ相分解，因此合金自高温快速冷却时，可抑制σ相的形成，所以在焊接条件下一般不会出现σ相脆化。

475℃脆性是指铁素体型不锈钢在 $w_{Cr} \geqslant 15.5\%$，并在400～500℃温度范围长期加热时，常常出现强度升高而韧性下降的现象，并一般随铬质量分数的增加而脆化倾向严重。焊接接头在焊接热循环的作用下，不可避免地要经过该温度区间，特别是当焊缝金属和热影响区在此温度区停留时间较长时，均有产生475℃脆性的可能。

防止焊接接头脆化的措施有：

1）采用小的热输入，即小电流、高焊速，禁止横向摆动，待前一道焊缝冷却到预热温度后再焊下一道焊缝。

2）焊后进行750～800℃退火处理，退火后应快冷，防止出现σ相和475℃脆化。

3）对超纯铁素体型不锈钢，主要是防止焊缝的污染，以避免焊缝增加C、N、O的含量。

二、铁素体型不锈钢的焊接工艺要点

为克服铁素体型不锈钢在焊接过程中出现的晶间腐蚀和焊接接头的脆化而引起的裂纹，应采用以下工艺措施。

（1）选择合适的焊接材料　若选用与母材相近的铁素体铬钢作为填充材料，由于焊缝金属为粗大的铁素体组织，焊缝的塑性、韧性差，可向焊缝中加入少量的变质剂Ti、Nb等元素来细化焊缝组织。若选用奥氏体型不锈钢焊接材料，则焊缝塑性好，可以改善接头性

能，但在某些腐蚀介质中，耐蚀性可能低于同质接头。用于高温条件下的铁素体型不锈钢，必须采用成分基本与母材匹配的填充材料。

表4-12所列为部分铁素体型不锈钢焊接材料举例。

表4-12　铁素体型不锈钢焊接材料举例

牌号	焊条电弧焊焊条		氩弧焊焊丝	预热及层间温度/℃	焊后热处理/℃	选择原则
	型号	牌号				
06Cr13	E410-16 E410-15 E410-15	G202 G207 G217	H0Cr14	—	700～760	耐蚀、耐热
	E309-16 E309-15 E310-16 E310-15	A302 A307 A402 A407	H0Cr21Ni10 H0Cr18Ni12Mo2	—	—	高塑性、韧性
10Cr17	E430-16 E430-15	G302 G307	H1Cr17	70～150	700～760	耐蚀、耐热
	E308-15 E316-15 E309-15	A107 A207 A307	H0Cr21Ni10 H0Cr18Ni12Mo2	70～150	—	高塑性、韧性

（2）焊前预热　预热温度为100～200℃，目的在于使被焊材料处于较好的韧性状态和降低焊接接头的应力。随着钢中铬的质量分数增加，预热温度也相应提高。

（3）焊后热处理　焊后对接头区域进行750～800℃的退火处理，使过饱和的碳、氮完全析出，铬来得及补充到贫铬区，以恢复其耐蚀性，同时也可改善焊接接头的塑性。需要注意的是，退火后应快速冷却，以防止产生475℃脆性。

（4）选择合适的焊接方法　应采用焊接热输入较小的焊接方法，如焊条电弧焊、钨极氩弧焊等。因为铁素体型不锈钢对过热敏感性大，焊接时应尽可能地减少焊接接头在高温下停留的时间，以减少晶粒长大和475℃脆性。

当选用的焊接材料与母材金属的化学成分相当时，必须按上述工艺措施进行焊接。如选用奥氏体型不锈钢的焊接材料时，则可以免除焊前预热和焊后热处理，但对于不含稳定化元素的铁素体型不锈钢的焊接接头来说，热影响区的粗晶脆化和晶间腐蚀问题仍不会改变。奥氏体型或奥氏体-铁素体型焊缝金属，基本上与铁素体型不锈钢母材等强度；但在某些腐蚀介质中，这种异质焊接接头的耐蚀性可能低于同质的焊接接头。

三、铁素体型不锈钢焊接生产案例

1. 普通铁素体型不锈钢的焊条电弧焊工艺

在焊前准备工作中，下料方法的选择、焊前清理和表面保护与奥氏体型不锈钢的焊接工艺相同。

填充金属主要分为两类：一类是同质的铁素体型焊条；另一类为异质的奥氏体型（镍基合金）焊条。用同质焊条的优点是：焊缝与母材金属具有一样的颜色和形貌，相同的线胀系数和大体相似的耐蚀性，但抗裂性不高；用异质焊条的优点是：焊缝具有很好的塑性，应用较多，但要控制好母材金属对奥氏体焊缝的稀释。采用异质焊条施焊时，不能防止热影响区的晶粒长大和焊缝形成马氏体组织，而且焊缝与母材金属的色泽也不相同。

表4-13为常用焊接普通铁素体型不锈钢的同质和异质焊条。

普通铁素体型不锈钢焊条电弧焊对接平焊的坡口形式及焊接参数见表4-14。从表中可以看出，采用小热输入的目的是抑制焊接区的铁素体晶粒过分长大。施焊时尽量减少焊缝截面，不要连续多道施焊，要待前一道焊缝冷却到预热温度时再焊下一道焊缝。

表4-13　焊接普通铁素体型不锈钢的同质和异质焊条

牌号	对焊接接头性能的要求	焊条			预热及热处理温度/℃
		型号	牌号	合金系统	
10Cr17	耐硝酸及耐热	E430-16	G302	Cr17	预热100~200 焊后750~800回火
10Cr17 10Cr17Mo 019Cr19Mo2NbTi	提高焊缝塑性	E316-15	A207	18-12Mo2	不预热 焊后不热处理
008Cr27Mo	提高氧化性	E309-15	A307	25-13	不预热 焊后760~780回火
008Cr30Mo2	提高焊缝塑性	E310-16 E310Mo-16	A402 A412	25-20 25-20Mo2	不预热 焊后不热处理

表4-14　普通铁素体型不锈钢焊条电弧焊对接平焊的坡口形式及焊接参数

板厚/mm	坡口形式	层数	坡口尺寸			焊接电流 I/A	焊接速度 v/(mm/min)	焊条直径 ϕ/mm	备注
			间隙 b/mm	钝边 p/mm	坡口角度 α/(°)				
2	I	2	0~1	—	—	40~60	140~160	2.5	反面挑根焊
		1	2	—	—	80~110	100~140	3.2	垫板
		1	0~1	—	—	60~80	100~140	2.5	—
3	I	2	2	—	—	80~110	100~140	3.2	反面挑根焊
		1	3	—	—	110~150	150~200	4	垫板
		2	2	—	—	90~110	140~160	3.2	—
5	I	2	3	—	—	80~110	120~140	3.2	反面挑根焊
		2	4	—	—	120~150	140~180	4	垫板
	V	2	2	2	75	90~110	140~180	3.2	—
6	V	4	0	2	80	90~140	160~180	3.2、4	反面挑根焊
		2	4	—	60	140~180	140~150	4、5	垫板
		3	2	2	75	90~140	140~160	3.2、4	—
9	V	4	0	3	80	130~140	140~160	4	反面挑根焊
		3	4	—	60	140~180	140~160	4、5	垫板
		4	2	2	75	90~140	140~160	3.2、4	—

（续）

板厚/mm	坡口形式	层数	坡口尺寸			焊接电流 I/A	焊接速度 v/（mm/min）	焊条直径 ϕ/mm	备注
			间隙 b/mm	钝边 p/mm	坡口角度 α/（°）				
12	V	5	0	4	80	140～180	120～180	4、5	反面挑根焊
		4	4	—	60	140～180	120～160	4、5	垫板
		4	2	2	75	90～140	130～160	3.2、4	—
16	V	7	0	6	80	140～180	120～180	4、5	反面挑根焊
		6	4	—	60	140～180	110～160	4、5	垫板
		7	2	2	75	90～180	110～160	3.2、4	—

在焊接过程中，要尽量减少焊接接头在高温下的停留时间，抑制热影响区铁素体组织的晶粒很快长大，从而提高焊接接头的塑性，防止裂纹的形成。具体操作要点如下：

1）无论采用何种焊接方法，都应采用小的热输入，选用小直径的焊接材料。

2）采用窄焊缝技术和快的焊接速度进行多层多道焊，焊接时不允许摆动施焊。

3）多层焊时，要严格控制焊道间温度在150℃左右，不宜连续施焊。

4）采用强制冷却焊缝的方法，以减小焊接接头的高温脆化和475℃脆性，同时可以减少焊接接头的热影响区过热。其方法是通氩气冷却、通水冷却或加铜垫板冷却。

2. 超高纯度铁素体型不锈钢的焊接工艺

超高纯度铁素体型不锈钢的熔焊方法有氩弧焊、等离子弧焊和真空电子束焊。采用这些焊接方法的主要目的是使焊接熔池得到良好的保护，净化焊接熔池表面，使其不受污染。

采用的工艺措施如下：

1）增加熔池的保护，如采用双层气体保护、增大喷嘴直径、适当增加氩气流量；或者采取在焊枪后面加保护气拖罩的办法，延长焊接熔池的保护时间。

2）焊接时要采用提前送氩气、滞后停气的焊接设备，使焊缝末端始终在气体的有效保护范围内。

3）提高氩气的纯度，用高纯度氩气施焊，以减少氮和氧的含量，提高焊缝金属的纯度。

4）操作时，不允许将焊丝末端离开保护区。

5）焊缝背面要通氩气保护，最好采用通氩气的水冷铜垫板，减少过热，增加冷却速度。

6）尽量减小热输入，多层焊时要控制层间温度低于100℃。

总结与提高：

1）铁素体型不锈钢焊接时的最大问题是焊接接头脆化和晶间腐蚀。

2）铁素体型不锈钢具有强烈的晶粒长大、475℃脆化和σ相脆化倾向，应采用热输入小的焊接方法，如焊条电弧焊、钨极氩弧焊和熔化极氩弧焊。焊接时采用小电流、快焊速、不摆动、多层焊，并严格控制层间温度。

3）焊接铁素体型不锈钢可以采用同质的铁素体型焊接材料，也可以采用抗裂性好的奥氏体型焊接材料。

3. 022Cr18Ti 铁素体型不锈钢焊接生产实例

022Cr18Ti 铁素体型不锈钢焊接接头的形式为对接接头，开 V 形坡口，其尺寸如图 4-9 所示，采用焊条电弧焊进行焊接。由于 022Cr18Ti 钢含有 Ti，能固定钢中的碳，所以钢中是完全的铁素体组织。

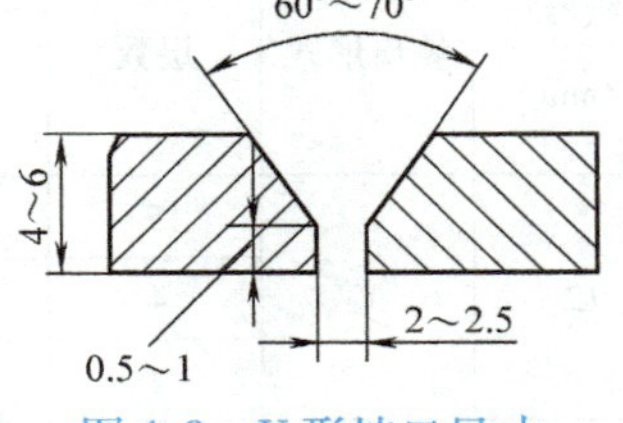

图 4-9　V 形坡口尺寸

为了保证焊透，接头的根部间隙为 2～2.5mm。焊条采用 E308-15（A107），共焊两层，第一层焊条直径为 ϕ3.2mm，焊接电流为 70～80A，电弧电压为 23～25V，焊接速度为 140～160mm/min；第二层焊条直径为 ϕ4mm，焊接电流为 120～140A，电弧电压为 28～30V，焊接速度约为 300mm/min。在第一层冷却后再焊第二层。由于采用了小的焊接电流，没有出现接头晶粒长大和脆化现象。

4. 008Cr27Mo 不锈钢蒸发器内衬焊接实例

三效逆流强制循环蒸发器是氯碱工业的主要设备，其气、液相部分在高温强碱介质中运行，设备的腐蚀相当严重，是一般耐酸不锈钢所不能承受的。使用国产 008Cr27Mo 超纯高铬铁素体型不锈钢制造蒸发器内衬，可提高设备的耐蚀性，延长使用寿命，而且成本低。

（1）008Cr27Mo 钢的性能及焊接性分析　008Cr27Mo 钢的化学成分见表 4-15。

表 4-15　008Cr27Mo 钢的化学成分（质量分数,%）

C	Cr	Mo	Mn	Si	P	Cu	Ni	N	其他元素
0.003	26.77	1.22	0.04	0.18	0.016	0.03	0.023	0.011	0.12

008Cr27Mo 钢中间隙元素 C＋N 的总含量极低，对产生焊接裂纹和晶间腐蚀不敏感，对高温加热引起的脆化不显著，板厚小于 5mm 时焊前不必预热，焊后也不必进行热处理，焊接接头有很好的塑性和韧性，耐蚀性很好，具有良好的焊接性。但当焊缝中 C＋N 的总含量增加时，仍有可能产生晶间腐蚀。因此，焊接工艺的关键是防止焊接材料表面和熔池污染，防止空气中的 N_2 侵入熔池，以免增加焊缝中 C、N、O 的含量，导致晶间腐蚀的产生。

（2）008Cr27Mo 钢的焊接工艺

1）焊接材料。焊接材料中的间隙元素含量应低于母材，焊接时应采用与母材同成分的焊丝作为填充材料。焊丝可选用与母材匹配的专用焊丝或直接从母材板料上剪切成条状。专用焊丝的化学成分见表 4-16。

表 4-16　专用焊丝的化学成分（质量分数,%）

C	N	O	Cr	Mo	Mn	Si	S	P	Cu	Ni
0.005	0.011	0.0037	26.5	1.08	0.005	0.20	0.009	0.018	0.03	0.023

2）焊接方法。采用手工 TIG 焊，焊机型号为 WS-400、直流正极性，焊枪型号为气冷式 QQ-85°/200A 型。氩气纯度大于 99.99%，w_N＜0.001%，w_O＜0.0015%，w_H＜0.005%。

3）焊接热输入。应采用小热输入施焊，在保证焊透的情况下可适当提高焊接速度，采用短弧不摆动或小摆动的操作方法。焊接时，焊丝的加热端应置于氩气的保护中，每层焊道的接头应错开。

多层焊时控制层间温度低于 100℃，以减少焊接接头的高温脆化和 475℃脆性。

4）焊接参数。焊接参数见表4-17。

表4-17 焊接参数

板厚/mm	焊丝直径/mm	钨极	焊接电流/A	电弧电压/V	焊接速度/(mm/min)	氩气流量/(L/min)		
						喷嘴	正面	背面
6	ϕ2.5	2.5	130~170	16~18	90~120	20	60	60

5）焊接操作。焊接过程中，焊缝的正面和背面焊缝均须得到有效保护，增强熔池保护需采用焊枪后加保护气拖罩的办法进行。将清理好的焊件置于有保护装置的平台上，通入氩气即可进行焊接。拖罩离焊件的距离要保持在0.05~1mm，焊嘴与焊缝成110°夹角，焊丝与焊嘴成90°夹角，填丝时注意焊丝不宜拉出过长，高温端要始终置于氩气保护区内，以免由于送丝带入空气而影响保护效果。在施焊过程中应注意观察焊缝冷却后的颜色，发现有保护不良现象时，应立即停止焊接，检查保护装置。

模块四 马氏体型不锈钢的焊接

一、马氏体型不锈钢的焊接性

1. 马氏体型不锈钢的类型和特性

在铁素体型不锈钢的基础上，适当增加含碳量，减少含铬量，高温时可以获得较多奥氏体组织，快速冷却后，室温下得到具有马氏体组织的钢，即马氏体型不锈钢。因此，它是一类可热处理强化的高铬钢，具有较高的强度、高硬度、高耐磨性、耐疲劳特性、耐热性，并具有一定的耐蚀能力。主要用来制造各种工具和机器零件，而很少用于管道、容器等需要焊接的构件。马氏体型不锈钢既可作为不锈钢，又可作为热强钢。

按合金化特点不同，马氏体型不锈钢可分为以下两类：

（1）普通Cr13型马氏体型不锈钢　主要有12Cr13、20Cr13、30Cr13、40Cr13等。这类钢高温下的组织稳定性差，但含铬量较高，具有一定耐均匀腐蚀的能力，一般用作不锈钢。

（2）热强马氏体型不锈钢　以马氏体为基体的耐热钢，12Cr12、17Cr16Ni2、12Cr12Mo等。

马氏体型不锈钢最大的特点是高温加热后空冷就有很大的淬硬倾向，经调质处理后，能充分发挥其性能特点。

2. 马氏体型不锈钢的焊接性特点

马氏体型不锈钢是热处理强化钢，其主要特点之一是高温加热空冷后即有淬硬倾向，所以焊接时出现的问题与调质的低中合金钢相似。

马氏体型不锈钢中铬的质量分数在12%以上，同时还匹配适量的碳、镍等元素，以提高其淬硬性和淬透性，因此马氏体不锈钢焊缝及HAZ焊态组织多为硬而脆的马氏体。HAZ的最高硬度主要取决于含碳量，含碳量高时可达500HV以上。马氏体型不锈钢的导热性较碳钢差，焊接时残余应力较大，如果焊接接头的拘束度较大或再有氢的作用，当从高温直接冷却至100~120℃以下时，很容易产生冷裂纹。

焊接接头的脆化，则直接与钢材的化学成分有关。马氏体型不锈钢在高温时晶粒粗化倾向较大，在快速冷却时，近缝区将形成粗大的马氏体，塑性、韧性急剧下降。当冷却速度较小时，形成马氏体-铁素体边缘的马氏体型不锈钢，可能出现粗大的铁素体和碳化物组织，也会导致脆化。

马氏体型不锈钢是调质钢，接头 HAZ 也存在明显的软化问题。长期在高温下使用时，软化层是接头的一个薄弱环节，因为软化层的持久强度低，抗蠕变能力差。高温承载时，接头蠕变变形集中于软化层，使得整个接头的持久强度低。焊接热输入过大，焊后的回火温度过高，都会增加接头的软化程度。

为了避免冷裂纹及改善焊接接头的力学性能，应采取以下措施。

(1) 焊前预热　焊接马氏体型不锈钢时，在使用与母材同成分的焊接材料时，为防止冷裂纹产生，焊前需要预热。预热温度一般为 200 ~ 260℃，且最好不要高于该钢材的马氏体开始转变温度。

(2) 焊后热处理　焊件焊后不应以焊接温度直接升温进行回火处理。对于刚度较小的结构，可以冷却至室温后再回火。对于刚度较大的结构，特别是含碳量较高时，须采用较复杂的工艺：焊后冷至 100 ~ 150℃，保温 0.5 ~ 1h，然后加热至回火温度。其目的是降低焊缝和热影响区的硬度，改善其塑性和韧性，同时减少焊接残余应力。回火温度一般选为 650 ~ 750℃，至少保温 1h 后空冷。

只有在为了得到最低硬度，如焊后进行机械加工时，才采用完全退火。退火温度为 830 ~ 880℃，保温 2h 后随炉冷至 595℃，然后空冷。

二、马氏体型不锈钢的焊接工艺要点

马氏体型不锈钢的焊接性主要受淬硬性的影响，防止冷裂纹是最主要的问题；其次还可能出现焊接接头过热脆化及软化问题。马氏体型不锈钢的焊接性很差，必须采取严格的焊接工艺措施，才能获得满足要求的焊接接头。

1. 控制焊缝金属的化学成分

焊缝金属的化学成分主要取决于焊接材料。马氏体型不锈钢焊接材料的选择有两种方案：一种是采用与母材化学成分基本相同的焊接材料；另一种是采用奥氏体型焊接材料。由于奥氏体型焊缝金属具有良好的塑性，可以缓解接头的残余应力，降低焊接接头的冷裂纹倾向。

选用与母材化学成分相同或相近的焊接材料施焊时，焊缝及热影响区将会硬化变脆，具有很高的冷裂纹倾向。为了防止冷裂纹的产生，对于材料厚度大于 2mm 的焊件，通常要进行预热、缓冷以及焊后热处理，以消除焊接残余应力，从而有助于提高焊接接头的性能。

对于高温下运行的部件，最好采用成分与母材基本相同的同质焊接材料。若采用奥氏体型焊接材料，因奥氏体型不锈钢的线胀系数与马氏体型不锈钢有较大的差别，接头在高温下长期使用时，焊缝两侧始终存在较高的热应力，将使接头提前失效。采用同质填充材料时，控制焊缝金属中碳的质量分数非常重要，应随母材中铬的质量分数的不同而不同。当 $w_{Cr}<9\%$ 时，w_C 应控制在 0.06% ~ 0.10% 较好，过低将明显降低焊缝韧性和高温力学性能；在 Cr12 钢中，w_C 要达到 0.17% 以上，以防止因奥氏体化元素不足而使焊缝中出现铁素体组织，显著降低焊缝韧性。

表 4-18 所列为部分马氏体型不锈钢焊接材料举例。

表 4-18　马氏体型不锈钢焊接材料举例

牌号	焊条电弧焊焊条		TIG 焊焊丝	预热及层间温度/℃	焊后热处理/℃	选择原则
	型号	牌号				
12Cr13 20Cr13	E410-15	G207 G217	H0Cr14 H0Cr13	300～350	700～760	耐蚀、耐热
	E309-16 E309-15 E310-16 E310-15	A302 A307 A402 A407	H0Cr21Ni10 H0Cr18Ni	200～300	—	高塑性、韧性
14Cr17Ni2	E430-16 E430-15	G302 G307	H0Cr14 H1Cr3	300～350	700～750 空冷	耐蚀、耐热
	E308-16 E308-15 E309-16 E309-15 E310-16 E310-15	A102 A107 A302 A307 A402 A407	H0Cr21Ni10 H0Cr18Ni	200～300	—	高塑性、韧性

当焊接结构不能进行预热或不便于进行热处理时，焊缝必须采用异质焊缝，即采用奥氏体型焊接材料。异质焊缝具有较高的塑性和韧性，还具有松弛焊接残余应力的作用，并能溶入较多的氢，所以异质焊缝能降低焊接接头形成冷裂纹的倾向。

2. 焊前预热和焊后热处理

对于同质焊缝，预热是防止冷裂纹的重要措施。钢的淬硬性越大，焊接接头的拘束度越大，则预热温度应选择得越高一些，一般为 150～400℃。多层焊时仍要保持焊道间温度不低于预热温度，焊后还要进行热处理。表 4-19 为马氏体型不锈钢推荐使用的预热温度、热输入及焊后热处理。

表 4-19　马氏体型不锈钢推荐使用的预热温度、热输入及焊后热处理

w_C(%)	预热温度/℃	热输入	焊后热处理
≤0.10	≤200	—	—
>0.10～0.20	200～250	一般	缓冷
>0.20～0.50	250～320	较大	必须焊后热处理（回火）
>0.50	250～320	大	必须焊后热处理（回火）

对于刚性小的焊接结构，焊后可以在冷却至室温后再回火；对于刚性大的焊接结构，特别是钢材中碳的质量分数较高时，需要采用复杂的热处理工艺。回火温度的选择，应根据工程项目对焊接接头力学性能和耐蚀性的要求而定，一般选择为 650～750℃，至少保温 1h 后空冷。

高铬马氏体型不锈钢一般在淬火＋回火的调质状态下进行焊接，焊后经高温回火，使焊接接头具有良好的力学性能；如果在退火状态下焊接，会出现不均匀的马氏体组织，因此整个焊接结构焊后必须进行整体调质处理，使焊接接头具有均匀的力学性能。

3. 焊接方法

马氏体型不锈钢与低合金结构钢相比，具有更高的淬硬倾向，对焊接冷裂纹更为敏感。必须严格保证低氢，甚至超低氢的焊接条件：采用焊条电弧焊时，要使用低氢碱性焊条；对于拘束度大的接头，最好采用氩弧焊。表4-20中列出了焊条电弧焊焊接马氏体型不锈钢对接平焊的焊接参数。

表4-20 焊条电弧焊焊接马氏体型不锈钢对接平焊的焊接参数

板厚/mm	坡口形式	层数	坡口尺寸			焊接电流 I/A	焊接速度 v/（mm/min）	焊条直径 ϕ/mm	备注
			间隙 b/mm	钝边 p/mm	坡口角度 α/（°）				
3	I	2	2	—	—	80~110	100~140	3.2	反面挑根焊
		1	3	—	—	110~150	150~200	4	垫板
		1	2	—	—	9~110	140~160	3.2	—
5	I	2	3	—	—	80~110	120~140	3.2	反面挑根焊
		2	4	—	—	120~150	140~180	4	垫板
		2	2	2	75	90~110	140~180	3.2	—
6	V	4	0	2	80	90~140	160~180	3.2、4	反面挑根焊
		2	4	—	60	140~180	140~150	4.5	垫板
		3	2	2	75	90~140	140~160	3.2、4	—
9	V	4	0	2	80	130~140	140~160	4	反面挑根焊
		3	4	—	60	140~180	140~160	4、5	垫板
		4	2	2	75	90~140	140~160	3.2、4	—
12	V	5	0	4	80	140~180	120~180	4、5	反面挑根焊
		4	4	—	60	140~180	120~160	4、5	垫板
		4	2	2	75	90~140	130~160	3.2、4	—
16	V	7	0	6	80	140~180	120~180	4、5	反面挑根焊
		6	4	—	60	140~180	110~160	4、5	垫板
		7	2	2	75	90~180	110~160	3.2、4	—

总结与提高：

1）马氏体型不锈钢的焊接性差，焊接时易产生冷裂纹和接头脆化，同时还存在焊接热影响区软化问题。

2）焊接马氏体型不锈钢的合适焊接方法是氩弧焊，采用焊条电弧焊时应使用低氢型焊条。

3）焊接马氏体型不锈钢时，焊接材料的选择原则与铁素体型不锈钢焊接材料的选用原则相同。

4）马氏体型不锈钢焊接时必须采用焊前预热、焊后热处理等严格的工艺措施。

三、马氏体型不锈钢焊接生产案例

发电机复环材质为20Cr13，叶片材质为10Cr13，均为马氏体型不锈钢。采取如下焊接工艺。

（1）预热温度　预热温度为100℃。

（2）焊接方法　采用焊条电弧焊方法，电源极性为直流反接。选用E316型（A207）焊条，直径为φ3.2mm，焊接电流为110～130A。

（3）焊接　在引弧板上引弧，待电弧稳定后引入待焊处，采用短弧焊；收弧时要填满弧坑，减少弧坑裂纹，并使焊缝圆滑过渡。

（4）焊后热处理　焊后为防止焊件变形和开裂，需要进行回火热处理来消除焊接残余应力。回火温度为700℃，保温30min，然后随炉冷却。

（5）检验　用超声波探伤仪对焊缝内部进行检测，发现有超标焊接缺陷时应立即返修。补焊工艺与焊接工艺相同，直至合格为止。

课后习题

一、填空题

1. 钢中铬的质量分数大于________的钢称为不锈钢。
2. 奥氏体型不锈钢进行稳定化处理的加热温度为________℃。
3. 奥氏体型不锈钢产生晶间腐蚀的危险温度是________℃。
4. 475℃脆化可经________消除。
5. 当奥氏体型不锈钢形成________双相组织时，其抗晶间腐蚀能力大大提高。
6. 为防止马氏体型不锈钢的焊接接头力学性能下降，焊接时________的控制很重要。

二、简答题

1. 不锈钢有哪些类型？其成分和性能各有何特点？
2. 简述不锈钢的腐蚀形式及特征。
3. 奥氏体型不锈钢焊接时为什么容易产生热裂纹？应如何防止热裂纹产生？
4. 12Cr19Ni10等不锈钢焊接接头产生晶间腐蚀的原因是什么？怎样防止接头的晶间腐蚀？
5. 为什么焊接含Ti奥氏体型不锈钢会产生刀状腐蚀？应如何防止刀状腐蚀的产生？
6. 奥氏体-铁素体型不锈钢的焊接性如何？
7. 哪些焊接方法可用于焊接奥氏体型不锈钢？
8. 焊接奥氏体型不锈钢时，焊接材料的选用原则是什么？
9. 简述奥氏体型不锈钢的焊接工艺要点。
10. 铁素体型不锈钢的焊接性有何特点？
11. 简述铁素体型不锈钢的焊接工艺要点。
12. 马氏体型不锈钢的焊接性有何特点？
13. 简述马氏体型不锈钢的焊接工艺要点。

三、选择题（焊工等级考试模拟题）

1. 焊接奥氏体型不锈钢时，如果焊接材料选用不当或焊接工艺不合理，会产生（　　）等问题。

A. 接头软化和热裂纹

B. 降低接头抗晶间腐蚀能力和冷裂纹

C. 降低接头抗晶间腐蚀能力和消除应力裂纹

D. 降低接头抗晶间腐蚀能力和热裂纹

2. (　　) 不是奥氏体型不锈钢焊条电弧焊工艺操作必须遵循的原则。

A. 采用小热输入，小电流短弧快速焊　　B. 采用多层多道焊

C. 采用焊条不摆动的窄道焊　　D. 选用碱性焊条，采用直流反接

3. 奥氏体型不锈钢的焊接电流（A）一般取焊条直径（mm）的（　　）倍。

A. 15～20　　B. 25～30　　C. 35～40　　D. 45～50

4. 奥氏体型不锈钢多层多道焊时，焊道间温度（即各焊道间温度）应低于（　　）℃。

A. 350　　B. 250　　C. 150　　D. 60

5. 牌号为 A137 的焊条是（　　）。

A. 碳钢焊条　　B. 低合金钢焊条

C. 珠光体耐热钢焊条　　D. 奥氏体型不锈钢焊条

6. 为了防止奥氏体型不锈钢焊接热裂纹的产生，希望焊缝金属组织是奥氏体-铁素体型双相组织，其中铁素体的体量分数应控制在（　　）左右。

A. 30%　　B. 20%　　C. 10%　　D. 5%

7. (　　) 不是奥氏体型不锈钢合适的焊接方法。

A. 焊条电弧焊　　B. 钨极氩弧焊　　C. 埋弧自动焊　　D. 电渣焊

8. (　　) 不是奥氏体型不锈钢的焊接工艺特点。

A. 不能进行预热和后热工艺　　B. 采用小线能量，小电流快速焊

C. 快速冷却　　D. 焊前预热

四、判断题（焊工等级考试模拟题）

1. 不锈钢中铬的质量分数均大于 18%。（　　）

2. CO_2 气体保护焊对奥氏体型不锈钢不适用。（　　）

3. 加热温度 950～1250℃ 是不锈钢晶间腐蚀的危险温度区，或称敏化温度区。（　　）

4. 磷不是奥氏体型不锈钢中形成低熔点共晶杂质的元素。（　　）

5. 选用碱性焊条，采用直流反接是奥氏体型不锈钢焊条电弧焊工艺中必须遵循的原则之一。（　　）

6. 为了防止奥氏体型不锈钢焊接热裂纹的产生，希望焊缝金属组织是奥氏体-铁素体型双相组织，其中铁素体的体积分数应控制在 15% 左右。（　　）

第四单元课后习题答案

4 UNIT

第五单元　耐热钢及其焊接工艺

掌握耐热钢的种类、成分、性能特点和应用。
掌握耐热钢焊接接头应满足的基本要求。
掌握常用典型钢种的焊接性特点及焊接工艺要点。
了解低合金耐热钢、高合金耐热钢的焊接性特点和焊接工艺要点。
了解复合钢板的焊接性特点和焊接工艺要点。

技能目标

能够根据耐热钢的种类和成分特点判断其焊接性。
能够根据耐热钢的成分和性能要求正确选择焊接方法和焊接材料。
能够根据焊接结构特点和焊接接头性能要求制订和编写常用典型耐热钢的焊接工艺。

模块一　耐热钢的类型和性能

一、耐热钢的类型

在高温下具有良好的化学稳定性或较高强度的钢称为耐热钢。耐热钢广泛用于石油化工中的高温管线、反应塔和加热炉、热电站的锅炉和汽轮机、汽车和船舶的内燃机、航空航天工业的喷气发动机、核能动力装置等高温设备。

对耐热钢的基本要求有：一要有良好的高温强度及与之适应的塑性；二要具有足够高的化学稳定性，如抗氧化性，耐蚀性等。因此耐热钢按特性分类，可分为热稳定钢和热强钢。热稳定钢是在高温下具有抗氧化性或耐气体介质腐蚀的钢，如镍铬钢（12Cr13）和高铬钢（10Cr17）等。热强钢是在高温状态下既具有抗氧化性或耐气体介质腐蚀，又具有一定高温强度的钢，如高铬镍钢（20Cr25Ni20）和多元化合金的马氏体不锈钢（15Cr12WMoV）等。

耐热钢按合金元素的含量分类，可分为低合金耐热钢、中合金耐热钢和高合金耐热钢。低合金耐热钢的合金元素的质量分数在5%以下，而焊接结构用的低合金耐热钢，为改善其焊接性，碳的质量分数均控制在0.2%以下。中合金耐热钢的合金元素的质量分数在5%～12%之间。高合金耐热钢的合金元素的质量分数在12%以上，与低合金耐热钢相比，其焊接性较差。

耐热钢按组织可分为珠光体型耐热钢、马氏体型耐热钢、铁素体型耐热钢和奥氏体型耐热钢。

二、耐热钢的性能

耐热钢最基本的特性是要求具有高温化学稳定性和优良的高温力学性能。

1. 高温化学稳定性

高温化学稳定性主要是指高温抗氧化性，有时还要求具有抗氢腐蚀性。耐热钢的抗氧化性主要取决于钢的化学成分，合金元素能在钢材表面形成致密完整的氧化膜，因而具有很好的抗氧化性能，如 Cr、Al、Si 等可提高钢的抗氧化性。Cr 是提高抗氧化性的主要元素，试验表明，在650℃、850℃、950℃、1100℃条件下满足抗氧化性要求，则钢中铬的质量分数必须分别达到5%、12%、20%、28%。Mo、B、V 等元素所生成氧化物的熔点较低，如 MoO_3（795℃）、B_2O_3（540℃）、V_2O_5（658℃）容易挥发，对抗氧化性不利。

2. 高温力学性能

高温力学性能主要指热强性。热强性包括高温蠕变极限和持久强度极限两个方面。材料在高温条件下长时间工作，原子扩散能力增强，晶界强度降低，有可能使材料在远低于屈服应力时连续缓慢地产生塑性变形，并在远低于抗拉强度的应力下断裂。

提高热强性的主要措施是：

1）利用 Mo、W 固溶强化，提高原子间结合力。

2）形成稳定的第二相，主要是碳化物相（WC 等）。因此，为提高热强性，希望适当提高碳的质量分数（这一点恰好与不锈钢的要求相矛盾）。如能同时加入强碳化物形成元素 Nb、V 等就更为有效。

3）减少晶界和强化晶界，如为控制晶粒度而加入微量细化晶粒的合金元素（B、Re）等。

三、对耐热钢焊接接头性能的基本要求

对耐热钢焊接接头性能的基本要求，取决于所焊结构的运行条件、制造工艺过程和结构的复杂性。为保证耐热钢焊接结构在高温、高压和各种腐蚀介质条件下长期安全地运行，除了满足常温力学性能要求外，最重要的是必须具有足够的高温性能，具体要求如下。

1. 等热强性

焊接接头的热强性与母材相当，焊接接头不仅具有与母材金属基本相等的室温和短时高温强度，更为重要的是应具有与母材金属相近的长时高温强度。接头的热强性不仅取决于填充金属的成分，而且与焊接工艺密切相关。因此，要获得等热强性的焊接接头，影响因素很多，工艺很复杂。

2. 焊接接头的抗氧化性

耐热钢焊接接头应具有与母材基本相同的抗高温氧化性，因此，焊缝金属的主要合金成分应与母材基本一致。

3. 焊接接头组织的稳定性

耐热钢焊接接头在制造和使用过程中长期受到高温、高压的作用，原子的扩散能力增强，要求焊接接头不应产生明显的组织变化，以及由此引起的脆变或软化等性能变化。

模块二　低、中合金耐热钢的焊接

一、低合金耐热钢的成分与性能特点

低合金耐热钢是以 Cr、Mo 为主要合金元素的一类合金钢，其室温组织以珠光体为主，因此又称为珠光体型耐热钢。一般情况下，铬的质量分数为 0.50% ~12.5%，钼的质量分数为 0.50% 或 1%，随着使用温度的提高，钢中还加入 V、W、Nb、Ti、B 等微量合金元素，以进一步提高热强性。但是，合金元素总的质量分数小于 13%。

常用的低合金耐热钢的合金系有 Cr-Mo、Mn-Mo 及多元合金系，这类钢不仅具有良好的抗氧化性和热强性，还具有一定的抗硫和氢腐蚀的能力，同时具有很好的冷、热加工性能，主要应用于在 600℃以下工作的动力、石油化工等工业设备。

常用低合金钢耐热钢 12Cr13 在不同试验温度下的力学性能见表 5-1。

表 5-1　低合金钢耐热钢 12Cr13 在不同试验温度下的力学性能

牌号	材料状态	试验温度/℃	热处理	力学性能				
				R_m/MPa	R_{eL}/MPa	A (%)	Z (%)	a_K/kJ·m^{-2}
12Cr13	调质	20	1030 ~1050℃淬油，750℃回火	610	410	22	60	1100
		20	1030 ~1050℃淬油，680 ~700℃回火空冷	711	583	21.7	67.9	1530
		100	—	680	520	14	—	—
		200	—	640	490	12	—	—
		200	1030 ~1050℃淬油，750℃回火	540	370	16	60	—
		300	—	600	480	12	—	—
		300	1030 ~1050℃淬油，680 ~700℃回火空冷	657	564	14.1	66	1890
		400	—	560	430	14	—	—
		400	1030 ~1050℃淬油，750℃回火	500	370	16.5	58	2000
		500	1030 ~1050℃淬油，750℃回火	370	280	18	64	2400
		500	1030 ~1050℃淬油，680 ~700℃回火空冷	534	453	17.3	69.5	1930
		500	—	420	300	18	—	—
		550	1030 ~1050℃淬油，680 ~700℃回火空冷	455	428	19.8	73.3	—
		600	1030 ~1050℃淬油，750℃回火	230	180	18	70	2250
		600	1030 ~1050℃淬油，680 ~700℃回火空冷	330	320	27.3	85.2	1950
		700	—	100	70	63	—	—
		800	—	40	10	66	—	—

低合金耐热钢按碳的质量分数可分为低碳低合金耐热钢和中碳低合金耐热钢，工程上使用较多的是低碳低合金耐热钢。按合金化方式又可将低碳低合金耐热钢分为以下三类。

（1）Mo钢　Mo钢是最早使用的低合金耐热钢，Mo的质量分数为0.50%。Mo的主要作用是固溶强化，提高钢的热强性。这类钢在使用温度超过450℃后容易出现石墨化问题（$Fe_3C \rightarrow 3Fe + C$），使钢的强度降低。故这类钢现在应用很少。

（2）Cr-Mo钢　为了改善Mo钢的石墨化问题，提高钢的组织稳定性，进而提高热强性，在Mo钢中加入一定量的Cr。Cr能使碳化物具有一定的热稳定性，阻止石墨化。Cr-Mo钢的使用温度可以提高到550℃。

（3）多元复合合金化的低合金耐热钢　这类钢除固溶强化外，钢中还加入了V、Ti、B等微量元素进行时效强化和晶界强化，以进一步提高钢的热强性和高温组织的稳定性。其合金系有Cr-Mo-V、Cr-Mo-W-V、Cr-Mo-W-V-B、Cr-Mo-V-Ti-B等。

二、低合金耐热钢的焊接性

低合金耐热钢在焊接中出现的问题与低碳调质钢相似，主要问题是焊缝及热影响区淬硬与冷裂纹敏感性、热影响区的软化。对某些低合金耐热钢，接头还会出现消除应力裂纹及明显的回火脆性。

1. 热影响区淬硬性及冷裂纹

钢的淬硬性取决于其中碳的质量分数、合金元素种类及其质量分数。低合金耐热钢的主要合金元素是Cr和Mo，它们能显著提高钢的淬硬性。如果在焊接时冷却速度过快，则会在焊缝及热影响区形成对冷裂纹敏感的马氏体和上贝氏体等组织。含铬量越高，冷却速度越快，接头最高硬度越大，在热影响区可达400HBW以上，将显著地增加焊接接头对冷裂纹的敏感性。

2. 消除应力裂纹倾向

低合金耐热钢产生消除应力裂纹（再热裂纹）的倾向，主要取决于钢中碳化物形成元素的特性及其质量分数，同时取决于焊接参数、焊接应力及热处理工艺。低合金耐热钢中的Cr、Mo、V、Nb、Ti等元素属于强碳化物元素，若结构拘束度较大，则在消除应力处理或高温下长期使用时，在热影响区的粗晶区容易出现消除应力裂纹。

消除应力裂纹一般在500～700℃敏感温度范围内形成，并且出现在残余应力较高的部位，如接头咬边、未焊透等应力集中处，这些部位在加热过程中残余应力释放，蠕变变形较大，更容易出现裂纹。

为了防止消除应力裂纹产生，可采取下列措施：

1）选用高温塑性优于母材的焊接材料，严格控制母材和焊接材料的合金成分，特别是要将V、Nb、Ti等合金元素的含量限制到最低程度。

2）将预热温度提高到250℃以上，焊道间温度控制在300℃左右。

3）采用低热输入焊接工艺和方法，缩小焊接接头过热区的宽度，细化晶粒。

4）选择合理的热处理工艺，避免在敏感温度区间停留较长时间。

3. 热影响区的软化

低合金耐热钢焊接接头热影响区存在软化问题，其软化区的金相组织特征是铁素体加上少量碳化物，在粗视磨片上可观察到一条明显的“白带”，其硬度明显下降。软化程度与母

材焊前的组织状态、焊接冷却速度和焊后热处理有关。母材合金化程度越高，母材硬度越高，焊后软化程度越严重。焊后高温回火不但不能使软化区的硬度恢复，甚至还会使其稍有降低，只有经正火+回火才能消除软化问题。

软化区的存在对室温性能没有什么不利的影响，但在高温长期静载拉伸条件下，接头往往在软化区发生破坏。这是因为长期在高温条件下工作时，蠕变变形主要集中在软化区，容易导致在软化区发生断裂。

4. 回火脆性

Cr-Mo 耐热钢及焊接接头在 350～500℃温度区间长期运行过程中发生脆化的现象，称为回火脆性。如 12Cr5Mo 和 12Cr12Mo 钢制造的炼油设备，在 332～432℃温度下工作 30000h 后，其冲击吸收能量为 40J，所对应的韧脆转变温度从 -37℃提高到 60℃，并最终导致灾难性脆性断裂事故。产生回火脆性的原因，是在回火脆性温度范围内长期受热后，杂质元素 P、As、Sn、Sb 等在奥氏体晶界偏析而引起晶界脆性；此外，钢中的 Mn、Si 会加剧回火脆性。因此，对于基体金属来说，严格控制有害杂质元素的含量，同时降低 Mn、Si 含量是解决回火脆性的有效途径。

焊缝金属对回火脆性的敏感性比母材大，这是因为焊接材料中的杂质难以得到控制。试验结果表明，要获得低回火脆性的焊缝金属，就必须严格控制 P 和 Si 的含量，即 $w_P \leq 0.015\%$、$w_{Si} \leq 0.15\%$。

三、低、中合金耐热钢的焊接工艺要点

1. 低合金耐热钢的焊接工艺

与低碳钢和低合金结构钢相比，制订低合金耐热钢焊接工艺时，除防止焊接裂纹外，最重要的是保证焊接接头的性能，特别是满足高温性能要求。

低合金耐热钢一般在预热状态下焊接（定位焊同样需要预热），焊后大多要进行高温回火处理。多层焊时应保持焊道间温度不低于预热温度。焊接过程中应尽量避免中断；若必须中断焊接，则应采取缓冷措施，重新施焊的焊件仍需预热。焊接完毕，应将焊件保持在预热温度以上数小时，然后缓慢冷却。

（1）焊接方法　焊接低合金耐热钢时，常采用的熔焊方法有焊条电弧焊、埋弧焊、钨极氩弧焊、熔化极气体保护焊和电渣焊，但常以焊条电弧焊为主，埋弧焊和气体保护焊的应用也越来越多。

在管道的焊接中，钨极氩弧焊可实现单面焊双面成形，但当母材中 Cr 的质量分数超过 3% 时，焊缝的背面应通氩气加以保护，防止焊缝表面氧化。钨极氩弧焊的焊接气氛具有超低氢的特点，能获得纯度较高的焊缝金属，采用耐回火性高的低硅焊丝，焊接时预热温度可相应地降低。但该焊接方法生产率低，因此在生产中常常是用钨极氩弧焊打底，再用其他高效焊接方法焊接填充层，以提高生产率。

（2）焊前准备　焊前准备的内容主要包括下料、加工坡口、清理切口边缘和坡口面以及焊接材料的预处理。

对于一般的低合金耐热钢焊件，可以采用各种热切割下料方法。热切割或碳弧气刨，因快速加热和冷却引起的切口边缘母材组织的变化与焊接热影响区相似，但收缩应力要低得多。

为防止厚板热切口边缘的开裂，应采取下列工艺措施：

1）对所有厚度的2.25Cr-1Mo型钢和厚度在15mm以上的1.25Cr-0.5Mo钢板，热切割前应将切割线两边预热150℃以上。切口边缘应做机械加工并用磁粉探伤检查是否存在表面裂纹。

2）对于厚度在15mm以下的2.25Cr-1Mo钢板，热切割前应预热100℃以上。切口边缘应做机械加工并用磁粉探伤检查是否存在表面裂纹。

对切口边缘或坡口表面直接进行焊接时，焊前必须将熔渣和氧化皮清理干净。切割面上的缺口应用砂轮修磨呈圆滑过渡，机械加工的边缘或坡口面焊前应清除油迹等污物。对焊缝质量要求较高的焊件，焊前最好用丙酮或三氯乙烯擦净坡口表面。

焊接材料在使用前应做适当的预处理。埋弧焊焊丝用光焊丝，表面要清理干净；镀铜焊丝应将表面积尘和污垢仔细清理干净。焊条和焊剂要妥善保管，在使用前应严格按工艺规程的规定进行烘干，这对保持焊缝金属的低氢含量至关重要。表5-2列出了几种常用低合金耐热钢焊条和焊剂的烘干温度。

表5-2 常用低合金耐热钢焊条和焊剂的烘干温度

焊条与焊剂		烘干温度/℃	烘干时间/h	保持温度/℃
型号	牌号			
E5003-A1 E5503-B1 E5503-B2	R102 R202 R302	150～200	1～2	50～80
E5015-A1 E5515-B1 E5515-B2 E6015-B3 E5515-B2-V E5515-B3-VWB	R107 R207 R307 R407 R317 R347	350～400	1～2	127～150
HJ350，HJ250，HJ380		400～450	2～3	120～150
SJ101，SJ301，SJ601		300～350	2～3	120～150

（3）焊接材料　低合金耐热钢焊接材料的选择，原则上应保证焊缝金属的合金成分、强度性能与母材基本一致。若二者成分相差很大，则焊接接头在长期高温条件下工作时，会因成分不均匀而导致合金元素扩散，使焊接接头的高温性能不稳定。焊缝强度不能选得过高，以免使焊缝塑性变差，甚至产生冷裂纹。为了提高焊缝金属的抗热裂能力，焊接材料中碳的质量分数应略低于母材，其 $w_C<0.12\%$，但不得低于0.07%，否则会造成焊缝金属的冲击韧度、热强性等降低。

焊接低合金耐热钢的焊条，可按焊条标准GB/T 5118—2012《热强钢焊条》选用。

铬及铬钼耐热钢焊条牌号以R×××表示，其具体内容如下：

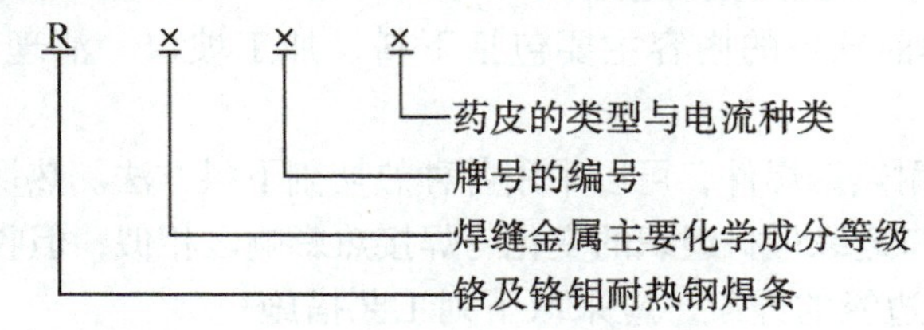

常用低合金耐热钢焊条 R307 的化学成分及力学性能见表 5-3。

（4）预热和焊后热处理　预热是防止低合金耐热钢焊接冷裂纹和消除应力裂纹的有效工艺措施。低合金耐热钢的预热温度一般为 80～150℃，主要根据钢材的化学成分、接头拘束度和焊缝金属的扩散氢含量来确定。预热作为焊接工艺的组成部分还应与焊道间温度及焊后热处理一并考虑。局部预热时，必须保证预热宽度大于焊件壁厚的 4 倍，且不能少于 150mm。对于重要的结构，要保证焊件内、外表面均达到规定的预热温度。在厚壁焊件的焊接中，必须注意焊前、焊接过程中、焊接结束时焊件的预热温度基本保持一致，并将实测预热温度做好记录。

表 5-3　常用低合金耐热钢焊条 R307 的化学成分及力学性能

国际型号	产品牌号	化学成分（质量分数,%）								力学性能		
		C	Mn	P	S	Si	Cr	Mo	Cu	抗拉强度 R_m/MPa	屈服强度 R_{eL}/MPa	断后伸长率 A（%）
E5515-B2	R307	0.08	1.00	0.014	0.01	0.52	1.38	0.52	0.15	590	520	21

对于低合金耐热钢来说，焊后热处理的目的不仅是消除焊接残余应力，更重要的是改善组织，提高接头的综合性能（包括提高接头的高温蠕变强度、组织稳定性、降低焊缝及热影响区的硬度）。低合金耐热钢焊后一般做高温回火处理。回火参数主要是回火温度和保温时间，回火温度的范围为 580～760℃。选择回火参数时，应尽量避免在回火脆性及消除应力裂纹敏感温度范围内进行，并规定在危险温度区间内快速加热。

2. 中合金耐热钢的焊接

（1）焊接方法　中合金耐热钢由于淬硬倾向和裂纹倾向较严重，故应优先选择低氢的焊接方法，如钨极氩弧焊和熔化极气体保护焊等。在厚壁焊件中，可选择焊条电弧焊、埋弧焊和电渣焊，但必须采用碱性药皮焊条和焊剂。

（2）焊前准备　中合金耐热钢热切割之前，必须将切割线两边 200mm 宽度内预热到 150℃以上。切割面应采用磁粉探伤检查是否存在裂纹。焊接坡口应经机械加工，坡口面上的热切割硬化层应清理干净，必要时应做表面硬度测定加以鉴别。

接头坡口形式和尺寸的设计原则是尽量减少焊缝的横截面积。在保证焊缝根部焊透的前提下，应尽量减小坡口角度和减小 U 形坡口底部圆角半径，缩小坡口宽度，这样可以在短时间内完成焊接过程。

（3）焊接材料　中合金耐热钢焊接材料的选择原则：在保证焊接接头具有与母材相当的高温蠕变极限和抗氧化性的前提下，改善其焊接性。具体方案有两种：一是选用高铬镍奥氏体型焊接材料；二是选择与母材化学成分相近的中合金耐热钢焊接材料。选用高铬镍奥氏体型焊接材料是防止热影响区裂纹的有效措施，且工艺简单，通常情况下焊前无须预热，焊后无须热处理。

（4）预热和焊后热处理　中合金耐热钢的预热和焊后热处理是焊接过程中经常采用的重要工序。预热是防止裂纹、降低接头硬度和焊接应力以及提高韧性的有效措施；焊后热处理的目的在于改善焊缝金属及其热影响区的组织，使淬火马氏体转变成回火马氏体，降低接头区的硬度，提高其韧性、变形能力和高温持久强度极限，并消除内应力。

34mm15CrMoR 耐热钢板对接 CO_2 气体保护焊

四、耐热钢焊接生产案例

1. 15CrMo 钢的焊接

该钢的焊接性能较好，其他加工性能尚可，在火电厂锅炉、管道中应用较为广泛，可用于制造530℃高压锅炉过热器管、蒸气导管和石化容器等。焊接时可采用焊条电弧焊、熔化极气体保护焊和电渣焊等，焊接材料的选择见表5-4。焊条和焊剂在使用前应按规定进行高温烘干。当焊件壁厚大于20mm 时，预热温度应在120℃以上。焊接过程中，焊件应保持层间温度不低于最低预热温度120℃。表5-4 所列为15CrMo 钢压力容器筒身纵缝电渣焊焊接工艺规程。

表5-4 15CrMo 钢压力容器筒身纵缝电渣焊焊接工艺规程（实例）

焊接方法	电渣焊	母材	15CrMo
坡口形式	2° 5° 20° R6 70 20±1 2 2 85	焊前准备	1）清除坡口氧化皮 2）磁粉探伤坡口表面检查裂纹 3）装配压马和引出板 4）定位焊焊缝，采用 E5015 焊条，焊前预热 150～200℃
焊接材料	焊条：E5515-B2（R307），ϕ4mm，ϕ5mm，用于补焊 焊丝：T1G-R30，ϕ3mm 焊剂：HJ431		
预热及层间温度	预热温度：120℃ 道间温度：120℃ 后热温度：—	焊后热处理规范	正火温度：930～950℃（1.5h） 回火温度：650～10℃（4h） 消除应力处理：630～10℃（3h）
焊接参数	电流：500～550A 电压：41～43V 焊丝干伸长：60～70mm		熔池深度：50～60mm 焊丝根数：2根 焊接速度：1.4m/h
操作技术	焊接位置：立焊 焊道层数：单层		焊接方向：自上而下 焊丝不摆动
焊后检查	正火处理后100%超声探伤		

2. 12Cr1MoV 钢的焊接

12Cr1MoV 钢是在 Cr-Mo 钢的基础上加入了 V（w_V=0.15%～0.30%）的耐热钢，该种钢具有较高的热强性，其极限工作温度为580℃。虽然其合金成分高于15CrMo 钢，但碳的质量分数较低，焊接性与15CrMo 钢差不多。当焊件厚度超过10mm 时，焊前预热温度应在150℃以上。焊条和焊剂必须严格烘干，并保持低氢的焊接条件。焊件层间温度应不低于规定的最低预热温度。焊件厚度超过60mm 时，焊后应立即做消氢处理；厚度大于6mm 的高温高压管件焊后应做730～750℃的热处理，表5-5 所列为12Cr1MoV 钢20万机组集箱环缝焊接工艺规程。

表 5-5　12Cr1MoV 钢 20 万机组集箱环缝焊接工艺规程（实例）

焊接方法	手工 TIG① + SMAW② + SAW③	母材	12Cr1MoV
坡口形式		焊前准备	1）焊前应把坡口两侧管子内外各 20～300mm 范围打磨干净，直至露出金属光泽，确保无油渍、铁锈、水分、氧化物或其他有害的物质 2）氩弧焊用焊丝表面不得有油脂、铁锈等污物。电弧焊的焊条，在焊前须经 350～400℃烘干 1～2h，且在 120℃保温筒存放，随用随取 3）在坡口上定位焊，对接口必须平齐，错边量不得大于 0.5mm，定位焊的焊材及焊接参数与正式施焊相同，并且在预热的状态下进行定位焊
焊接材料	焊条：E5515-B2（R307），ϕ3.2mm、ϕ4mm，用于补焊 焊丝：TIG-R31，ϕ2.5mm，焊剂 HJ350 钨极：铈钨极 ϕ2.5mm，保护气 Ar，气体流量 8～10L/min		
预热及层间温度	预热温度：200～250℃ 道间温度：200～350℃ 焊后热处理：720～750℃（4h）		
焊接参数	手工 TIG①：正接，电流 100～120A，电弧电压 12～14V SMAW②：反接，ϕ3.2mm，电流 110～130A，电压 21～23V；ϕ4mm，电流 160～180A，电压 22～24V SAW③：反接，电流 240～300A，电压 26～30V，焊接速度 21m/h，送丝速度 210m/h		
操作技术要求	首先用 TIG-R31、ϕ2.5mm 焊丝，以手工 TIG 打底焊一层，以 SMAW 焊至 10～15mm，再以 SAW 焊满坡口		
焊后检查	正火处理后 100% 超声探伤		

① 手工 TIG—手工钨极氩弧焊。

② SMAW—焊条电弧焊。

③ SAW—埋弧焊。

3. 2.25Cr-1Mo 钢的焊接

这种钢是高压加氢裂化装置中最常用的一种抗氢钢，其合金的质量分数接近 4%，淬硬倾向较高。焊条电弧焊热影响区的冷裂敏感性较高，150℃以下的低温预热不足以防止冷裂纹的形成，而必须采取 200℃以上的高温预热措施。但过高的预热温度又可能导致厚壁焊缝热裂纹的形成。在实际生产中，采用 150℃预热和 150℃后热可以解决上述矛盾。焊接方法及焊接材料的选择见表 5-4。焊条和焊剂中水分的质量分数应控制在 0.4% 以下。焊接过程中，层间温度必须不低于最低预热温度；厚壁焊缝焊接中断时，必须将焊件立即后热至 200℃以上；壁厚超过 50mm 的焊条电弧焊和埋弧焊焊缝，焊后应立即进行消氢处理，消氢处理温度应在 350～400℃范围内，加热时间视壁厚而定，一般不小于 2h。表 5-6 所列为 2.25Cr-1Mo 钢厚壁压力容器环缝埋弧焊工艺规程。

表 5-6　2.25Cr-1Mo 钢厚壁压力容器环缝埋弧焊工艺规程（实例）

<table>
<tr><td>焊接方法</td><td>焊条电弧焊、埋弧焊</td><td>母材</td><td>2.25Cr-1Mo</td></tr>
<tr><td rowspan="2">坡口形式</td><td rowspan="2">$6°\pm1°$
$R10^{+1}_{0}$
106
$2^{+0.5}_{0}$
10 ± 1
$70°^{0}_{-3°}$</td><td>焊前准备</td><td>1）检查坡口尺寸和接缝错边是否符合图样要求
2）清理坡口两侧 20mm 范围内及焊丝表面的油污、氧化皮
3）焊条和焊剂焊前经 350～400℃（2h）烘干</td></tr>
<tr><td>焊接顺序</td><td>1）先用焊条电弧焊焊底内环缝，连续焊满坡口
2）外环缝用埋弧焊，焊前清根，边缘焊满</td></tr>
<tr><td>焊接材料</td><td colspan="3">焊条：E6015-B3（R407），ϕ4mm、ϕ5mm
焊丝：US-521S，ϕ4mm，焊剂 SJ101</td></tr>
<tr><td>预热及层间温度</td><td>预热温度：150～200℃
层间温度：≥150℃
后热温度：250℃/1h</td><td>焊后热处理</td><td>焊后消除应力处理（730±10）℃（4h）</td></tr>
<tr><td>焊接参数</td><td colspan="3">焊条电弧焊：电流 180～240A，电压 23～25V，直流正、反接
埋弧焊：电流 600～650A，电压 35～36V，焊接速度 21～28m/h，送丝速度 95～105m/h，直流反接</td></tr>
<tr><td>操作技术要求</td><td colspan="3">焊接位置：平焊
焊道层数：多层多道
焊丝不摆动</td></tr>
<tr><td>焊后检查</td><td colspan="3">焊接结束 48h 后，100% 超声探伤 +25% 射线检测
热处理后，焊缝表面分别做 100% 磁粉探伤</td></tr>
</table>

模块三　高合金耐热钢的焊接

一、高合金耐热钢的焊接性

高合金耐热钢按其组织特征可分为奥氏体型、铁素体型、马氏体型和弥散硬化型四类；按其基本合金系可分为铬镍型和纯铬型两类。为提高这些耐热钢的抗氧化性、热强性和改善其工艺性能，在这两种合金系中还加入了 Ti、Nb、Al、W、V、Mo、B、Mn、Cu 等合金元素。这些合金元素对钢的组织结构和各项性能的影响程度见表 5-7。

表 5-7　高合金耐热钢中合金元素的作用

合金元素	对组织结构的影响			对性能的影响				
	形成铁素体	形成奥氏体	形成碳化物	增加耐蚀性	提高抗氧化性	提高高温强度	增强时效硬化	细化晶粒
Al	●				●		●	○
C		●	○			○		
Cr	○		○	●	●	○		
Co						●		
Nb	○		●	○		●		○
Cu				○			○	

（续）

合金元素	对组织结构的影响			对性能的影响				
	形成铁素体	形成奥氏体	形成碳化物	增加耐蚀性	提高抗氧化性	提高高温强度	增强时效硬化	细化晶粒
Mn		△				○		
Mo	○		△	○		○		
Ni		○		●	○	○		
N		●				○		●
B							○	
Si	○			○	●		○	
Ta	○		○			○	○	○
Ti	●		●		○	○	○	●
W	△		○			○		●
V	△		○			○		○

注：●—作用强烈；○—作用中等；△—作用微弱。

高合金耐热钢与低合金耐热钢相比，具有独特的物理性能，见表 4-4。由表中数据可知，与碳钢相比，奥氏体型耐热钢的线胀系数较大，热导率较低，导致焊件变形较为严重，对焊接过程须加以控制。

1. 奥氏体型耐热钢的焊接性

奥氏体型耐热钢与奥氏体型不锈钢系列具有基本相同的焊接性，即奥氏体型耐热钢焊接时存在的主要问题也是：焊缝及热影响区热裂纹敏感性大；接头产生碳化铬沉淀析出，耐蚀性下降；接头中铁素体含量高时，可能出现 475℃脆化或 σ 相脆化。关于焊缝及热影响区热裂纹敏感性大、耐蚀性下降等问题在不锈钢焊接中已做了较详细的论述，故在此主要讨论与奥氏体型耐热钢焊接密切相关的铁素体含量控制和接头脆化问题。

（1）铁素体含量的控制　奥氏体型耐热钢焊缝金属中铁素体含量关系到抗热裂性、σ 相脆化和热强性能。从抗热裂性能角度出发，要求焊缝金属内含有一定量的铁素体，但从 σ 相脆化和热强性能角度考虑，铁素体含量越低越好。妥善和合理地解决这一矛盾是奥氏体型耐热钢焊接的核心问题。

奥氏体焊缝金属的力学性能与其铁素体含量存在一定的关系，随着铁素体含量的增加，奥氏体铬镍焊缝金属的常温抗拉强度提高，而变形能力下降；尤其是高温抗拉强度、高温持久强度及低温韧性随之明显下降。因此，对于高温强度要求较高的焊接接头，必须严格控制铁素体含量，在某些场合还必须采用全奥氏体的焊缝金属。

（2）σ 相脆化　铬镍奥氏体型耐热钢的焊缝金属在高温下持续加热过程中也会发生 σ 相脆化。在奥氏体型耐热钢中，σ 相析出的温度为 650～850℃。σ 相析出速度在很大程度上取决于金属的原始组织和加热过程，σ 相从铁素体转变的速度要比从奥氏体转变快得多。奥氏体型耐热钢在高温加热过程中如产生塑性变形或施加压力，则可大大加快 σ 相的析出。

σ 相的出现使奥氏体型耐热钢缺口冲击韧度明显降低，另外，σ 相对奥氏体抗高温氧化性和接头的高温蠕变极限也有一定的有害作用。因此，必须采取相应措施，控制奥氏体焊缝金属的 σ 相转变。

防止奥氏体型耐热钢焊缝金属σ相形成的最有效措施是调整焊缝金属的合金成分，严格限制Mo、Si、Nb等加速σ相形成的元素，适当降低Cr含量并相应提高Ni含量。如Cr23-Ni22钢对σ相的敏感性比Cr25Ni20钢低得多。在焊接工艺方面，应采用热输入量低的焊接方法。焊后焊件应避免在600~850℃温度区间内进行热处理。

2. 铁素体型耐热钢的焊接性

铁素体型耐热钢以低碳高铬Fe-Cr-C合金为主，并加入了Al、Nb、Mo和Ti等铁素体化元素。随着铬质量分数的提高，碳质量分数的降低，奥氏体区逐渐缩小。当铬的质量分数大于17%或碳的质量分数小于0.03%时，尤其是对铬的质量分数大于21%的钢，组织中不出现奥氏体而是形成纯铁素体。普通铁素体型耐热钢在焊接热循环作用下，其晶粒明显长大，焊接接头的塑性和韧性下降。为改善其焊接性，应降低焊缝中碳、氮、氧的质量分数，并加入适量的铁素体化元素。

铬的质量分数高于21%的铁素体型耐热钢，在600~800℃温度范围内长时间加热时会形成σ相。σ相的形成速度取决于钢中的铬含量和加热温度。在800℃高温下，σ相的形成速度可达到最高值；在较低的温度下，σ相的形成速度减慢。

铬的质量分数大于17%的高铬钢，在450~525℃的温度下加热，会产生475℃脆性(在700~800℃短时加热，紧接着水冷可消除475℃脆性)，故对铁素铁型耐热钢，应避免在450~525℃的温度区间进行焊接接头的焊后热处理。

3. 马氏体型耐热钢的焊接性

马氏体型耐热钢的合金系基本是Fe-Cr-C，通常铬的质量分数为11.5%~18%。这些钢几乎在所有的冷却条件下都转变成马氏体组织，能够淬硬，冷裂倾向很大，故这类钢的焊接性很差。

二、高合金耐热钢的焊接工艺要点

1. 奥氏体型耐热钢的焊接工艺要点

由奥氏体型耐热钢的焊接性可知，其焊接时主要是防止焊缝出现热裂纹和保证接头具有与母材相当的使用性能。

奥氏体型耐热钢具有较好的焊接性，可以采用所有的熔焊方法焊接。在拟订奥氏体型耐热钢焊接工艺时应考虑其特殊的物理性能，即低的热导率、高的电阻率、高的线胀系数以及高度致密的表面保护膜等。此外，奥氏体型耐热钢含有大量对氧亲和力较高的元素，因此不论采用何种焊接方法，都必须利用焊剂、焊条药皮和惰性保护气体对焊接熔池和高温区做良好的保护，以使决定热强性的基本元素保持在所要求的范围内。

奥氏体型耐热钢焊接材料的选择原则是：在无裂纹的前提下，保证焊缝金属的热强性与母材金属基本相等。这就要求其合金成分大致与母材金属成分匹配，同时应考虑焊缝金属内铁素体含量的控制。对于长期在高温下运行的奥氏体型耐热钢焊件，焊缝金属内铁素体的体积分数不应超过5%，在铬和镍的质量分数均大于20%的高铬镍奥氏体型耐热钢中，为获得抗裂性高的纯奥氏体组织，可选用锰的质量分数为6%~8%的焊接材料。表5-8所列为常用奥氏体型耐热钢焊条牌号。

焊接奥氏体型耐热钢时，为减少焊接收缩变形，在坡口设计中应尽量缩小焊缝的截面，V形坡口角度通常不大于60°。当焊件板厚大于20mm时，应尽量采用U形坡口。

表 5-8　常用的奥氏体型耐热钢焊条牌号

牌号	焊　条	
	标准型号	牌　号
06Cr19Ni10	E308-16	A101，A102
06Cr18Ni11Ti 06Cr18Ni11Nb	E347-16 E347-15	A132 A137
06Cr18Ni13Si4	E316-16 E318V-16	A201 A202 A232
16Cr20Ni14Si2	E347-16	A312
06Cr23Ni13	E309-16	A302
06Cr25Ni20	E310-16 E3101Mo-16	A402 A412
06Cr17Ni12Mo2	E316-16	A201 A202

（1）焊条电弧焊　奥氏体型耐热钢焊条电弧焊时，由于其电阻率较高，焊条夹持端易受电阻热的作用而提前发红，故应选择较小的焊接电流，或选用耐发红的奥氏体型不锈钢焊条。奥氏体型耐热钢焊条电弧焊应采用窄焊道技术，以加快冷却速度，焊道宽度不应超过焊芯直径的 4 倍，多层焊时每层焊道的厚度不应大于 3mm；仔细清理坡口表面；焊条使用前应按要求烘干，以防产生气孔；选择工艺性好的钛钙型药皮焊条，以防夹渣。

（2）熔化极惰性气体保护焊　奥氏体型耐热钢的熔化极惰性气体保护焊与焊条电弧焊相比，具有一系列的优点。对于厚度在 20mm 以下的奥氏体型耐热钢，应优先采用自动或半自动熔化极惰性气体保护焊。半自动焊时选用的焊丝直径为 $\phi0.6\sim\phi1.6$mm；自动焊时选用的焊丝直径为 $\phi2.0\sim\phi3.0$mm。焊接电源可使用平特性的直流电源或直流脉冲电源，通常采用直流反接。保护气体可使用纯 Ar、$Ar+O_2$ 或 $Ar+CO_2$，纯 He、$He+Ar+CO_2$ 等混合气体。在 Ar 气中加入体积分数为 1% 的 O_2，或体积分数为 2% ~3% 的 CO_2，并使保护气体具有微弱的氧化性，可在很大程度上减小熔滴的表面张力，易于实现喷射过渡，提高电弧的稳定性，改善熔化金属的润湿性和焊缝的成形。

奥氏体型耐热钢熔化极惰性气体保护焊时，可选择比碳钢焊接时低的焊接电流和电压。在 $Ar+CO_2$ 气体保护下，采用直径为 $\phi1.2\sim\phi2.0$mm 的焊丝，喷射过渡的电流范围为 180 ~380A，电弧电压相应为 25 ~33V，适用的板厚范围为 6 ~25mm。短路过渡焊接时则采用 $\phi0.8\sim\phi1.2$mm 的焊丝，相应的焊接电流范围为 50 ~225A，电弧电压为 17 ~24V。由于焊接热输入量低，适于焊接厚度在 3mm 以下的薄板。表 5-9 列出了奥氏体型耐热钢熔化极惰性气体保护焊的典型焊接参数。

（3）钨极氩弧焊　奥氏体型耐热钢钨极氩弧焊按对焊缝质量的要求不同，可采用 Ar、He 或其混合气体作为保护气体。单层焊或打底焊时，焊缝背面应通相同的气体进行保护。

焊接电源通常选择恒流特性的直流电源，采用正接，也可采用频率范围为0.5~20Hz的低频脉冲直流电。填充焊丝可采用与熔化极气体保护焊成分相同的焊丝，或选用硅的质量分数为0.3%~0.5%，其他成分与母材相同的焊丝。手工钨极氩弧焊时，选用的焊丝直径为φ1.6~φ2.5mm，自动钨极氩弧焊时，选用的填充焊丝直径为φ0.8~φ1.2mm。

表 5-9 奥氏体型耐热钢熔化极惰性气体保护焊的典型焊接参数

板厚/mm	熔滴形式	接头和坡口形式	焊丝直径/mm	焊接电流/A	电弧电压/V	焊接速度/(mm/min)	焊道数
3.2	喷射	I形坡口(带衬垫)	φ1.6	200~250	25~28	500	1
6.4			φ1.6	250~300	27~29	380	2
9.5		60°V形,1.6mm钝边	φ1.6	275~325	28~32	500	2
12.7			φ2.4	300~350	31~32	150	3~4
19		60°V形,1.6mm钝边	φ2.4	350~375	31~33	140	5~6
25			φ2.4	350~375	31~33	120	7~8
1.6	短路	角接	φ0.8	85	21	450	1
1.6		I形对接		85	22	500	
2.0		角接或搭接		90	22	350	
2.0		I形坡口对接		90	22	300	
2.5		角接或搭接		105	23	380	
3.2		角接或搭接		125	23	400	

(4) 埋弧焊　埋弧焊通常用于板厚在5mm以上的奥氏体型耐热钢。埋弧焊的特点是热输入量高，熔池尺寸较大，冷却和凝固速度较慢。这些因素对奥氏体型耐热钢均会产生不利的影响，如加剧合金元素的偏析、促使形成粗大的柱状晶，从而导致焊缝和近缝区金属提高对热裂纹的敏感性。因此，为提高抗裂性，应选用硅、硫、磷的质量分数低，锰的质量分数高的焊丝；为减少从焊剂向焊缝金属增硅，应选用中性或碱性焊剂。

奥氏体型耐热钢埋弧焊时，因其电阻率较高，应选择比碳钢焊接时低20%的焊接电流，同时焊丝伸出长度也应减小。

埋弧焊时，母材的稀释率可在10%~75%的范围内变化。为控制焊缝金属的成分和铁素体含量，应选择合理的坡口形状和尺寸以及合适的焊接参数。

(5) 焊后热处理　对奥氏体型耐热钢焊件，当壁厚超过20mm时，有时应考虑对焊接接头做适当的焊后热处理。其目的是消除残余应力，提高结构尺寸的稳定性；提高接头的蠕变极限；消除由不合适的热加工所形成的σ相。

奥氏体型耐热钢的焊后热处理按处理温度可分为低温、中温和高温退火或回火处理。加热温度在500℃以下的低温热处理对接头的力学性能不会产生重大影响，其作用主要是降低残余应力，提高结构尺寸的稳定性。加热温度在500~800℃之间的中温热处理，主要是消除奥氏体型耐热钢接头中的残余应力，以提高其抗应力腐蚀的能力。但在这一区间，会析出σ相和碳化物，从而显著降低接头的韧性。因此，对于碳的质量分数较高或铁素体含量较多的奥氏体型耐热钢焊缝，应尽量避免采用中温热处理；对于某些超低碳铬镍奥氏体型耐热钢，800~850℃的高温热处理可提高接头的蠕变极限和塑性。

2. 马氏体型耐热钢的焊接工艺要点

马氏体型耐热钢的焊接性差，为了避免产生冷裂纹及改善焊接接头的力学性能，应采取预热、后热和焊后立即高温回火处理等措施。

（1）焊前预热　使用与母材成分相同或相近的焊接材料焊接马氏体型耐热钢时，为防止产生冷裂纹，焊前需要预热。预热温度一般为200～320℃，最好不高于马氏体开始转变温度。但随着碳含量的增加，预热温度应适当提高。选择预热温度时，还应考虑焊接方法、板厚、填充金属的种类和拘束度等因素。一般情况下，当$w_C \leqslant 0.10\%$时，可不预热，但板厚较大时应预热（200℃）；当$w_C = 0.10\% \sim 0.20\%$时，预热温度为200～260℃；当$w_C > 0.20\%$时，或在特别苛刻的条件下，可采用更高的预热温度，如400～450℃，并注意保持层间温度不低于预热温度。

（2）后热　焊件焊后不应以焊接温度直接升温进行回火处理。一般来说，对于刚度较小的构件，可以冷至室温后再进行回火；对于大厚度的结构，特别当碳的质量分数较高时，焊后须冷至100～150℃，保温0.5～1h，然后加热至回火温度。

（3）焊后热处理　马氏体型耐热钢的焊后热处理包括回火和完全退火，只有为了得到最低硬度，如焊后需机加工时才采用完全退火。退火温度为830～880℃，保温2h后随炉冷至595℃，然后空冷。高铬马氏体型耐热钢一般在淬火+回火的调质状态下焊接，焊后仍会出现不均匀的马氏体组织，整个焊件还需经过调质处理，使接头具有均匀的性能。回火温度不应在475～550℃，因为在这一温度范围内回火的马氏体型耐热钢韧性很低。

马氏体型耐热钢的焊态组织一般为马氏体，有时也会产生一些中温转变产物，即贝氏体组织。当有贝氏体存在时，回火的保温时间必须延长，因为贝氏体组织比马氏体组织稳定，难以分解，只有延长回火的保温时间，才能保证贝氏体转变为回火索氏体组织。

（4）焊接方法　常用的焊接方法有焊条电弧焊、气体保护电弧焊等，焊条电弧焊是最常用的焊接方法。采用与母材成分相同的焊条焊接时，需进行预热和焊后热处理。主要用低氢型焊条，焊条焊前要经过高达350～400℃的高温烘烤，以便彻底除去水分，减少扩散氢含量和降低冷裂纹敏感性；选用小的热输入，防止过热。也常用奥氏体型焊条焊接马氏体型耐热钢。合金元素含量高的焊条，其焊接接头塑性好，一般在焊后状态下使用。视焊件厚度，焊前可不预热或仅做低温预热。

钨极氩弧焊用于薄壁件的焊接，氩弧焊时冷裂倾向较小，薄件可不做预热，厚件预热至120～200℃，焊后仍需高温回火。

CO_2气体保护焊焊接时，焊接接头含氢量低，冷裂倾向比焊条电弧焊小，可用较低的预热温度。

3. 铁素体型耐热钢的焊接工艺要点

普通高铬铁素体型耐热钢可采用焊条电弧焊、气体保护焊、埋弧焊、等离子弧焊等熔焊方法。在采用同质焊接材料，特别是拘束度大时，易产生裂纹。为防止产生裂纹，改善接头塑性，以焊条电弧焊为例，可采取以下工艺措施。

（1）预热　预热温度为100～150℃，使材料在韧性较高的状态下焊接。对铬质量分数较高的铁素体型不锈钢，预热温度应高些，有时甚至高达200～300℃。

（2）焊接材料　根据对焊接接头性能要求不同，可选用与母材相近的铁素体型不锈钢焊条，也可采用奥氏体型不锈钢焊条。常用的铁素体型耐热钢焊条见表5-10。

表 5-10　常用的铁素体型耐热钢焊条

牌号	焊条		预热及焊后热处理
	型号	牌号	
022Cr12	E430-16	G302	预热 120～200℃ 750～800℃回火
06Cr11Ti	E316-15	A207	不预热，焊后不热处理
10Cr17	E309-15	A307	不预热，700～760℃空冷
06Cr13Al	E310-16	A402	不预热，760～780℃回火

（3）焊接参数　焊接时尽可能地减少焊接接头在高温下的停留时间，应采用小的焊接热输入、高的焊接速度，并尽量减少焊条的横向摆动，以窄焊道进行焊接，控制层间温度，前一道焊缝冷却至预热温度后才允许焊下一道焊缝，以防止焊接接头过热。多层焊时层间温度应高于150℃，以减少高温脆化和475℃脆性。

（4）焊后热处理　为了使焊接接头的组织均匀，从而提高其塑性和韧性，焊后应进行750～800℃回火处理。回火后应快冷，防止出现 σ 相及475℃脆性，以得到均匀的铁素体组织。

三、高合金耐热钢焊接生产案例

1000t 试管机压力阀套的基本材料为 20Cr13 钢锻件，由于采用了焊接结构，使压力阀套具有体积小、重量轻、耐磨性良好的特点，并满足了技术性能的要求。

1. 阀套结构

1000t 试管机压力阀套由两部分组成，其结构形式及尺寸如图 5-1 所示。

2. 焊接工艺要点

（1）坡口形式　为了使母材金属在焊接过程中获得一定热量，并使焊件焊后缓冷，应选择 V 形坡口，坡口形式及尺寸如图 5-2 所示。接头形式为锁底接头，对接焊缝。

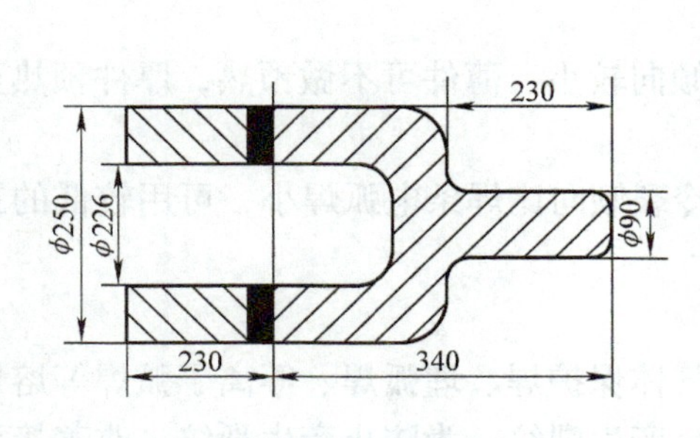

图 5-1　压力阀套的结构及尺寸

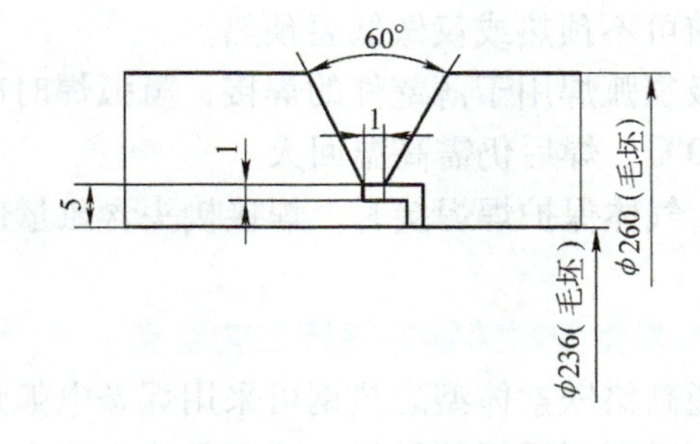

图 5-2　压力阀套焊接接头坡口形式及尺寸

（2）预热温度　采取整体预热工艺，预热温度为 200～400℃。

（3）焊接方法　采用焊条电弧焊，电源极性为直流反接。选用 E310 型（A402）焊条，直径为 φ4mm，焊接电流为 140～210A。

（4）装配定位焊　装配按图样要求，控制好装配间隙，预热后立即用 φ3.2mm、E310

型焊条进行定位焊。及时检查定位焊缝质量，不允许存在裂纹等焊接缺陷，趁热进行正式焊接。

（5）焊接工艺　采用多层多道连续焊，封底焊时焊接电流为160A，以后各层的焊接电流可稍大些，层间温度不得低于200℃。

焊接时，焊条不做摆动，但在熄弧时应做停留，以填满弧坑。每层和每道焊缝的起弧和收弧处要相互错开位置，不能在同一点上，以免影响焊接质量。焊接工作结束后，立即将焊件埋入石灰堆里，使其保温缓冷。

（6）检验　先进行外观检查，并用着色渗透法探伤，并要求焊缝表面不得存在裂纹，然后用X光射线探伤。

（7）焊后热处理　将焊件进行730～790℃的炉中高温回火处理。

（8）焊件机械加工　焊后按图样进行机械加工，削除V形锁底接头的锁底部分。

模块四　珠光体钢与奥氏体型不锈钢的焊接

在现代机器制造中，为了满足不同工作条件下对材质的不同要求，通常将不同种类的金属焊接起来，其中以动力装置和化工设备中珠光体钢与奥氏体型不锈钢的焊接最为常见。例如，结构中的常温受力构件部分由珠光体钢（低碳钢或低合金钢）制造，而高温构件或与腐蚀介质接触的构件采用奥氏体型不锈钢，然后将二者焊接起来。

珠光体钢与奥氏体型不锈钢虽然都是铁基合金，但二者成分相差较大，实质上属于异种金属的焊接。异种金属焊接时，由于两种金属材料成分与性能上的差异，存在的问题比同种金属焊接时更多、焊接工艺更为复杂。本模块重点分析珠光体钢与奥氏体型不锈钢在成分、组织与性能上的差异对焊接性能的影响。

需要注意的是，在制订焊接工艺时，对两种母材自身的问题，如珠光体钢的冷裂纹与脆化、奥氏体型不锈钢的热裂纹等，仍需予以解决。

一、珠光体钢与奥氏体型不锈钢的焊接性

当两种成分、组织、性能不同的金属通过焊接而形成连续的焊接接头时，接头部位实质上是成分与组织变化的过渡区，集中了各种矛盾，具体表现如下。

1. 焊缝金属化学成分的稀释

珠光体钢与奥氏体型不锈钢焊接时，焊缝金属平均成分是由两种不同类型的母材和填充金属混合所组成的。由于珠光体钢中不含或只有少量的合金元素，如珠光体钢熔入焊缝金属的比例增大，则会冲淡焊缝金属的合金浓度，从而改变焊缝金属的化学成分和组织状态。这种现象称为母材金属对焊缝金属的稀释作用。

稀释程度取决于母材金属在焊缝金属中所占的质量比，一般用熔合比表示。奥氏体型不锈钢与珠光体钢的焊缝，希望母材在焊缝金属中所占的比例小些，即熔合比小一些，而且要求熔合比稳定。焊接时主要是通过焊接材料来控制焊缝金属的成分和组织，降低其受熔合比波动的影响程度。控制焊缝金属成分的目的是防止产生焊接裂纹，保证焊接接头性能。影响焊缝熔合比（稀释程度）的因素很多，如焊缝形状、焊接方法、焊接电流、电弧电压、焊接速度等。

例如，焊接12Cr18Ni9钢与Q235钢时，若不加填充金属或用E308-16（A102）焊条焊接，则焊缝金属不可避免地要出现硬而脆的马氏体组织，导致焊缝产生裂纹。用E309-15（A307）焊条焊接时，母材金属的熔合比要控制在30%以下，才能获得较为理想的奥氏体+铁素体双相组织。综上所述，由于珠光体钢的稀释作用，焊缝金属成分和组织会发生较大变化。但通过焊接方法和焊接材料的选择以及对母材金属熔合比的控制，可以在相当宽的范围内调整焊缝金属的成分和组织。

2. 凝固过渡层的形成

上面所谈到的焊缝化学成分是指焊缝平均化学成分，而实际上母材金属对焊缝金属熔池的稀释程度并非是完全均匀的。在焊缝金属熔池边缘，金属在液态持续时间最短，温度也较熔池中部低，液体金属流动性较差，最先结晶成为固态。由于珠光体钢与奥氏体型不锈钢的化学成分相差悬殊，在珠光体钢一侧熔池边缘，熔化的母材金属和填充金属不能充分地混合，此侧的焊缝金属中珠光体钢所占比例较大，且越靠近熔合线稀释程度越大，而在焊缝金属熔池的中心，其稀释程度就小。这样，焊接珠光体钢与奥氏体型不锈钢时，在珠光体钢一侧熔合线的焊缝金属存在一个成分梯度很大的过渡层，宽0.2～0.6mm。这种成分上的过渡变化区是由熔池凝固特性造成的，故称为凝固过渡层，实际上是高硬度的马氏体脆性层。

3. 碳迁移过渡层的形成

珠光体钢与奥氏体型不锈钢的焊接接头，在焊后热处理或高温运行时，由于熔合区两侧的成分相差悬殊，组织也不同，在一定的温度下会发生某些合金元素的扩散，其中扩散能力最强、影响明显的是碳。碳从珠光体母材通过熔合区向焊缝扩散，从而在靠近熔合区的珠光体母材上形成了一个软化的脱碳层，而在奥氏体型不锈钢焊缝中形成了硬度较高的增碳层，如图5-3所示。增碳层与脱碳层总称为碳迁移过渡层。

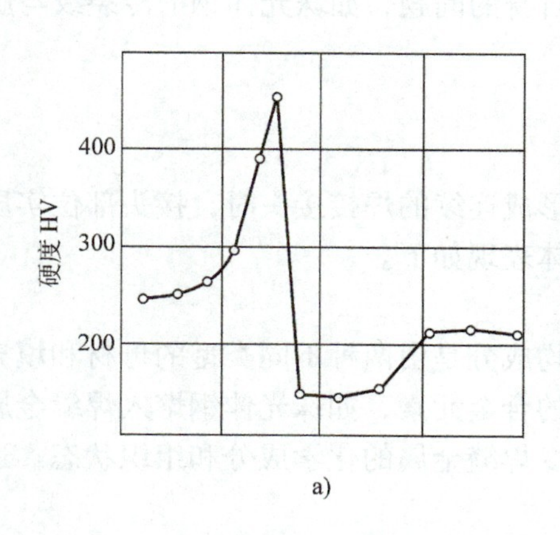

a)

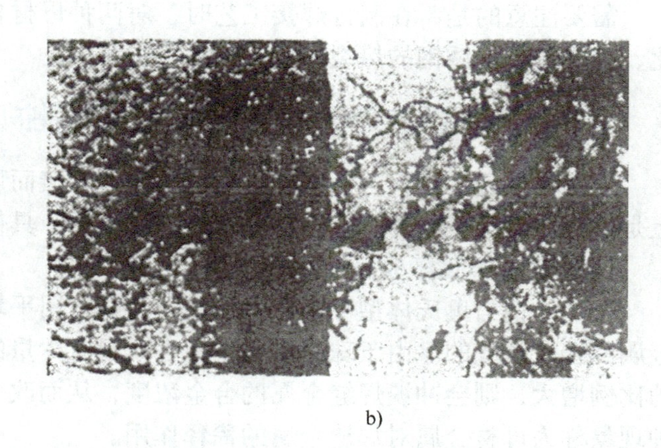
b)

图5-3 珠光体钢与奥氏体型不锈钢焊缝熔合区的硬度分布及扩散层（×100）
a）接头硬度分布 b）接头组织（左侧为焊缝，右侧为母材）

过渡层的形成，造成了脱碳层与增碳层硬度的明显差别。在长时间高温下工作时，由于变形阻力不同，将产生应力集中，使接头的高温持久强度极限和塑性下降，可能导致沿熔合区断裂。

4. 残余应力的形成

异种钢焊接接头，由于两种钢的线胀系数相差很大，不仅焊接时会产生较大的残余应力，而且在交变温度下工作必然会产生交变热应力，从而有可能发生疲劳破坏。异种钢接头中的焊接残余应力，即使通过焊后热处理也难以消除，只是焊接残余应力的重新分布。解决这一问题的主要方法，是选用线胀系数与低合金钢相近的奥氏体焊接材料。

二、珠光体钢与奥氏体型不锈钢的焊接工艺要点

1. 焊接方法

进行异种钢焊接时应注意选用熔合比小、稀释率低的焊接方法，如焊条电弧焊、钨极氩弧焊、熔化极气体保护焊都比较合适。埋弧焊则需要注意限制热输入，控制熔合比；但是，由于埋弧焊搅拌作用强烈，高温停留时间长，因此形成的过渡层较为均匀。

2. 焊接材料

选择焊接材料时必须考虑接头的使用要求、稀释作用、碳的迁移、残余应力及抗裂性等一系列问题。

由于珠光体钢对焊缝金属的稀释作用，若采用 A102、A132 焊条施焊时，焊缝中会产生大量马氏体组织，而且越靠近碳钢一侧，马氏体数量越多，是脆性破坏的起始区域，故不能采用。用含镍大于 12% 的 A302、A402 焊条施焊时，焊缝金属得到的组织是奥氏体或者全部是奥氏体组织，是比较理想的填充金属材料。

3. 焊接工艺要点

1）为了减小熔合比，应尽量选用小直径的焊条和焊丝，并选用小电流、大电压和高焊速进行焊接。

2）如果珠光体钢有淬硬倾向，应适当预热，其预热温度应比珠光体钢同种材料焊接时略低一些。

3）对于较厚的焊件，为了防止因应力过高而在熔合区出现开裂现象，可以在珠光体钢的坡口表面堆焊过渡层，如图 5-4 所示。过渡层中应含有较多的强碳化物形成元素，具有较小的淬硬倾向，也可用高镍奥氏体型不锈钢焊条来堆焊过渡层。过渡层厚度 t 一般为 6～9mm。

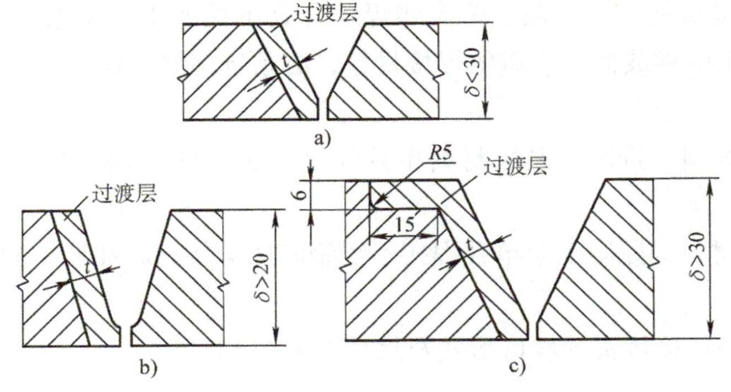

图 5-4　珠光体钢坡口表面堆焊的过渡层

4）珠光体钢与奥氏体型不锈钢的焊接接头焊后一般不进行热处理。

三、复合钢板的焊接特点

所谓复合钢板，就是由两种材料复合轧制而成的双金属板，它是由覆层（不锈钢）和基层（碳钢或低合金钢）组成的。接触腐蚀介质或高温的一面由不锈钢板承担，而结构所需强度和刚度的一面则由碳钢或低合金钢板承担。这两种材料的结合既保证了产品具有优良的使用性能，又大大节省了昂贵的不锈钢材料，是一种有发展前景的钢种。它广泛用于石油、化工、制药、制碱和航海等要求防腐和耐高温的容器和管道等，其中以低合金钢与奥氏体型不锈钢合成的不锈复合钢板应用最为广泛。

不锈复合钢板由于覆层与基层材料的化学成分和物理性能差异很大，其焊接性也存在重大差异，因而不能采用单一的焊接材料和焊接工艺进行焊接，而应将覆层和基层区别对待。

"想一想"

不锈复合钢板装配定位焊时，不允许基层焊条在覆层上定位焊，那么覆层焊条可在基层上定位焊吗？

1. 焊接方法

不锈复合钢板基层或覆层的焊接方法与焊接不锈钢和碳钢（或低合金结构钢）一样，可以采用焊条电弧焊、埋弧焊、CO_2 气体保护焊及惰性气体保护焊等方法，但覆层常用焊条电弧焊。

2. 焊接材料

不锈复合钢板的焊缝由过渡层、基层和覆层三部分组成，各自的焊接材料选择如下。

"想一想"

不锈复合钢板装配焊接时，必须以哪一层为基准对齐？定位焊必须在哪一层上进行？

（1）过渡层焊接材料　为了保证覆层侧焊缝合金不受或少受基层金属的稀释，过渡层的焊接材料不能选用碳钢或低合金钢的焊接材料，必须选用铬、镍含量高于覆层中含量的不锈钢焊接材料。

（2）基层焊接材料　选用与基层材料单独焊接时相同的焊接材料，并以同样的焊接工艺进行焊接。

（3）覆层焊接材料　原则上与单独焊接不锈钢时的焊接材料相同，焊接工艺也相同。

3. 焊接坡口

常用焊条电弧焊对接接头的坡口形式及尺寸见表5-11。

表 5-11　常用焊条电弧焊对接接头的坡口形式及尺寸

坡口形式	焊条电弧焊 坡口尺寸/mm	适用范围
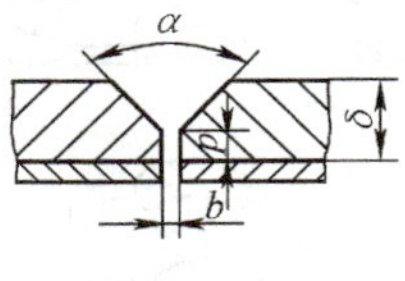	δ：4～6 p：2 b：2 α：70°	复合钢板平板的对接，筒体纵、环焊缝
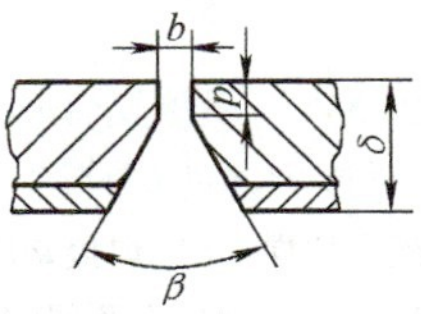	δ：8～12 p：2 b：2 β：60°	
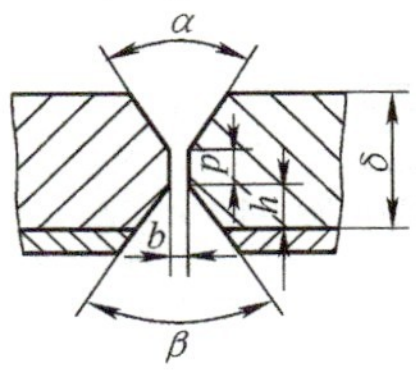	δ：14～25 p：2 b：2 h：8 α：60° β：60°	
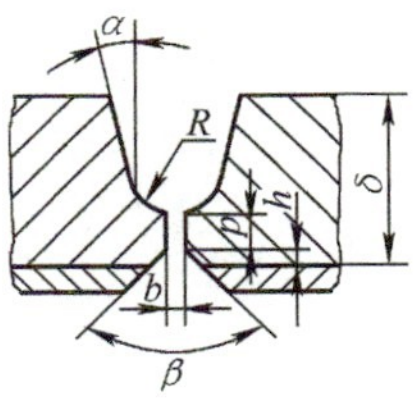	δ：26～32 p：2 b：2 h：8 α：15° β：60° R：6	
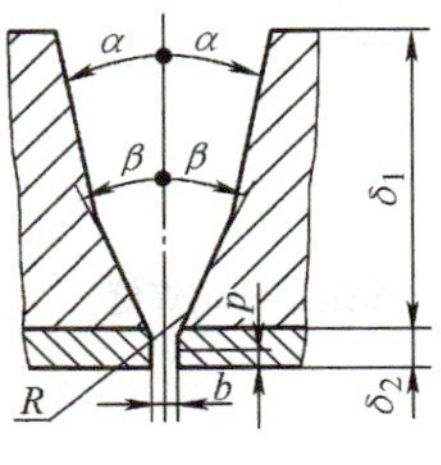	δ_1：100 δ_2：15 p：2 b：2 α：10° β：20° R：5	

4. 焊接顺序

不锈复合钢板对接焊缝的焊接顺序如图 5-5 所示。先将开好坡口的不锈复合钢板装配好，首先焊接基层材料。基层焊接完毕后要对其焊缝进行检查，确认焊缝质量达到要求后，才能做焊接过渡层的准备工作。在覆层不锈钢板一侧进行铲削，并将待焊根部制成圆弧形。

为了防止出现未焊透，铲削要进行到暴露出基层碳钢为止，并打磨干净。然后焊接过渡层，其焊缝一定要熔化覆层不锈钢板一定厚度才能起到隔离作用。过渡层焊缝质量合格后，在过渡层焊缝上焊接不锈钢板覆层。焊接不锈钢板覆层时，在不影响焊接接头质量的前提下，可加快覆层焊接的冷却速度，避免覆层在600～1000℃下停留的时间过长，以防耐蚀性下降。

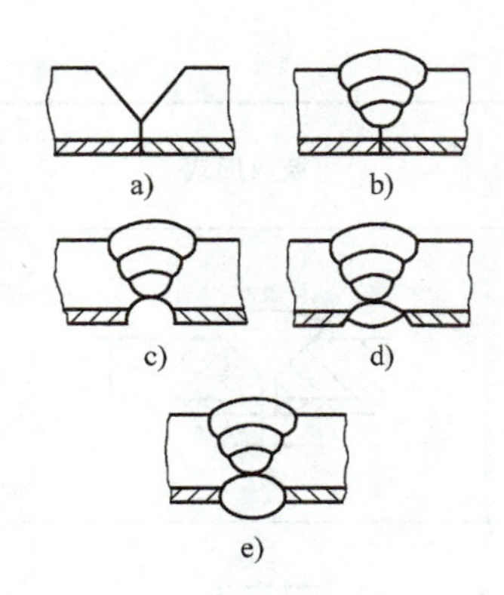

图 5-5　不锈复合钢板对接焊缝的焊接顺序

a）装配定位焊　b）焊接基层低碳钢　c）加工覆层　d）在覆层钢一侧施焊过渡层　e）在过渡层上焊覆层

不锈复合钢板搭接接头和角接接头的形式如图 5-6 和图 5-7 所示。在待焊区中碳钢与不锈钢的共存部位，要选用过渡层的焊接材料。当待焊区都是碳钢时，可以按基层所选用的焊接材料进行施焊；同样，待焊区都是不锈钢材料时，选用覆层的焊接材料。但是如果焊接熔池比较深，可能将基层熔化时，那么第一层焊缝仍要选用过渡层的焊接材料。

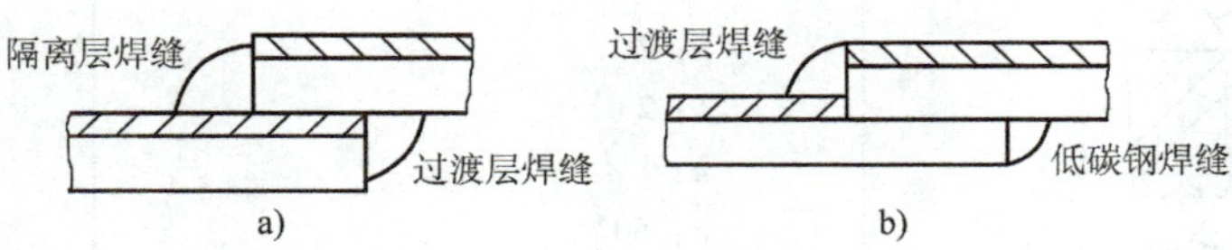

图 5-6　不锈复合钢板搭接接头的形式

a）搭接焊缝为过渡层焊缝　b）一面是过渡层焊缝，一面是低碳钢焊缝

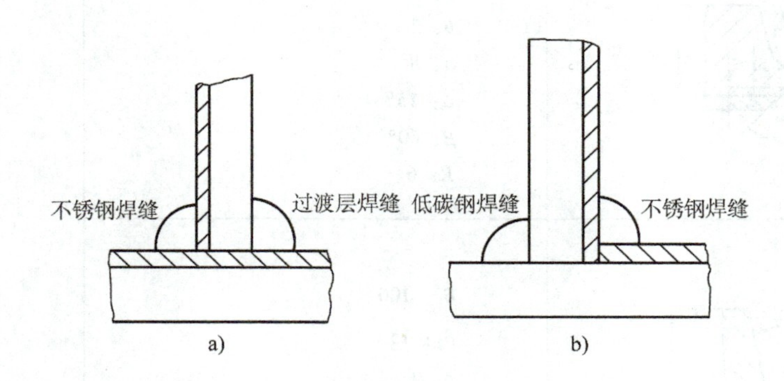

图 5-7　不锈复合钢板角接接头的形式

a）一面是不锈钢焊缝，一面是过渡层焊缝　b）一面是低碳钢焊缝，一面是不锈钢焊缝

5. 不锈复合钢板焊接时应注意的问题

1）下料最好采用等离子弧切割，等离子弧切割的切口质量比氧乙炔火焰切割高，切口光滑，热影响区小。

2）装配应以覆层为基准，防止错边过大而影响覆层质量；定位焊缝尽可能地放在基层面。

3）焊前对坡口两侧 20～40mm 范围内进行清理。

4）焊接过渡层时应选用尽可能小的焊接电流。

四、复合钢板焊接生产案例

1. 06Cr18Ni11Ti + Q355 异种钢焊接实例

沥青溶液换热器中有一道法兰材质为 Q355 钢的锻件与壁厚为 26mm 的 06Cr18Ni11Ti 钢筒体焊接的工序，为异种钢焊接实例。

（1）焊接方案的制订　在锻件内侧与待焊坡口处堆焊过渡层，然后与筒体成为同质材料的焊接，焊接接头形式、坡口尺寸及焊接层数如图 5-8 所示。

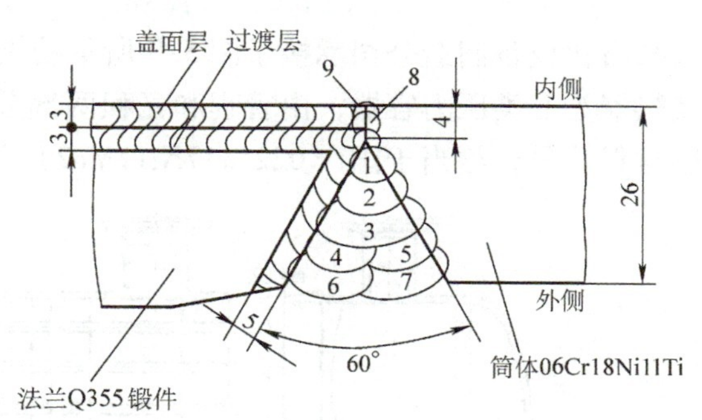

图 5-8　Q355 钢锻件与 06Cr18Ni11Ti 钢焊接接头形式、坡口尺寸及焊接层数

（2）焊接方法　锻件内侧用焊条电弧焊施焊；锻件与筒体焊接采用焊条电弧焊打底，再用埋弧焊施焊。

（3）内侧过渡层堆焊　法兰盘内侧堆焊过渡层并延伸至坡口内侧。堆焊前采用丙酮或三氯乙烯清理坡口内侧的油污等污染物，并用氧乙炔火焰进行烘烤，以防止堆焊时产生裂纹和气孔。堆焊时采用小电流、多层多道焊，焊条及焊接参数的选择见表 5-12。

表 5-12　Q355 钢锻件与 06Cr18Ni11Ti 钢筒体堆焊的焊接参数

焊接层数	焊接方法	焊材型号及规格/mm	电源极性	焊接电流/A	电弧电压/V	焊接速度/（m/h）
坡口内侧堆焊及第 8 层	焊条电弧焊	E309-16 ϕ4.0	直流反接	130～150	24～30	0.52～0.61
焊接 1～7 层及第 9 层	埋弧焊	H0Cr20Ni10Ti ϕ5.0 HJ260	直流正接	450～480	34～36	35～36

堆焊时，每道焊缝结束后要及时清除焊渣，以防止产生夹渣缺陷。施焊时应分区域进行对称焊，每道相邻焊缝要重叠 1/2。每道焊缝须冷却至 100℃ 以下再焊下一道焊缝，以减少焊接接头在高温下的停留时间，提高焊接接头的耐蚀性。

每层堆焊后要进行 100% 着色探伤，在焊缝外表面没有缺陷的情况下再堆焊下一层焊缝，堆焊层厚度为 7mm。

堆焊过渡层后进行机加工，使坡口表面光洁，便于进行埋弧焊。

（4）Q355 钢锻件与 06Cr18Ni11Ti 钢筒体对接焊　其实质是同质材料的焊接。焊接时，要严格控制焊接热输入，特别是用小的焊接电流和快的焊接速度将熔合比控制在最小值。

装配时，要求对接接头处不留任何间隙，最大装配间隙不能超过 1.0mm。正面第一层焊缝用埋弧焊施焊，为了防止烧穿，要在焊缝背面敷设焊剂层。各层焊接参数及焊接材料的选用见表 5-12。

正面焊缝全部焊接完毕后，背面用碳弧气刨清根，彻底打磨渗碳层后，进行背面第 8 层焊缝的焊接，采用焊条电弧焊施焊，其焊接参数与内侧过渡层堆焊相同。盖面层即第 9 层仍采用埋弧焊，其焊接参数同正面焊缝。焊后外观检查同内侧过渡层堆焊。

焊接接头内部质量经 X 射线探伤满足 NB/T 47013.2—2015 Ⅱ级以上标准。

2. Q355R +316L 换热器压力容器焊接生产案例

某石化设备制造公司承接了图 5-9 所示结构的柴油原料油换热器制造业务。该柴油原料油换热器为Ⅱ类压力容器，由管程和壳程两部分组成。设备主材为 Q355R +316L（316L 为美国材料牌号，相当于国产 022Cr17Ni12Mo2）复合板，厚度为（14 ±3）mm。

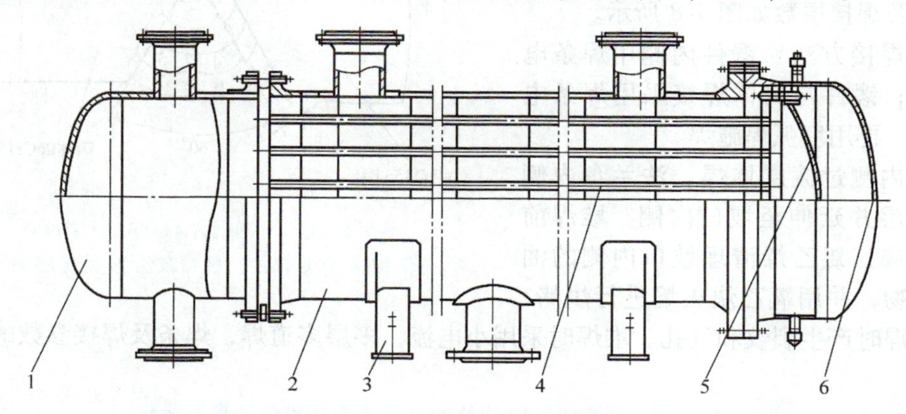

图 5-9　柴油原料油换热器示意图

1—管箱　2—壳体　3—支座　4—管束　5—浮头盖　6—外头盖

该容器设计压力为 2.5MPa，设计温度为 200℃；介质：管程为柴油，壳程为原料；焊接接头系数：管程为 1.0，壳程为 0.85；腐蚀裕量：管程为 0，壳程为 3；焊接接头射线检测比例：管程 100%，壳程 20%；覆层 100% 渗透检测。

（1）焊接坡口和接头组对

1）焊接坡口。选择不锈复合钢板的坡口形式时，应充分考虑过渡层的焊接特点，应先焊基层、再焊过渡层、最后焊覆层。应尽量减少覆层的焊接量，以避免覆层焊缝多次重复受热，从而提高覆层焊缝的耐蚀性，同时可减小设备内部的铲磨工作量，所以选择了图 5-10 所示的坡口形式。焊前，在覆层距坡口 100 ~150mm 范围内涂防飞溅的白垩涂料。

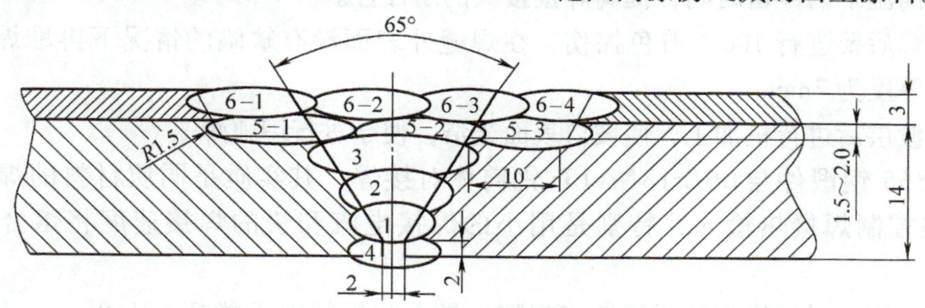

图 5-10　坡口形式及焊道分布示意图

2）组对。焊件组对时要以覆层为基准对齐，覆层错边量大会影响复层焊缝的质量，所以错边量以不超过0.5mm为宜。

3）定位焊。对接焊时，只允许在基层用E5015焊条进行定位焊。定位焊工装夹具也只能焊在基层一侧，材质与基层相同，用E5015焊条焊接。去除工装时，不能损伤基层金属，并要将焊接处打磨光滑。

（2）焊接参数　不锈复合钢板的焊接参数见表5-13，电流极性均为直流反接。

表5-13　焊接参数

焊　道	焊材及直径/mm	焊接电流/A	电弧电压/V	焊接速度/（cm/min）
基层打底焊	E5015，ϕ3.2	110～120	17～19	14～15
基层填充、盖面焊	E5015，ϕ4	160～180	18～21	14～16
过渡层	E309MoL-16，ϕ3.2	90～110	17～18	13～15
覆层	E316L-16，ϕ3.2	90～110	17～18	13～15

（3）焊接工艺要点

1）焊接顺序如图5-12所示，正式焊接时，先焊基层、再焊过渡层、最后焊覆层。

2）严格控制层间温度，基层焊的层间温度小于或等于200℃，过渡层、覆层的层间温度小于或等于60℃。

3）过渡层的焊接要采用小电流、直流反接、直道多道焊，以降低对覆层的稀释。

4）焊接覆层E316L时，应采用小电流、直流反接、快速焊、窄焊道的多层多道焊接，焊接时焊条不宜横向摆动，应控制层间温度在60℃以下，焊后需要进行酸洗或钝化处理。

5）焊覆层前，必须清除坡口两侧边缘上的防飞溅涂料及飞溅物。

（4）焊后检验　焊后对容器的纵、环焊缝进行100%射线检测，焊缝一次合格率应达到99%；覆层100%渗透检测合格。

总结与提高：

1）异种钢焊接应选用熔合比小、稀释率低的焊接方法，如焊条电弧焊、钨极氩弧焊和熔化极气体保护焊。

2）焊接时采用小直径焊条或焊丝，小电流、快焊速施焊。

3）对有淬硬倾向的异种钢焊接时，可通过在有淬硬倾向材料一侧堆焊过渡层的方法来解决。

4）对异种钢和不锈钢复合钢板的焊接，在焊接顺序上应最后焊接有耐蚀性要求的不锈钢。

课后习题

一、填空题

1. 奥氏体型不锈钢与珠光体型耐热钢焊接时，焊缝中最好不要出现________组织，并且要尽量________熔合比，采用较多的焊接方法是________。

2. 12Cr18Ni9 奥氏体型不锈钢与 Q235A 钢采用焊条电弧焊焊接时，应选用焊条的牌号是________，且母材的熔合比要控制在________以下，才能获得较为理想的奥氏体 + 铁素体双相组织。

3. 为改变奥氏体型不锈钢与珠光体耐热钢焊接时焊接接头的应力分布状态，最好选用线胀系数接近于珠光体钢的________填充材料。

4. 装配不锈复合钢板时，必须以________为基准对齐，定位焊一定要在________面上。

二、简答题

1. 耐热钢的类型有哪些？
2. 对耐热钢焊接接头有哪些基本要求？
3. 耐热钢中含有哪些合金元素？这些合金元素的作用是什么？对合金元素的质量分数有何要求？
4. 低、中合金耐热钢的性能有何特点？其焊接性如何？
5. 试分析低、中合金耐热钢的焊接工艺要点。
6. 低、中合金耐热钢焊接材料的选用原则是什么？
7. 制订 15CrMo 钢的焊接工艺。
8. 试分析奥氏体型耐热钢的焊接性及焊接工艺要点。
9. 试分析铁素体型耐热钢的焊接性及焊接工艺要点。
10. 试分析马氏体型耐热钢的焊接性及焊接工艺要点。
11. 12Cr18Ni9 钢与 Q235 钢焊接时存在哪些问题？如何解决？
12. 简述 12Cr18Ni9 钢与 Q235 钢的焊接工艺要点及焊接材料的选用原则。
13. 焊接复合不锈钢板时应注意哪些问题？

三、选择题（焊工等级考试模拟题）

1.（　　）是珠光体型耐热钢的主要合金元素。

A. Cr 和 Ni　　B. Cr 和 Mn　　C. Mn 和 Mo　　D. Cr 和 Mo

2. 珠光体型耐热钢的焊接性主要是易产生（　　）。

A. 冷裂纹和晶间腐蚀　　B. 冷裂纹和应力腐蚀

C. 热裂纹和晶间腐蚀　　D. 冷裂纹和消除应力裂纹

3. 珠光体型耐热钢焊前必须保证预热宽度，焊缝两侧各大于所焊壁厚的 4 倍，且至少不小于（　　）mm。

A. 50　　B. 100　　C. 150　　D. 200

4. 珠光体型耐热钢焊条电弧焊焊后应立即进行（　　）。

A. 中温回火　　B. 低温回火　　C. 退火　　D. 高温回火

5.（　　）不是珠光体型耐热钢焊后热处理的目的。

A. 改善接头组织，提高组织稳定性　　B. 防止延迟裂纹

C. 防止热裂纹　　D. 提高接头综合力学性能

6. 珠光体型耐热钢焊条是根据母材的（　　）来选择的。

A. 力学性能　　B. 高温强度　　C. 高温抗氧化性能　　D. 化学成分

7. 牌号为 R317 的焊条是（　　）焊条。

A. 低温钢　　B. 结构钢　　C. 奥氏体型不锈钢　　D. 珠光体型耐热钢

四、判断题（焊工等级考试模拟题）

1. Cr 和 Mo 是珠光体型耐热钢的主要合金元素。Cr 能提高钢的高温抗氧化性能，Mo 能显著提高钢的高温强度。（　　）

2. 珠光体型耐热钢焊条是根据母材的高温强度来选择的。（　　）

3. 珠光体型耐热钢焊条电弧焊或埋弧焊后应立即进行高温回火，以消除焊接残余应力，防止产生延

迟裂纹，改善接头组织，提高接头综合力学性能等。（　　）

4. 珠光体型耐热钢焊前局部预热时必须保证预热宽度，焊缝两侧各大于所焊壁厚的 4 倍，且至少不小于 250mm。（　　）

第五单元课后习题答案

第六单元　铸铁及其焊接工艺

掌握铸铁的种类、成分、组织特点和应用。
了解灰铸铁和球墨铸铁的焊接性特点及焊接工艺要点。

技能目标

能够根据铸铁焊接性差的特点正确选择焊接方法和焊接材料。
能够根据铸铁件补焊要求制订和编写其焊接工艺。

铸铁是指碳的质量分数大于2.11%的铁碳合金。工业上常用的铸铁中碳的质量分数在3.0%～4.5%之间，是以Fe、C、Si为主要组成元素并含有较多Mn、S、P等杂质的多元合金。为了提高铸铁的使用性能，可以在铸铁中加入某种合金元素形成合金铸铁。

铸铁具有良好的铸造性能，便于铸造生产形状复杂的机械零部件；另外，它还具有成本低，减摩性、减振性和切削加工性好等优点，在机械制造业中获得了广泛应用。按质量统计，在汽车、农机和机床中，铸铁的用量占50%～80%。但铸铁的强度、塑性和韧性较低，焊接性很差，不适合制造焊接结构，因此铸铁的焊接多为铸造缺陷的补焊、铸件的修复和零部件的生产。通常是把铸铁件（多为球墨铸铁件）与钢件或其他金属件焊接成零部件。

模块一　铸铁的类型与性能

一、铸铁的种类及成分特点

铸铁种类很多，按用途分为工程结构件用铸铁和特殊铸铁（抗磨铸铁、耐热铸铁和耐腐蚀铸铁）；按碳的存在形式及石墨形态不同分为白口铸铁、灰铸铁、球墨铸铁、可锻铸铁和蠕墨铸铁五大类。

白口铸铁中的碳绝大部分以渗碳体（Fe_3C）的形式存在，其断口呈亮白色，故称为白口铸铁。渗碳体性能硬而脆，其硬度为800HBW左右，因此白口铸铁切削加工困难，主要用作炼钢原料，很少用于制造机械零件。

其他种类铸铁中的碳主要以石墨状态存在，少量存在于珠光体中。但在不同种类的铸铁中，石墨的存在形态是不同的，使得不同种类铸铁的性能也有较大差别。

灰铸铁中石墨以片状形式存在，其断口呈灰色。由于片状石墨对基体有严重的割裂

作用，故灰铸铁的强度低、塑性差；但灰铸铁的抗压强度高、耐磨性好、减振性好、收缩率低、流动性好，且成本低廉，可以铸造形状复杂的机械零件，所以至今仍是工业中应用最广泛的一种铸铁，常用于各种机床的床身及拖拉机、汽车发动机缸体、缸盖等铸件的生产。

球墨铸铁中石墨以球状形式存在，是在高温铁液中加入球化剂（稀土金属、镁合金和硅铁等）经球化处理后获得的，其强度接近于碳钢，具有良好的耐磨性和一定的塑性，并能通过热处理改善性能，因此被广泛用于制造曲轴、大型管道、受压阀门和泵的壳体、汽车减速器外壳及齿轮、蜗轮、蜗杆等。

可锻铸铁中石墨以团絮状形式存在，是由一定成分的白口铸铁经长时间石墨化退火获得的。与灰铸铁相比，它具有较好的强度和塑性，耐磨性和减振性优于碳钢，主要用于管类零件和农机具等。

蠕墨铸铁中石墨以蠕虫状形式存在，生产方式与球墨铸铁相似，具有比灰铸铁强度高、比球墨铸铁铸造性能好、耐热疲劳性能好的优点，主要用来制造大功率柴油机气缸盖、电动机外壳等。

常用铸铁的化学成分见表6-1。

表6-1 常用铸铁的化学成分

铸铁类别	化学成分（质量分数,%）					
	C	Mn	Si	S	P	其他
灰铸铁	2.7~3.6	0.5~1.3	0.1~2.2	<0.15	<0.3	—
球墨铸铁	3.6~3.9	0.3~0.8	2.0~3.2	<0.03	<0.1	Mg：0.03~0.06 RE：0.02~0.05
可锻铸铁	2.4~2.7	0.5~0.7	1.4~1.8	<0.1	<0.2	—

由表6-1可以看出，灰铸铁中硫、磷含量最高，碳、硅含量适中，锰含量较高；球墨铸铁中硫、磷含量最低，碳、硅含量较高，并含有一定量的锰和球化剂元素镁、稀土等；可锻铸铁中硫、磷、碳、硅等元素的含量均低于灰铸铁。

二、铸铁的组织及性能

铸铁的性能与其内部组织密切相关。铸铁的基体组织一般为铁素体、珠光体或二者的混合组织。可以认为，铸铁是在钢的基体上加上石墨，其性能主要取决于石墨的形状、大小、数量和分布等。石墨的强度、硬度极低（抗拉强度小于20MPa，硬度约为3HBW），塑性、韧性几乎等于零，其力学性能远低于基体组织，故石墨相当于在基体组织中存在无数个“小裂纹”，不仅降低了钢的有效承载面积，而且在尖角处还会产生应力集中，促使基体在较低应力作用下的裂纹扩展甚至断裂，因此铸铁的强度、塑性和韧性比钢低得多。

然而，正是由于铸铁中石墨的存在，使其具有优良的铸造性、可加工性、减振性、耐磨性和低的缺口敏感性。

在灰铸铁中，由于片状石墨对基体有较大的割裂作用，通过改变基体组织不能显著提高其塑性和韧性，所以生产中只能通过改变基体组织中珠光体的数量，来改善铸铁的硬度和耐磨性，而铸铁的强度、塑性和韧性等则主要由石墨决定。一般来说，石墨片越粗大，分布越不均匀，则铸铁的强度和塑性越低。灰铸铁的牌号与力学性能见表6-2。

表6-2 灰铸铁的牌号与力学性能

牌号	显微组织		抗拉强度/MPa	硬度HBW（供参考）	特点及用途举例
	基体	石墨			
HT100	铁素体	粗片状	≥100	≤170	强度低，用于制造对强度及组织无要求的不重要铸件，如外壳、盖、镶装导轨的支柱等
HT150	铁素体+珠光体	较粗片状	≥150	125~205	强度中等，用于制造承受中等载荷的铸件，如机床底座、工作台等
HT200	珠光体	中等片状	≥250	150~230	强度较高，用于制造承受较高载荷的耐磨铸件，如发动机的气缸体、液压泵、阀门壳体、机床机身、气缸盖、中等压力的液压缸等
HT225	珠光体	较细片状	≥225	170~240	
HT250	细片状珠光体		≥250	180~250	
HT275	细片状珠光体		≥275	190~260	
HT300	细片状珠光体	细小片状	≥300	200~275	强度高，基体组织为珠光体，用于制造承受高载荷的耐磨件，如剪床、压力机的机身、车床卡盘、导板、齿轮、液压缸等
HT350	细片状珠光体	细小片状	≥350	220~290	

球墨铸铁中由于石墨呈球状分布，对基体的分割作用大为减小，可有效利用的基体强度达70%~80%，因此其力学性能明显优于灰铸铁。球墨铸铁还可以通过合金化或热处理等途径来强化或改变基体组织，以达到提高力学性能的目的。球墨铸铁的牌号与力学性能见表6-3。

表6-3 球墨铸铁的牌号与力学性能

牌号	抗拉强度/MPa	屈服强度/MPa	伸长率（%）	硬度HBW（供参考）	基体显微组织
	最小值				
QT400-18	400	250	18	120~175	铁素体
QT400-15	400	250	15	120~180	铁素体
QT450-10	450	310	10	160~210	铁素体
QT500-7	500	320	7	170~230	铁素体+珠光体
QT600-3	600	370	3	190~270	珠光体+铁素体
QT700-2	700	420	2	225~305	珠光体
QT800-2	800	480	2	245~335	珠光体或索氏体
QT900-2	900	600	2	280~360	回火马氏体或屈氏体+索氏体

铸铁中碳的存在状态和基体组织取决于铸件的冷却速度（壁厚）及化学成分。图6-1所示为铸件壁厚及化学成分对铸铁组织的影响，当铸件壁厚增加时会降低冷却速度。

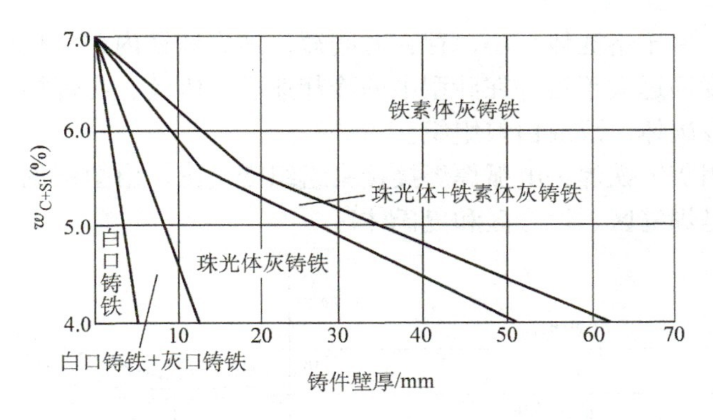

图 6-1　铸件壁厚（冷却速度）及化学成分对铸铁组织的影响

可以看出，冷却速度不同时，对同样成分的铸铁将得到不同的铸铁组织；同时化学成分也对石墨化过程（即石墨的形成过程）有重要影响。就元素对石墨化的作用来讲，可以将其分为促进石墨化的元素（如 C、Si、Al、Ti、Ni、Co、Cu 等）和阻碍石墨化的元素如（S、V、Cr、Sn、Mo、Mn 等），如图 6-2 所示。该图同时表示了各种元素促进或阻碍石墨化能力的差别。碳和硅是灰铸铁中最重要的元素。碳是形成石墨的基础，硅是强烈促进石墨化的元素。在铸造中，当冷却速度一定时，增加碳、硅的含量可消除白口组织，调整碳、硅的含量还可获得不同的基体组织。

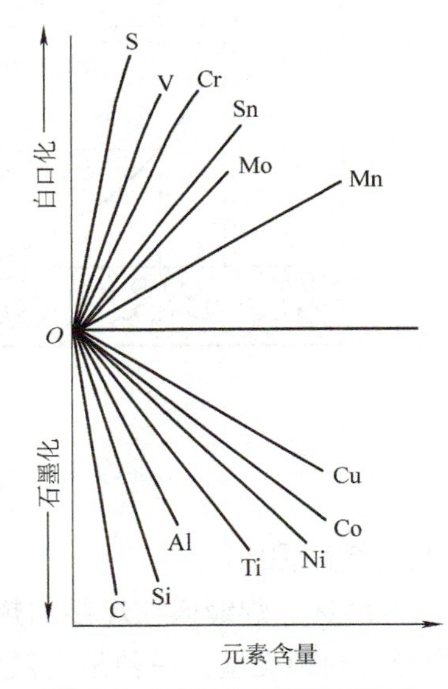

图 6-2　元素对铸铁石墨化及白口化的影响

灰铸铁中硫是强烈促进白口化的元素，锰促进白口化的能力较弱，但锰具有脱硫能力，因此少量的锰不仅不会促进白口化，反而可抵消硫的促进白口化的作用。磷对石墨化影响不大，但其含量高时会形成共晶组织而降低力学性能。因此，铸铁中要限制硫、磷含量。

模块二　灰铸铁的焊接

一、灰铸铁的焊接性

灰铸铁的化学成分特点是碳、硅的含量高，硫、磷杂质的含量也高，这就增大了焊接接头对冷却速度及对冷、热裂纹的敏感性；灰铸铁的力学性能特点是强度低、基本无塑性。其在焊接过程具有冷却速度快及焊件受热不均匀而产生较大的焊接应力等特殊性，导致灰铸铁的焊接性很差，主要表现是焊接接头易产生白口、淬硬组织及裂纹。

1. 焊接接头白口及淬硬组织

焊接灰铸铁时，由于熔池体积小，存在时间短，加之铸铁内部的热传导作用，使得焊缝及近缝区的冷却速度远远大于铸件在砂型中的冷却速度。因此，在焊接接头的焊缝及半熔化区将会产生大量的渗碳体，形成白口组织。

图 6-3 所示常用灰铸铁焊条电弧焊焊接接头组织变化图。由图可见，焊接接头中产生白口组织的区域主要是焊缝区、熔合区和奥氏体区。

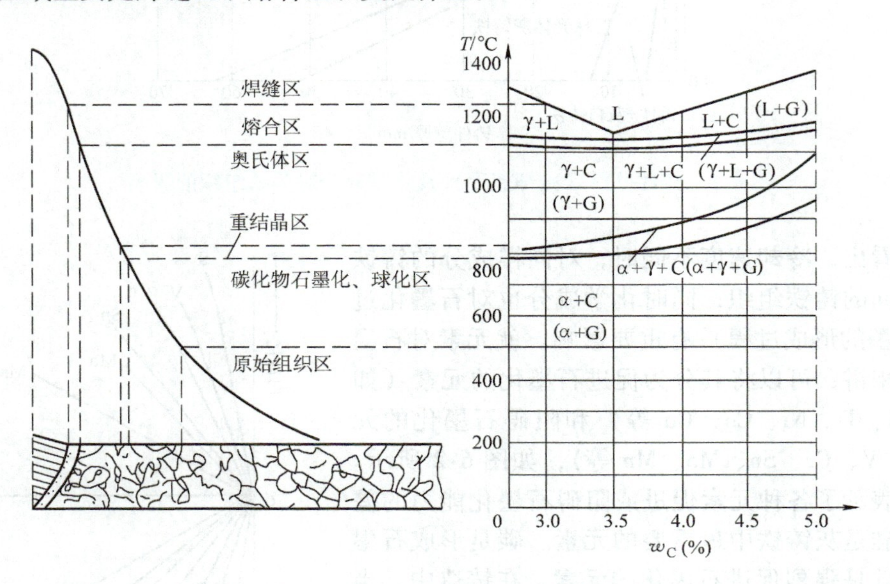

图 6-3　常用灰铸铁焊条电弧焊焊接接头组织变化图

（1）产生原因

1）焊缝区。焊缝区在焊接加热过程中处于液相温度以上。由于所选用焊接材料不同，焊缝成分有两种类型：一种是铸铁成分，另一种是非铸铁成分（钢、镍、镍铁或镍铜等）。当焊缝为非铸铁成分时，不存在白口组织问题；当焊缝为铸铁成分时，由于熔池冷却速度快，碳来不及析出形成石墨，焊缝主要由共晶渗碳体、二次渗碳体和珠光体组成，即焊缝基本为白口铸铁组织。增大焊接热输入，焊缝会出现一定量的灰铸铁，但不能消除白口组织。

2）熔合区（半熔化区）。该区域温度范围很窄，处于液相线与固相线之间，温度为 1150～1250℃，焊接时处于半熔化状态，故也称为半熔化区。焊接加热时部分铸铁母材熔化变为液体，部分固态母材转变为高碳奥氏体。冷却时，上述液相铸铁将在共晶温度区间转变为共晶渗碳体＋奥氏体；继续冷却时，奥氏体因碳的溶解度下降而析出二次渗碳体，在共析温度区间内奥氏体转变为珠光体。最终得到组织为共晶渗碳体＋二次渗碳体＋珠光体的白口铸铁。在快冷条件下，还可能出现奥氏体转变为马氏体的相变过程。

3）奥氏体区。该区域处于固相线与共析温度上限之间，加热温度范围为 820～1150℃，没有液相出现，只有固态相变。由于加热温度超过共析线，铸铁的基体被完全奥氏体化，但碳在奥氏体中的含量是不一样的，加热温度较高的部分（靠近熔合区），石墨片中的碳扩散能力强，向奥氏体扩散较多，因而奥氏体含碳量较高；加热温度较低的部分（距离熔合区

稍远)，石墨片中的碳扩散能力降低，而使奥氏体中的含碳量较低。在随后的冷却过程中，首先从奥氏体中析出二次渗碳体，而后进行共析转变。若冷却速度较慢，则奥氏体转变为珠光体；若冷却速度较快，则奥氏体直接转变为马氏体。

熔焊时采取适当工艺措施使该区域缓冷，可使奥氏体直接析出石墨，从而可避免二次渗碳体的析出，同时可防止马氏体的形成。

由以上分析可知，灰铸铁焊接接头的白口化问题是指焊缝及熔合区易出现白口组织。其原因是用电弧焊方法焊接时，因接头冷却速度快，影响了铸铁的石墨化过程造成的。

(2) 防止措施　很多铸铁件补焊后要求进行机械加工，但接头中出现的白口组织和马氏体组织给机械加工带来了很大困难。同时白口组织收缩率高，白口及马氏体组织硬而脆，容易引起裂纹，因此应采取措施，防止这些有害组织的产生。常用方法是改变焊缝的化学成分或降低焊接接头的冷却速度。

1) 改变焊缝的化学成分。主要是增加焊缝中石墨化元素的含量或使焊缝成为非铸铁组织。例如，在焊芯或药皮中加入石墨化元素碳、硅等，使其含量高于母材，以促进焊缝石墨化；或者选用异质焊接材料，如镍基合金、高钒钢、镍铜和铜铁等焊条，使焊缝形成奥氏体、铁素体或非铁金属等非铸铁组织。这样可以改变焊缝中碳的存在形式，使焊缝不出现淬硬组织并具有一定的塑性。该方法虽可解决焊缝的白口组织问题，但对消除熔合区的白口层效果不大。对熔合区的白口层，只能通过控制焊接参数，将白口层的宽度缩小到可进行机械加工的范围（即宽度小于0.1mm）。

2) 降低焊接接头的冷却速度，可延长熔合区处于红热状态的时间，这样有利于石墨的充分析出，从而实现熔合区的石墨化过程。通常采用的措施是焊前预热和焊后保温缓冷。为了确保接头充分石墨化，焊接时的预热温度较高，一般为400～700℃，同时要保温缓冷。

2. 焊接冷裂纹

(1) 焊接冷裂纹产生的原因　灰铸铁焊接接头的裂纹主要是冷裂纹，其产生原因主要有以下几个方面：

1) 灰铸铁本身强度低，基本无塑性，承受塑性变形的能力几乎为零，因此容易引起开裂。

2) 焊接过程对焊件的局部加热和冷却，势必使焊件产生焊接应力，这是导致焊件产生裂纹的又一重要原因。

3) 焊接接头的白口组织和淬硬组织又硬又脆，不能产生塑性变形，在受到应力作用时容易引起开裂，严重时会使焊缝与热影响区的整个界面开裂而分离。

灰铸铁焊接冷裂纹可能发生在焊缝，也可能发生在热影响区。一般在铸铁型焊缝中容易产生冷裂纹，发生该种裂纹的温度一般在400℃以下，裂纹发生时常伴随着可听见的脆性断裂声音。焊缝较长时或补焊刚度较大的铸件缺陷时，常发生这种裂纹。这种裂纹很少在400℃以上发生的原因：一是400℃以上铸铁有一定的塑性；二是400℃以上焊缝所承受的拉应力较小。

> **能力拓展：**
>
> 研究表明，裂纹的起源一般为片状石墨的尖端。因为焊接过程使焊缝承受较大的拉应力，在片状石墨的尖端部位会产生严重的应力集中，当应力超过铸铁的抗拉强度时即发生焊接裂纹。

当焊缝中存在白口组织时，由于白口铸铁的

收缩率比灰铸铁大，又因渗碳体性能更脆，故焊缝更容易出现冷裂纹，且焊缝中渗碳体越多，焊缝出现裂纹的可能性越大，裂纹数量也越多。

焊接冷裂纹多发生在含有较多渗碳体及马氏体的熔合区，个别情况下也可能发生在热影响区的低温区域。在不预热电弧焊条件下，灰铸铁焊接接头的熔合区会产生渗碳体及马氏体等淬硬组织，它们的硬度高，但抗拉强度低，当焊接应力超过抗拉强度时，就会在相应位置出现冷裂纹。

当采用异质材料焊接灰铸铁，形成钢焊缝或镍基合金焊缝时，由于焊缝金属具有较好的塑性，配合采用合理的工艺措施，焊缝金属就不易出现冷裂纹。但由于焊缝金属收缩率大，当焊缝体积较大或焊接工艺不当时，也会造成焊缝底部或热影响区裂纹，严重时会使焊缝金属全部与灰铸铁母材分离，此称为剥离性裂纹。该裂纹产生于熔合区、热影响区，沿焊缝与热影响区的交界扩展，通常没有开裂声，断口呈脆性断裂特征。其产生原因是母材、热影响区及熔合区不能承受焊接时过大的焊接应力而引起的。

（2）防止灰铸铁产生冷裂纹的措施　灰铸铁焊接冷裂纹产生的主要原因是焊接应力，所以要避免裂纹产生，主要是从降低焊接应力着手。

1）预热。防止铸铁型焊缝冷裂纹的最有效方法是对焊件进行整体预热（550～700℃），使温差减小，降低焊接应力，同时促进焊缝金属石墨化，并要求焊后在相同温度下消除应力。

2）焊接材料。采用镍基或铜基焊接材料，使焊缝成为塑性良好的非铁合金，对冷裂纹不敏感。镍与铁无限互溶，碳与镍不形成碳化物而以石墨形式存在，因此镍及镍合金是焊接灰铸铁时非常好的焊接材料。即便如此，焊接时如不及时消除应力，也会产生裂纹，这是因为焊接应力随焊缝长度的增加而积累，达到一定程度时也会引起开裂。

3）工艺措施。用异质焊接材料焊接灰铸铁时，常采用“短段焊”“断续焊”等工艺措施，并及时锤击焊缝，使焊缝金属发生塑性变形，以减小和消除焊接应力。另一工艺措施是采用小规范焊接，较小的焊接电流既可减小热输入，又可减小熔合区白口及淬硬层宽度，从而减小焊接应力，有利于防止裂纹产生。但是，采用小电流会增加热影响区的淬硬性和脆化倾向，可采用“退火焊道”来降低热影响区的淬硬性。

3. 焊接热裂纹

灰铸铁焊接热裂纹大多出现在焊缝上，为结晶裂纹。当焊缝为铸铁时，由于铁液在凝固过程中析出石墨，体积膨胀且流动性好，因此不会形成热裂纹。但采用低碳钢焊条或镍基铸铁焊接材料时，焊缝有较大的热裂纹倾向。

当用低碳钢焊条焊接铸铁时，即使采用小电流焊接，第一层焊缝中碳的质量分数仍高达0.7%～1.0%，由于铸铁含硫、磷量也较高，促使形成FeS与Fe的低熔点共晶（熔点为988℃），高的含碳量会增加热裂纹的敏感性，从而导致形成焊缝底部热裂纹，甚至宏观裂纹，有时在裂纹断口上可观察到高温氧化色彩（蓝紫色）。这种热裂纹与冷裂纹不同，其发生时没有开裂声，又往往隐藏在焊缝底部，从焊缝表面不易察觉。

采用镍基焊条焊接灰铸铁时，由于铸铁中含有较多的硫、磷，焊缝易生成$Ni-Ni_3S_2$（熔点为644℃）和$Ni-Ni_3P$（熔点为880℃）的低熔点共晶，且镍基焊缝凝固后为较粗大的单相奥氏体柱状晶，低熔点共晶在奥氏体晶界易呈连续分布，促进热裂纹形成，因此，采用镍基焊条焊接灰铸铁时，焊缝对热裂纹有较大的敏感性。

要解决上述问题，应从冶金处理与焊接工艺两方面考虑。在冶金方面，可通过调整焊缝化学成分，加入稀土元素，增强焊缝脱硫、磷能力，以及细化晶粒等途径，提高焊缝抗热裂纹能力。在焊接工艺方面，采用正确的冷焊工艺，使焊接应力降低，并减少母材中的有害杂质熔入焊缝等，均有助于防止焊接热裂纹的产生。

由以上分析可知，灰铸铁焊接接头裂纹倾向较大，这主要与灰铸铁本身的性能特点、焊接应力、接头组织及化学成分等因素有关。为防止焊接裂纹产生，在生产中主要采取减小焊接应力、改变焊缝合金系及限制母材中有害杂质熔入焊缝等措施。

二、灰铸铁的焊接工艺要点

灰铸铁焊接目前仍大量用于铸铁件缺陷的补焊，焊接时的主要问题是白口组织和裂纹的产生，常采用的焊接方法有焊条电弧焊、气焊、钎焊和手工电渣焊，其中最常用的是焊条电弧焊、气焊和钎焊。

1. 铸铁型（同质）焊缝的焊条电弧焊

灰铸铁形成铸铁型焊缝的焊条电弧焊工艺可分为热焊、半热焊和冷焊。

（1）热焊及半热焊　针对灰铸铁焊接时的白口组织和裂纹问题，采用热焊及半热焊工艺，以达到降低铸件温差、减小接头冷却速度的目的。热焊一般是将焊件整体或局部预热到600～700℃进行补焊，焊后缓冷；预热温度为300～400℃时称为半热焊。

1）热焊及半热焊焊条。适用于热焊及半热焊的焊条有两种：一种为铸铁芯的石墨化铸铁焊条EZC（Z248），另一种为钢芯的石墨化铸铁焊条EZC（Z208）。为了使填充金属成为铸铁成分，以保证焊缝金属充分石墨化，同时补充氧化烧损，这类焊条的碳（w_C=3%～3.8%）、硅（w_{Si}=3%～3.8%）含量一般高于母材。

EZC（Z248）焊条所用焊芯为ϕ6.0～ϕ12.0mm的铸铁棒，外涂石墨化药皮，主要用于补焊厚大铸件的缺陷。由于焊芯直径大，故可使用大电流，以加快焊接速度，缩短焊接时间。这类焊条的制造工艺较钢芯焊条复杂，因此成本比Z208焊条高，并且多为使用单位自制，专业焊条厂很少生产。

EZC（Z208）焊条采用低碳钢焊芯（H08），外涂强石墨化药皮，焊缝为铸铁型。焊芯虽为低碳钢，但由于药皮中加入了较多的硅铁、石墨和铝粉等强促进石墨化的物质，在热焊及半热焊条件下仍能保证获得灰铸铁焊缝。这类焊条原材料来源丰富，制造工艺简单，成本较低，一般焊条厂均可生产。

常用铸铁焊条的型号（牌号）及主要用途见表6-4。

表6-4　常用铸铁焊条的型号（牌号）及主要用途

型号	牌号	药皮类型	焊缝金属类型	熔敷金属的主要化学成分（质量分数，%）	主要用途
EZFe-1	Z100	氧化型	碳钢	C≤0.04，Si≤0.10	一般灰铸铁件非加工面的补焊
EZV	Z116	低氢钠型	高钒钢	C≤0.25，Si≤0.70 V=8～13，Mn≤1.5	—
EZV	Z117	低氢钾型			
EZFe-2	Z122Fe	铁粉钙钛型	碳钢	C≤0.10，Si≤0.03	多用于一般灰铸铁件非加工面的补焊

（续）

型号	牌号	药皮类型	焊缝金属类型	熔敷金属的主要化学成分（质量分数,%）	主要用途
EZC	Z208	石墨型	灰铸铁	C=2.0~4.0，Si=2.5~6.5	一般灰铸铁件的补焊
	Z248				灰铸铁件的补焊
EZCQ	Z238		球墨铸铁	C≤0.25，Si≤0.70 Mn≤0.80，球化剂适量	球墨铸铁件的补焊
EZCQ	Z238SnCu			C=3.5~4.0，Si≈3.5 Mn≤0.80 Sn、Cu、RE、Mg适量	用于球墨铸铁、蠕墨铸铁、合金铸铁、可锻铸铁、灰铸铁等构件的补焊
EZCQ	Z258		球墨铸铁	C=3.2~4.2，Si=3.2~4.0 球化剂0.04~0.15	球墨铸铁件的补焊，Z268也可用于高强度灰铸铁件的补焊
EZCQ	Z268			C≈2.0，Si≈4.0 球化剂适量	
EZNi-1	Z308		纯镍	C≤2.00，Si≤2.50 Ni≥90	重要灰铸铁薄壁件和加工面的补焊
EZNiFe-1	Z408		镍铁合金	C≤2.00，Si≤2.50 Ni40~60，Fe余量	重要高强度灰铸铁件及球墨铸铁件的补焊
EZNiFeCu	Z408A		镍铁铜合金	C≤2.0，Si≤2.0，Fe余量 Cu=4~10，Ni=45~60	重要灰铸铁件及球墨铸铁件的补焊
EZNiFe	Z438		镍铁合金	C≤2.5，Si≤3.0 Ni=45~60，Fe余量	
EZNiCu	Z508		镍铜合金	C≤1.0，Si≤0.8，Fe≤6.0 Ni=60~70，Cu=24~35	强度要求不高的灰铸铁件的补焊
—	Z607	低氢钠型	铜铁混合	Fe≤30，Cu余量	一般灰铸铁件非加工面的补焊
	Z612	钛钙型			

注：“E”表示焊条；“Z”表示焊条用于铸铁焊接；“EZ”后面为主要化学元素符号或金属类型代号，如“EZC”表示焊缝金属类型为铸铁，“EZCQ”表示焊缝金属类型为球墨铸铁；后面的数字为细分类编号。

2）热焊工艺。电弧热焊时，将焊件整体或局部预热到600~700℃，然后进行焊接，焊后保温缓冷。热焊预热温度低于铸铁的共析温度。超过共析温度时焊后会使铸铁的基体组织发生变化，珠光体基体中的渗碳体在共析转变时会分解并形成石墨，使铸铁的硬度和耐磨性降低；而且在石墨形成时会伴随体积膨胀，增加铸件变形。另一方面，铸铁在600~700℃温度下焊接，不仅有效地减小了接头的温差，而且铸铁由常温下的完全无塑性变为有一定塑性，加之焊后缓冷，使接头的应力状态大为改善，从而有效地防止了冷裂纹的产生。在热焊工艺条件下，焊接接头石墨化充分，也能有效防止白口及淬硬组织产生。热焊工艺具体如下：

① 焊前清理。在电弧热焊之前，应首先对待焊部位进行清理，并制好坡口。缺陷处如有油污，应采用氧乙炔焰加热清除，然后根据缺陷情况使用砂轮、扁铲、风铲等工具清理型

砂、氧化皮、铁锈等，直至露出金属光泽，距离缺陷 10 ~ 20mm 范围内也应打磨干净。制作坡口时应清理到无缺陷后再开坡口，开出的坡口应底部圆滑、上口稍大，以便于焊接操作。

② 造型。对边角部位和穿透缺陷，为防止焊接时金属流失，保证原有的铸件形状，焊前应在待焊部位造型，其形状如图 6-4 所示。

造型材料可用型砂加水玻璃或黄泥。内壁最好放置耐高温的石墨片，并在焊前进行烘干。

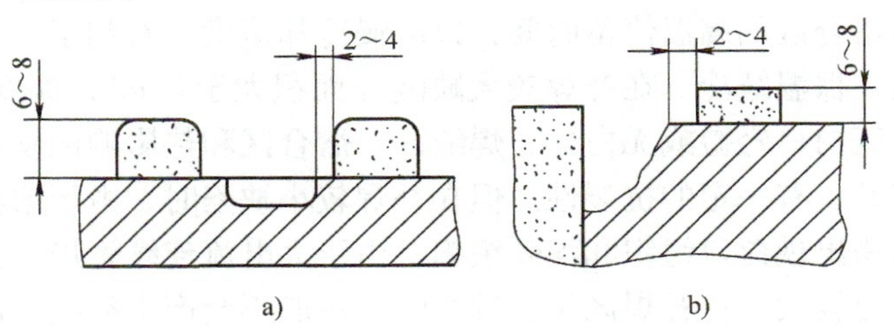

图 6-4　热焊补焊区造型示意图

a）中间缺陷补焊　b）边角缺陷补焊

③ 预热。对于结构复杂的铸件（如柴油机缸盖），由于补焊区刚性大，焊缝无自由膨胀和收缩的余地，宜采用整体预热；对于结构简单的铸件，补焊处刚性小，焊缝有一定膨胀和收缩的余地，可采用局部预热，如铸件边缘的缺陷及小块断裂等。

④ 焊接。电弧热焊时，为了保持预热温度，缩短高温工作时间，要求在最短的时间内焊完，故应采用大电流、长弧、连续施焊。焊接电流 I（单位：A）一般取焊条直径 d（单位：mm）的 40 ~ 60 倍，即 $I=(40\sim60)d$。

⑤ 焊后缓冷。灰铸铁电弧热焊后要采取缓冷措施，一般用保温材料（石棉灰等）覆盖，最好能随炉冷却。

电弧热焊焊缝力学性能可以达到与母材基本相同，并具有良好的可加工性，焊后残余应力小，接头质量高，适用于 10mm 以上中、厚铸件大缺陷的补焊。对于厚度在 8mm 以下的铸件，由于容易烧穿，故不宜采用。由于电弧热焊预热温度高，操作者劳动条件差，焊接工艺复杂，生产率低等，因此该工艺的应用和发展受到限制。

3）半热焊工艺。采用 300 ~ 400℃ 整体或局部预热。与热焊相比，可改善焊工的劳动条件，但由于预热温度低，灰铸铁仍然无塑性，在补焊区刚性较大的情况下，容易导致焊接接头产生裂纹；同时，铸件在焊接时的温差比热焊条件下要大，故焊接区的冷却速度将加快，容易产生白口和淬硬组织。因此，为了防止产生白口组织和裂纹，保证焊缝组织石墨化，焊缝中石墨化元素的含量应高于热焊时的含量。半热焊工艺过程与热焊工艺过程基本相同。

当铸件的补焊区刚性较大或结构复杂时，由于半热焊会因内应力增加而导致产生裂纹，因此，电弧半热焊工艺只适用于补焊区刚性较小或铸件形状较简单的情况。

（2）电弧冷焊　电弧冷焊即不预热焊法。该法具有很多优点，如焊工劳动条件好，补焊区与母材颜色一致，补焊成本低，补焊周期短，补焊效率高等，适用于焊接预热很困难的大型铸件或不能预热的加工面等。

由于焊接区冷却速度快，焊接接头容易产生白口和淬硬组织，还可能导致接头产生裂纹，因此首先要解决的问题就是焊接接头出现的白口组织。在电弧冷焊条件下，解决白口问题的途径有两个：一是进一步提高焊缝金属的石墨化能力；二是采用大的焊接热输入，降低焊接接头的冷却速度，这种方法也有助于消除或减小焊接热影响区出现马氏体组织。

1）电弧冷焊焊条。电弧冷焊法一般采用 Z248 焊条，焊缝中的石墨化元素可以通过药皮和铸铁焊芯来控制。铸铁焊芯本身含有较多的碳和硅，在强石墨化药皮中再加入适量的碳、硅和其他促进石墨化的合金元素，在提高焊接热输入的条件下，可以避免焊缝中产生白口组织。

2）铸铁型焊缝电弧冷焊工艺要点。在不预热条件下焊接时，为防止焊接接头出现白口及淬硬组织，应降低接头冷却速度。为此应采用大的焊接热输入，一般是采用大直径焊条，大电流、慢速、往返运条连续施焊，焊缝高出母材5mm以上，利用强大的电弧热延长焊缝及熔合区的高温停留时间，以减慢冷却速度，有利于石墨的充分析出，且焊后应立即覆盖熔池，保温缓冷。在补焊较大缺陷（面积大于8cm^2，深度大于7mm）时，焊缝区无白口，熔合区白口轻微或无白口，焊缝区、熔合区和热影响区硬度均接近于母材，力学性能相当于灰铸铁，有一定的抗裂性。但在补焊较小缺陷时，由于熔池体积过小，冷却速度快，焊接接头仍易出现白口组织和淬硬组织。由于大电流连续施焊工艺使焊件局部受热严重，焊缝产生的应力较大，在补焊区刚性较小时，一般不会产生裂纹；而在补焊区域刚性较大时，仍易出现焊接裂纹。

实践证明，电弧冷焊法工艺简单、劳动条件好、生产率高、成本低，在补焊刚性不大的中、大型铸件缺陷时，可获得令人满意的结果。该法在机床厂及铸造厂等中等厚度以上铸件缺陷的补焊上应用较多。

2. 非铸铁型（异质）焊缝电弧冷焊

非铸铁型焊缝又称异质焊缝。异质焊缝电弧冷焊是铸铁焊接中最常用也最简便的焊接方法。

获得非铸铁型焊缝的途径有两个：一是降低焊缝含碳量，以获得钢焊缝；二是改变碳的存在形式，防止出现白口和淬硬组织，提高焊缝金属的力学性能。按成分及组织不同，非铸铁型焊缝可以分为钢基、镍基和铜基三类。由于相应的焊接材料与灰铸铁的成分差别很大，多采用较小的工艺规范进行焊接，但母材中的碳、硅及杂质元素仍不可避免地会因熔化及扩散进入焊缝，促使焊缝产生白口及淬硬组织，引起接头裂纹等问题，因此，不同的非铸铁型焊缝的焊接材料各有其特殊性。常用铸铁焊条的牌号及用途见表6-4。表中除EZC（Z208、Z248）和EZCQ（Z238）焊条可形成铸铁型焊缝外，其余型号均为形成非铸铁型焊缝的焊条。

（1）钢基焊缝铸铁焊条

1）EZFe-1（Z100）铸铁焊条。该焊条为强氧化型铸铁焊条，采用低碳钢焊芯（H08），在药皮中加入适量强氧化性物质（赤铁矿、大理石、锰矿等），增强熔渣氧化性，将来自母材中的碳、硅及杂质元素氧化烧损，以获得塑性较好的碳钢焊缝。但是，熔渣与熔池金属的作用只在接触面上进行，反应很不充分；而碳由母材进入熔池是在靠近熔池的底部，且熔池存在时间短，使碳的氧化烧损不能充分进行。因此，焊缝成分和组织很不均匀，第一层且靠近母材一侧的焊缝含碳量往往达到高碳钢的成分；且由于母材中的碳向焊缝一侧扩散，使熔合区白口层宽度增大，焊接接头硬度很高，难以机械加工，产生裂纹的倾向也较大。

EZFe-1（Z100）铸铁焊条成本低，焊缝与母材熔合好，并且熔渣流动性好，脱渣容易。但由于接头加工性差，裂纹倾向较大，因此只能用在灰铸铁钢锭模等不要求加工和致密性、受力较小部位铸件缺陷的补焊。

2）EZFe-2（Z122Fe）铸铁焊条。该焊条为碳钢型铸铁焊条，采用低碳钢焊芯，药皮为钛钙型并加入一定量的铁粉。加入铁粉的目的是降低焊缝含碳量，并使焊条的熔化速度加

快，第一层焊缝中焊条熔入量增加，减少了母材熔入量，从而可以降低母材熔入焊缝的碳量；并且当药皮中铁粉含量达到一定水平时，药皮也能导电，使电弧热比较分散，有利于减小母材熔深。焊接灰铸铁时，在采用小的焊接热输入的情况下，可使单层焊缝的含碳量达到中碳钢的上限范围。焊缝硬度仍然较高，难以进行机械加工，且有较大的裂纹倾向。因此，该焊条主要用于铸件非加工面的补焊。

3）EZV（Z116、Z117）铸铁焊条。该焊条为高钒钢铸铁焊条，采用低碳钢焊芯，药皮为低氢型，并在药皮中加入大量钒铁，焊缝为高钒钢组织。因焊条药皮中含有大量钒，为了有利于钒的过渡，应降低熔渣的氧化性，故该类焊条均采用低氢型药皮。在药皮中加入钒铁的目的是利用钒的强碳化物形成能力，使熔池中的碳和钒形成高度弥散分布的碳化钒质点，分布于铁素体基体组织中。由于碳的存在形式发生改变，焊缝塑性得以改善，故可避免焊缝中白口和淬硬组织的产生，可提高焊缝的抗裂纹能力。

高钒钢焊缝金属具有很好的力学性能和抗裂性能，抗拉强度可达558～588MPa，断后伸长率高达28%～36%，且硬度较低（<230HBW），适用于补焊高强度的灰铸铁和球墨铸铁。但钒是强碳化物形成元素，焊接过程中钒从焊缝、碳从母材同时向熔合线方向扩散，在焊缝底部形成了一条主要由碳化钒颗粒组成的高硬度带状组织，加上熔合区白口层，宽度可达0.5mm，因此接头加工性差，只能用于非加工面的补焊。

（2）镍基焊缝铸铁焊条　由金属学知识可知，镍是扩大奥氏体区的元素，镍与铁能完全互溶，铁镍合金中，当镍的质量分数超过30%时，奥氏体区将扩大到室温，合金凝固可得到硬度较低的奥氏体组织。镍还是较强的促进石墨化元素，且不与碳形成碳化物。镍基焊缝高温下可溶解较多的碳，随温度下降会有少量的碳因过饱和而以细小的石墨形式析出，石墨析出时伴随的体积膨胀有利于降低焊接应力，防止产生热影响区冷裂纹。研究表明，镍基焊缝中的镍可以向熔合区扩散，对缩小熔合区白口层宽度、改善接头可加工性非常有效，且焊缝含镍量越高，其接头的可加工性越好。

我国目前使用的镍基铸铁焊条有三种，其力学性能见表6-5。三种焊条焊芯含镍量各不相同，均采用石墨型药皮，可交、直流两用，并适用于全位置焊。镍基铸铁焊条的最大特点是奥氏体焊缝硬度较低，熔合区白口层薄，且可呈断续分布，适用于加工面缺陷的补焊。

表6-5　三种镍基铸铁焊条的力学性能

焊条型号	焊缝金属抗拉强度/MPa	灰铸铁接头强度/MPa	焊缝金属硬度HV	热影响区硬度HBW
EZNi（Z308）	≥245	147～196	130～170	≤250
EZNiFe（Z408）	≥392	球墨铸铁接头强度 294～490	160～210	≤300
EZNiCu（Z508）	≥196	78～167	150～190	≤300

1）纯镍铸铁焊条EZNi（Z308）。纯镍铸铁焊条焊芯为纯镍，其优点是在电弧冷焊条件下焊接接头的可加工性好。采用小电流焊接时，熔合区白口层宽度仅为0.05mm左右，且呈断续分布，是所有非铸铁型焊缝焊接材料中最小的。焊缝组织为奥氏体+点状石墨，强度与灰铸铁接近，且硬度低、塑性好，抗裂性能也较好。由于镍属于贵重金属，纯镍铸铁焊条价格昂贵（约为低碳钢焊条的30倍），故只用在对加工性能要求高的缺陷补焊上，或用作其

他焊条的打底层焊接。

2）镍铁铸铁焊条 EZNiFe（Z408）。镍铁铸铁焊条焊芯为镍铁合金，其中镍的质量分数约为55%，其余为铁。镍铁焊缝具有较高的强度（可达400MPa以上），塑性较好，抗裂性也较好（镍铁焊缝的线胀系数小），适合焊接强度较高的铸铁。由于其含镍量相对较少，熔合区白口层宽度比纯镍焊条稍大（0.1～0.15mm），焊接接头硬度也略高于纯镍焊条，但仍可进行机械加工。由于其在镍基铸铁焊条中价格最便宜，因此在生产中应用最多。

3）镍铜铸铁焊条 EZNiCu（Z508）。镍铜铸铁焊条焊芯为镍铜合金，其中镍的质量分数约为70%，其余为铜，又称蒙乃尔焊条，是应用最早的铸铁焊条。镍与铜能无限互溶，合金凝固后一直到室温都保持强度和硬度均较低的α相，且铜和镍一样也不与碳形成碳化物。由于该焊条含镍量介于上述两种焊条之间，使接头的熔合区宽度和加工性能也介于二者之间，但镍铜合金的收缩率较大，容易引起较大的焊接应力而产生裂纹，且镍铜铸铁焊条的焊缝强度最低，因此，仅适用于强度要求不高，但需要焊后加工的铸件缺陷的补焊。

小知识 镍的质量分数约为68%，铜的质量分数约为28%，还有少量Mn和Fe的合金称为蒙乃尔合金，英文单词为Monel。

由于镍与硫能形成低熔点共晶，因此镍基铸铁焊条对焊接热裂纹有一定敏感性，焊接时应采取措施，防止焊缝熔入过多的硫、磷杂质。镍的价格较高，故应在其他焊条不能满足要求的情况下选用。在铸铁焊接中，镍基铸铁焊条多用于要求较高的小缺陷的补焊；当补焊处面积较大时，主要用于坡口面打底，然后用其他价格便宜的焊条填充，以降低焊接成本。

（3）铜基焊缝铸铁焊条　铜与碳不形成碳化物，铜也不溶解碳，其中的碳只能以石墨形式析出，而且铜的强度低、塑性很好，铜基焊缝金属的固相线温度低，这对防止产生接头冷裂纹很有利；但纯铜的抗拉强度低，焊缝为粗大柱状的α单相组织，对热裂纹比较敏感。在纯铜焊缝中加入一定量的铁，可大幅度提高焊缝金属的抗热裂纹性能，同时可提高其强度。这是由于铜的熔点低，铁的熔点高，熔池结晶时首先析出γ相的铁，对后结晶的α相的铜有细化晶粒的作用，且形成双相组织，焊缝的抗热裂纹能力必然提高。一般铜基铸铁焊条中铜铁之比为80:20，铁的比例超过30%时，焊缝金属的脆性增加。

常温下铁在铜中的溶解度很小，故焊缝中的铜与铁是以机械混合物形式存在的。在焊接第一层焊缝时，铸铁中的碳较多地溶入熔池，由于铜不溶解碳，也不与碳形成碳化物，碳全部与母材及焊条熔化后的铁相结合，使铁液含碳量较高，在焊缝冷却速度较快的情况下，会形成马氏体和渗碳体等高硬度组织。因此，焊缝是以铜为基础组织，机械地混合着钢或铸铁的高硬度组织。所以，焊缝强度提高，同时具有较好的塑性，抗裂性能好，可用于灰铸铁的补焊；但接头加工性不好。由于焊缝金属铜基体很软，而马氏体及渗碳体又很硬，因此一般用于修理行业中非加工面铸铁件的补焊。

1）专用铜基铸铁焊条。专用铜基铸铁焊条分为两种：一种是纯铜焊芯、低氢型药皮，并在药皮中加入较多的低碳铁粉，使焊缝中的铜、铁含量比达到80:20的焊条，该焊条又称为铜芯铁粉焊条；另一种是用钢带将铜芯紧紧包裹起来，外涂低氢型药皮或钛钙型药皮，焊缝中的铜、铁含量比同样达到80:20的焊条。

2）铜合金焊条。除专用铜基铸铁焊条以外，还可以将铜合金焊条直接用于焊接铸铁。

如铜合金焊条 ECuSn-B（T227），其中 Sn 的质量分数为 7.0% ~9.0%，并含少量磷，焊后焊缝以锡青铜为基体，接头白口较窄，可以进行机械加工。

铜基焊缝的颜色与母材差别较大，对补焊区颜色有要求时不宜采用。

（4）非铸铁型焊缝电弧冷焊工艺　要获得满足技术要求的铸铁焊接接头，不仅要正确选择焊接材料，而且必须掌握焊接操作的工艺要点。非铸铁焊缝电弧冷焊工艺可归纳为以下四点："焊前准备要做好，焊接参数适当小，短段断续分散焊，焊后小锤敲焊道"。

1）焊前准备。通常是指用机械或化学法方法将缺陷表面清理干净，并制备适当大小和形状的坡口等工作。补焊处的油污等脏物可用碱水、汽油、丙酮或三氯乙烯等化学溶剂清洗，或用气焊火焰加热清除，也可用砂轮、钢丝刷或扁铲等工具机械清理。对裂纹缺陷，可用肉眼或放大镜观察，必要时可借助水压试验、煤油试验、着色探伤等方法检测出裂纹两端的终点。为防止裂纹在焊接过程中扩展，应在距裂纹端部 3 ~ 5mm 处钻止裂孔（ϕ5 ~ ϕ8mm）。当铸件厚度或缺陷深度大于 5mm 时，应开坡口进行补焊。开坡口可以用机械方法，也可以直接用碳弧气刨或氧乙炔火焰。坡口表面要尽可能平整，在保证顺利施焊及焊接质量的前提下，尽量减小坡口角度，以减少母材的熔化量，从而降低焊接应力及焊缝中的碳、硫含量，防止产生裂纹。

2）电弧冷焊工艺要点。在保证电弧稳定及熔深合适的情况下，尽量采用小直径焊条和小电流进行焊接，采用短弧、短段、断续、分散施焊及焊后立即锤击焊道等工艺措施。同时要注意适当提高焊接速度，电弧不做横向摆动，并要选择合理的焊接方向和顺序。其目的是降低焊接应力，减小熔合区和热影响区宽度，改善接头可加工性，防止裂纹产生。

采用小电流和较高的焊接速度焊接，可以减小母材熔深，从而减少母材中的碳、硫、磷等有害杂质熔入焊缝；同时可减小焊接热输入，不仅减小了焊接应力，而且可减小热影响区宽度，从而可以减小焊接接头裂纹倾向和熔合区的白口层宽度。

焊缝越长，其承受的拉应力越大，因此采用短段焊接有利于降低焊缝应力状态，使焊缝发生裂纹的可能性降低。采用非铸铁型焊接材料电弧冷焊时，薄壁铸件由于散热慢，每次焊接的焊缝长度一般为 10 ~20mm，厚壁铸件可增加到 30 ~40mm。为了避免补焊处温度过高、应力增大，应采用断续焊，待焊接区冷却到不烫手时再焊接下一段。每焊完一段，趁焊缝金属在高温下塑性良好时，应立即用较钝的尖头小锤快速锤击焊道，使之产生明显的塑性变形，以消除补焊区随冷却而增大的应力。锤击力的大小因铸铁材质和壁厚而定。

3）结构复杂或厚大铸件的焊接工艺要点。补焊结构复杂或厚大的灰铸铁件时，选择正确的焊接方向和合理的焊接顺序非常重要，选择的原则是从拘束度大的部位向拘束度小的部位焊接。如图 6-5 所示，灰铸铁缸体侧壁有三处裂纹，焊前在裂纹 1、2 端部钻止裂孔，适当开坡口。补焊裂纹 1 时，应从有止裂孔的一端向开口端方向分段焊接。裂纹 2 位于侧壁中间位置，拘束度较大，且裂纹两端的拘束度比中心大，因此可采用从两端交替向中心方向分段焊接的工艺，这样有助于减小焊接应力，但要注意应最后焊接止裂孔。裂纹 3 由多个交叉裂纹组成，若逐个焊接会产生新的焊

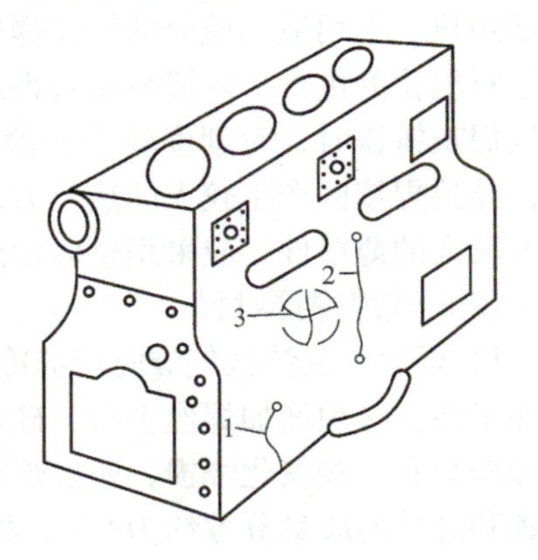

图 6-5　灰铸铁缸体侧壁裂纹的补焊

接裂纹，因此，焊接时先将缺陷整个加工掉，按尺寸准备一块低碳钢平板，在其中切割出一条窄缝（图 6-6），以降低拘束度，并按图示顺序焊接，最后用结构钢焊条将中间切缝焊好，以保证缸体壁的致密性。补焊时，低碳钢板容易变形，有利于减小应力，防止焊接裂纹产生。上述方法称为镶块补焊法。

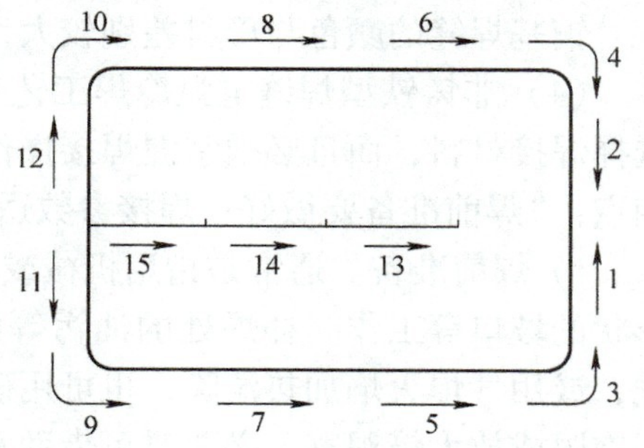

图 6-6　镶块补焊法

厚壁铸铁件大尺寸缺陷补焊时，需要开坡口进行多层焊。多层焊时焊接应力的积累将导致补焊处应力较大，易引发剥离性裂纹，这时采用栽丝补焊法可获得令人满意的效果。如图 6-7 所示，通过低碳钢螺钉将焊缝金属与铸铁母材连接起来，既可防止产生剥离性裂纹，又可提高补焊区的承载能力。焊前在坡口内钻孔、攻螺纹，螺钉直径可根据铸件壁厚，在 8～16mm 之间选择，螺钉旋入深度约等于其直径，螺钉高出坡口表面 4～6mm，两排均匀分布。焊接时，先围绕每个螺钉按冷焊工艺要求施焊，再焊螺钉之间，直至将坡口填满。这种方法的优点是焊接时产生的应力大部分由螺钉承担，避免了剥离性裂纹的产生；缺点是工作量大，对焊工的技术要求高，补焊工期长。在坡口尺寸更大时，还可以在焊缝之间放入低碳钢板条，采用强度高、抗裂性好的铸铁焊条（EZNiFe、EZV）将铸铁母材与低碳钢板焊接起来，此称为垫板补焊法。这种方法可以大大减少填充金属量，降低焊接应力，防止裂纹产生，节省焊接材料，缩短补焊工期。它主要用于大型铸件裂纹的补焊，如 16m 立式车床、质量为 180t 的断裂卡盘就是用该法焊接成功的。

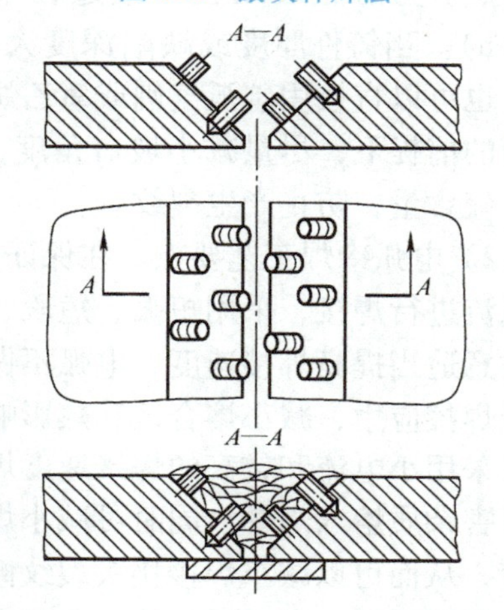

图 6-7　栽丝补焊法示意图

3. 气焊

薄壁铸件的焊接宜采用气焊。氧乙炔火焰的温度比电弧温度低得多，而且热量也不集中，需要很长时间才能将补焊处加热到熔化温度，使得受热面积较大，相当于对焊件进行了局部预热。采用适当成分的铸铁焊丝，对薄壁件上的缺陷进行补焊时，由于冷却速度慢，有利于石墨化的进行，焊缝容易获得灰铸铁组织，而热影响区也不易产生白口及淬硬组织，因此气焊灰铸铁时，对刚度较小的薄壁件可不进行预热。但由于气焊加热时间长，加热面积大，导致焊接区产生较大的热应力，补焊刚度较大的缺陷时容易产生裂纹，故对结构复杂或刚度较大的薄壁件，应采用整体预热的气焊热焊法，也可采用“加热减应区”法施焊。

（1）气焊焊接材料

1）焊丝。灰铸铁气焊时焊缝冷却速度快，为了保证焊缝不产生白口组织，并有良好的可加工性，必须增加焊丝中碳、硅含量，以提高焊缝的石墨化能力。气焊过程中，焊丝中的碳和硅会有一些氧化烧损，所以焊缝中实际的碳、硅含量比焊丝中要低。气焊热焊时，焊缝中碳和硅总的质量分数约为 6%，相当于电弧热焊的情况。一般气焊时（相当于局部预热电弧焊），焊缝中碳和硅总的质量分数约为 7%。灰铸铁气焊焊丝成分见表 6-6，其中 RZC-1

由于碳和硅含量较低，适用于气焊热焊；RZC-2 由于碳和硅含量较高，适用于一般气焊。

表 6-6　灰铸铁气焊焊丝成分

型号	主要化学成分（质量分数,%）				
	C	Si	Mn	S	P
RZC-1	3.2~3.5	2.7~3.0	0.6~0.75	≤0.10	0.50~0.75
RZC-2	3.5~4.5	3.0~3.8	0.3~0.8	≤0.10	≤0.50

2）熔剂。灰铸铁气焊时，硅易氧化生成酸性氧化物 SiO_2，其熔点（1713℃）高于铸铁熔点，且黏度较大，流动性不好，易造成焊缝夹渣等缺陷，应使用碱性的气焊熔剂去除。焊接铸铁的气焊熔剂牌号统一为“CJ201”，其熔点较低（为 650℃），主要由碱性物质组成，其中各成分的质量分数分别为 $H_3BO_3$18%、$Na_2CO_3$40%、$NaHCO_3$20%、$MnO_2$7%、$NaNO_3$15%。气焊熔剂能将气焊时产生的高熔点 SiO_2 复合成低熔点的熔渣，漂浮到熔池表面，便于清除。

（2）灰铸铁气焊工艺要点

1）焊前清理。气焊前要对焊件进行清理，清理方法与焊条电弧焊相同。制备坡口一般用机械方法；不能用机械方法时，可用氧乙炔火焰切割直接开出坡口。

2）焊炬与火焰性质选择。灰铸铁气焊一般应根据铸件厚度适当选用较大号码的焊炬及喷嘴，以提高火焰能率，增大加热速度。气焊火焰一般选用中性焰或弱碳化焰，不能用氧化焰，因为氧化焰会加剧熔池中碳、硅的氧化烧损，影响焊缝的石墨化过程。

3）焊接操作要点。一般当铸件尺寸较小、焊接处位于边角或所处位置刚度较小时，可用冷焊方法焊接，焊接时利用焊炬的火焰在坡口周围先行加热，然后进行熔化焊接，焊后自然缓冷即可得到无裂纹的焊件。注意不能将焊件放在有穿堂风的地方加速冷却，当环境温度较低时，应采取焊后覆盖焊道等缓冷措施，以防止产生白口组织和裂纹。

当铸件形状复杂、缺陷位于焊件中部或接头刚度较大时，应采用将焊件整体预热 600~700℃的热焊法，或者采用“加热减应区”法。

加热减应区法是气焊铸铁时的常用方法，又称对称加热焊。该法是在焊件上选定一处或几处适当的部位，在焊前、焊后及焊接过程中对其进行加热和保温，以降低焊接接头的拘束应力，防止裂纹产生。选定的部位称为减应区，该区一般是在焊接过程中阻碍焊接区膨胀和收缩的部位。在焊接时，先将减应区加热到一定温度，使其膨胀伸长，待焊部位也随之膨胀，产生与焊缝收缩方向相反的变形；然后进行焊接，并保持减应区处于较高温度，焊后减应区与焊缝同时缓冷，接头与减应区将沿同一方向自由收缩，从而使接头的焊接应力减小，降低了接头裂纹倾向。

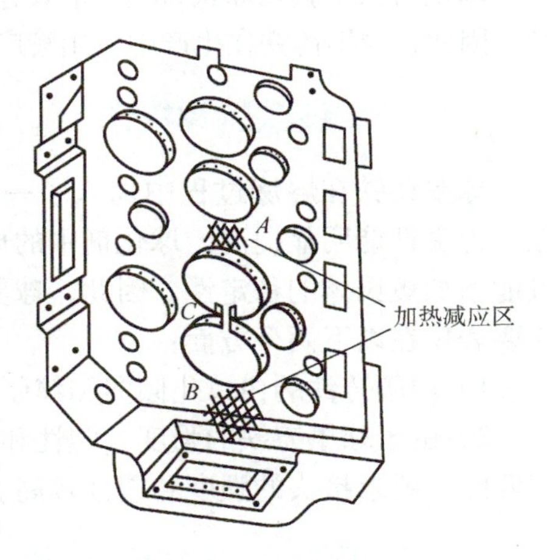

图 6-8　加热减应区法修补灰铸铁发动机缸盖缺陷

如图 6-8 所示，灰铸铁发动机缸盖在 *C* 处出现了裂纹，因铸件结构复杂，缺陷处刚度较大，一般气焊法焊后仍可能开裂，故采用加热减应区法焊接。选择 *A*、*B* 两处作为减应区，焊前用三把焊炬对 *A*、*B*、*C* 三处同时加热，温度达到 600℃左右时对 *C* 处继续加热到熔化状态，并形成坡口以保证焊透；接着提高 A、B 两处减应区温度到 650℃，开始对 C 处进行焊接，焊后使三处同步缓冷，可以获得没有裂纹的补焊效果。

采用加热减应区法时应注意：①正确选取减应区，减应区不仅应使接头处应力减小，还应使其变形对铸件其他部位无不良影响；②边加热减应区边焊接，不焊接时，火焰应对着空中或减应区，决不能对着其他不焊部位；③减应区的加热温度不能超过铸铁的相变温度；④应在室内避风处进行焊接。

采用加热减应区法焊接铸件，具有热焊的特点。与热焊相比，该法焊接效率高，劳动条件好，焊接成本较低，正逐渐代替整体预热铸件的热焊法。但该法也存在工艺要求严格、选择减应区麻烦、对操作者要求高等缺点。加热减应区法主要适合补焊铸件上拘束度较大部位的缺陷，在农机、汽车等修理与制造部门得到了推广应用。

总结与提高：

1）灰铸铁的焊接性很差，焊接时的主要问题是焊接接头易产生白口组织和淬硬组织，同时容易产生冷裂纹和热裂纹。

2）焊接灰铸铁可以采用焊条电弧焊和气焊。焊条电弧焊采用 EZC 系列铸铁焊条（如 Z208、Z248）可获得铸铁焊缝，一般采用热焊或半热焊；采用 EZFe、EZNi、EZNiFe、EZNiCu 系列铸铁焊条可获得纯镍、镍铁合金、镍铜合金等抗裂性高的非铸铁型焊缝，一般采用冷焊。

3）电弧冷焊非铸铁型焊缝时，在保证电弧稳定及熔深合适的情况下，应尽量采用小直径焊条和小电流进行焊接，采用短弧、短段、断续、分散施焊及焊后立即锤击焊道等工艺措施，同时要注意适当提高焊接速度，电弧不做横向摆动，并要选择合理的焊接方向和顺序。为防止裂纹在焊接过程中扩展，应在距裂纹端部 3～5mm 处钻止裂孔（ϕ5～ϕ8mm）。

模块三　球墨铸铁的焊接

球墨铸铁中碳以球状石墨的形式存在，与灰铸铁相比，其强度高，且具有一定的塑性和韧性，因此，球墨铸铁在生产中应用较广泛，其铸件的焊接修复问题也越来越受到人们的关注。

一、球墨铸铁的焊接性

球墨铸铁在熔炼过程中加入了一定量的球化剂（镁和稀土等），使石墨以球状形式存在，力学性能明显提高。球化剂中的球化元素（镁、铈和钇等）都是强阻碍石墨化的元素，且能增加奥氏体的稳定性，因此，球墨铸铁的力学性能比灰铸铁好，但焊接性比灰铸铁差，主要表现在以下两个方面：

1）球墨铸铁的白口化倾向和淬硬倾向比灰铸铁大。

2）由于球墨铸铁的强度、塑性和韧性比灰铸铁高，因此，为保证焊接接头与母材等强度匹配，要求接头的强度和塑性较高。

二、球墨铸铁的焊接工艺要点

球墨铸铁的焊接主要是铁素体球墨铸铁和珠光体球墨铸铁的焊接。铁素体球墨铸铁的抗

拉强度为400～500MPa，断后伸长率高达10%～18%；珠光体球墨铸铁的抗拉强度提高到600～800MPa，断后伸长率下降到2%～3%；铁素体+珠光体混合组织球墨铸铁的力学性能介于上述二者之间。球墨铸铁良好的力学性能（近于钢）对焊接提出了较高的要求，焊接方法不仅用于球墨铸铁件的缺陷补焊，还用于球墨铸铁之间、球墨铸铁与其他金属焊接结构的制造。

目前，球墨铸铁最常用的焊接方法是气焊和焊条电弧焊。

1. 气焊

由于气焊具有火焰温度低、加热及冷却速度缓慢的特点，对降低焊接接头的白口及淬硬组织的形成是有利的。另外由于火焰温度低，还可以减少球化剂的蒸发（镁的沸点为1070℃，钇的沸点为3038℃），有利于保证焊缝获得球墨铸铁组织。

气焊使用的球墨铸铁焊丝均含有少量球化剂，按球化剂的种类分为加轻稀土镁合金（RZCQ-1）和加钇基重稀土合金（RZCQ-2）两种，其化学成分见表6-7。气焊剂可采用“CJ201”铸铁焊剂。

表6-7　球墨铸铁气焊焊丝的化学成分（质量分数,%）

焊丝种类	C	Si	Mn	S	P	其他
RZCQ-1	3.2～4.0	3.2～3.8	0.1～0.4	≤0.015	≤0.05	Mg=0.035～0.06 RE=0.03～0.04
RZCQ-2	3.5～4.0	3.5～4.2	0.5～0.8	≤0.03	≤0.10	钇基重稀土为0.08～0.10

用含不同球化剂的球墨铸铁焊丝补焊小缺陷时，由于熔池存在时间短，焊缝均球化良好；焊接较大缺陷时，熔池存在时间长，球化剂蒸发增多，但由于钇的沸点高，抗球化衰退能力强，更有利于保证石墨球化，因此钇的实际应用较多。

焊接时，为了减少母材及焊丝中球化元素的烧损，气焊火焰一般应采用中性焰或弱碳化焰；因球墨铸铁接头的白口及淬硬倾向较大，所以焊前要用火焰对焊接区进行400～600℃的预热，刚性大的铸件要进行大范围或整体预热。例如，使用RZCQ-2焊丝焊接QT600-3时，焊后接头无白口及马氏体组织，接头性能接近于QT600-3的性能，可以进行机械加工。经适当的退火处理后，可基本达到QT450-10球墨铸铁性能，焊缝颜色与母材一致。当铸件壁厚大于50mm且铸件较大时，由于冷却速度加快，在焊接接头上会出现白口组织，经焊前高温预热或焊后热处理才能消除。当缺陷体积较大，使连续补焊时间超过20min时，由于熔池存在时间长，钇的氧化量增大，焊缝中的球化剂不足，会出现片状石墨而降低接头的力学性能。稀土镁焊丝抗球化衰退能力较差，故允许连续施焊时间应更短。

小知识　所谓球化衰退是指焊接熔池存在一定时间后球化效果下降甚至消失的现象。

气焊的不足之处在于补焊效率低，焊接变形较大，因此适用于新铸件小缺陷的补焊。

2. 同质焊缝（球墨铸铁型焊缝）焊条电弧焊

电弧焊的效率比气焊高，但因母材和焊接材料中都含有一定量的球化剂，严重阻碍了石墨化过程，故电弧冷焊时因冷却速度较快而导致焊缝及熔合区均容易出现白口组织。这不仅影响焊接接头的可加工性，而且因白口铸铁收缩率大且又硬又脆，在焊接应力作用下焊接接头容易出现裂纹。因此，要完全避免白口组织就需要进行高温预热（700℃）；如果焊后铸件需要进行整体热处理，则可以采用较低的预热温度（500℃）。

为了解决在电弧冷焊条件下焊缝容易出现白口组织的问题，可以采取冶金和工艺措施。

（1）冶金方面　除使焊缝含有一定量的强石墨化元素碳、硅和铝外，还可向焊缝加入微量的钙和钡，微量钙和钡既是石墨化元素，又是球化能力较弱的球化剂，这样可以减少易促使生成白口的镁和稀土球化剂的加入量。

（2）焊接工艺　采用大电流、连续施焊工艺措施，可大大降低焊缝出现白口的倾向。在补焊体积较大的缺陷时，甚至可消除渗碳体；补焊一般刚度的铸铁缺陷时，可防止冷裂纹产生。

我国目前常采用的球墨铸铁焊条型号为EZCQ，其牌号有两种：一种是Z238，采用低碳钢焊芯，外涂含有一定球化剂和大量强石墨化元素的药皮；另一种是Z258，采用铸铁焊芯，外涂强石墨化药皮。

同质焊缝焊条电弧焊一般用于补焊较大缺陷，为防止白口和冷裂纹产生，多采用热焊工艺。焊前清理方法和要求与焊接灰铸铁时相同。焊接电源采用直流反接或交流，焊接电流值应略低于灰铸铁热焊时的电流值，较小焊件预热500℃，较大焊件预热700℃，焊后应注意保温、缓冷。

为了保证焊接接头具有足够的强度、塑性和韧性，球墨铸铁焊后应进行正火或退火热处理。正火是将铸件加热到900～920℃，保温后随炉冷却到730～750℃，然后取出空冷，目的是得到珠光体基体组织，以便获得足够的强度；退火是将铸件加热到900～920℃，保温后随炉冷却，目的是得到铁素体基体组织，以便获得较高的塑性和韧性。

3. 异质（非球墨铸铁型）焊缝电弧冷焊

同质焊缝焊条电弧焊时，焊接材料价格低廉，但一般要求高温预热，对于小体积缺陷，采用不预热焊也难以保证焊接质量。因此，可以将一些力学性能好的灰铸铁异质焊接材料用于球墨铸铁的电弧冷焊。由于球墨铸铁的力学性能高，为保证焊接接头有较好的力学性能，异质焊缝电弧冷焊主要采用镍铁铸铁焊条（EZNiFe-1）和高钒铸铁焊条（EZV）。其工艺与灰铸铁焊接工艺基本相同。但由于球墨铸铁淬硬倾向较大，在气温较低或焊接较厚大的焊件时，应适当预热，预热温度为100～200℃。焊接电流应在保证熔合良好的前提下，采用尽量小的电流值，如ϕ3.2mm焊条应采用90～100A的焊接电流，ϕ4.0mm焊条应采用135～145A的焊接电流。

高钒铸铁焊条的焊缝组织对冷却速度不敏感，细小的碳化钒对铁素体基体的弥散强化作用使焊缝金属具有较好的力学性能，可以满足多种球墨铸铁对焊缝金属的力学性能要求。但是，由于焊接接头熔合区白口组织层较宽，焊缝底部有一条由碳化钒颗粒组成的高硬度带状组织，使接头可加工性变差，因此只能用于非加工面的焊接。

使用镍基铸铁焊条可以获得镍基焊缝，其可加工性好，因此，对加工面的焊接多采用镍基铸铁焊条。

总结与提高：

1）球墨铸铁的焊接性与灰铸铁大致相同，但又有其特殊性：一是球墨铸铁的白口化倾向及淬硬倾向比灰铸铁大；二是球墨铸铁的强度、塑性和韧性都比灰铸铁高得多，要求焊接接头的力学性能与母材相匹配，更增加了球墨铸铁焊接的难度。

2）焊接球墨铸铁可以采用焊条电弧焊和气焊。焊条电弧焊采用 EZCQ 系列铸铁焊条（如 Z238、Z258），由于药皮含有球化剂和石墨化剂，因此可获得球墨铸铁焊缝，一般采用热焊；采用 EZNi、EZNiFeCu、EZV 系列铸铁焊条可获得非铸铁型焊缝，一般采用冷焊。

3）非铸铁型焊缝电弧冷焊工艺与灰铸铁基本相同。在气温较低或焊件厚度较大时，要进行 100～200℃的预热。

课后习题

一、填空题

1. 铸铁是指________________的铁碳合金。按碳在铸铁中的存在状态和形式不同，可将铸铁分为________、________、________、________和________五大类。

2. 铸铁的基体组织一般为________、________或二者的混合组织，可以认为铸铁是在钢的基体上加上石墨。石墨的________极低，________几乎等于零，其力学性能远低于基体组织，故石墨相当于在基体组织中存在无数个“小裂纹”，因此铸铁的强度、塑性和韧性比钢________得多。但正是由于铸铁中石墨的存在，使其具有优良的________、________、________、________和________。

3. 铸铁中促进石墨化的元素有________________，阻碍石墨化的元素有____________。因此，铸铁中一般含有较多的________和________，以促进铸铁石墨化。

4. 灰铸铁的化学成分特点是________的质量分数高，________的质量分数也高，这就增大了焊接接头对________的敏感性及对________的敏感性；灰铸铁的力学性能特点是________、________。其在焊接过程具有________及________等特殊性，导致灰铸铁的焊接性很差，主要表现是焊接接头易产生________、________及________。

5. 灰铸铁同质（铸铁型）焊缝电弧热焊的预热温度为________，焊接时宜采用________、________、________工艺。

6. 灰铸铁异质（非铸铁型）焊缝电弧冷焊的焊条有________、________和________三类，焊接时应采用________、________、________和________的工艺措施。

二、简答题

1. 工业上常用的铸铁有哪几种？其中的石墨形态有何不同？
2. 影响铸铁组织的因素有哪些？
3. 灰铸铁焊接时存在哪些问题？
4. 灰铸铁电弧冷焊时为何会形成白口组织和淬硬组织？应如何解决？
5. 灰铸铁补焊的常用焊条有哪几类？应如何选择？
6. 灰铸铁焊条电弧焊工艺有哪几种？冷焊和热焊的操作要点分别是什么？
7. 灰铸铁气焊的适用范围如何？常选用哪些焊丝和焊剂？
8. 灰铸铁钎焊有何特点？
9. 球墨铸铁的焊接性有何特点？
10. 球墨铸铁对焊接接头的要求与灰铸铁有何不同？
11. 适用于球墨铸铁的焊条有哪些？

第六单元课后习题答案

实训练习

1. 实训目的

1）进一步了解灰铸铁的焊接性。

2）理解补焊工艺的制订方法及操作规程。

2. 实训设备

1）500A 交流弧焊机组。

2）旧灰铸铁砂箱若干，或其他较薄的灰铸铁件。

3）J422（E4303）、Z208（EZC）、Z308（EZNi-1）、Z408（EZNiFe-1），ϕ4.2mm 焊条若干。

4）刀、硬度计。

3. 实训内容

1）熟悉铸铁补焊工艺的制订方法，并理解其操作要领。

2）用不同焊条，分别在四组铸铁件的裂纹或断裂处进行补焊。

3）比较四种焊条补焊后焊缝的外观、硬度等。

4. 实训报告

1）记录下四种焊条补焊后的外观、硬度特点和数值。

2）分析造成这些差别的原因。

第七单元　非铁金属材料及其焊接工艺

掌握铝及铝合金、铜及铜合金、钛及钛合金的种类、成分、性能特点和应用。

了解铝及铝合金、铜及铜合金、钛及钛合金的焊接性特点及焊接工艺要点。

技能目标

能够根据铝及铝合金、铜及铜合金、钛及钛合金的成分特点正确选择焊接方法和焊接材料。

能够根据铝及铝合金、铜及铜合金、钛及钛合金的结构特点和性能要求制订和编写其焊接工艺。

工业生产中通常把金属材料分为两大类：钢铁材料和非铁金属材料。例如，钢、铸铁、不锈钢、铬钢、锰钢等属于钢铁材料；除此之外的一切金属，如铝、镁、铜、钛、锡、铅等及其合金统称为非铁金属材料，俗称有色金属。

许多非铁金属材料具有钢铁材料所不可替代的特殊性能。例如，铝、镁及其合金与钢铁材料相比，具有密度小、比强度高的特点，因此在航空航天、电工、化工、国防等工业部门得到了广泛应用。

非铁金属材料种类繁多，在地壳中的储量也极不均衡，在工业中应用较多的是铝、铜及其合金。

模块一　铝及铝合金的焊接

一、铝及铝合金的类型及性能特点

铝具有密度小、耐蚀性好、导电性及导热性好等良好性能。铝的资源丰富，特别是在铝中加入各种合金元素形成的铝合金，其强度显著提高，使用非常广泛。

工业纯铝中铝的质量分数为 99.0%～99.7%，还含有少量的 Fe 和 Si 及其他杂质。工业纯铝的强度较低，不能用来制造承受载荷很大的结构，所以其使用受到了限制。在纯铝中加入少量合金元素，能大大改善铝的各项性能，例如 Cu、Si 和 Mn 能提高强度，Ti 能细化晶粒，Mg 能防止海水腐蚀，Ni 能提高耐热性等，因此在工业上大量使用的是铝合金。

1. 铝及铝合金的分类

按合金化系列，铝及其合金分为工业纯铝（1×××系）、铝铜合金（2×××系）、铝锰合金（3×××系）、铝硅合金（4×××系）、铝镁合金（5×××系）、铝镁硅合金（6×××系）、铝锌合金（7×××系）和以其他合金为主要合金元素的铝合金（8×××系）。

按热处理方式，铝合金分为非热处理强化铝合金和热处理强化铝合金。前者只能变形强化，后者既能变形强化，也可热处理强化。

按产品成形方法不同，铝合金分为变形铝及铝合金、铸造铝合金。

"想一想"

铝为何能够进行热处理？铝的基本热处理方法有哪几种？

铝合金的分类如图7-1和表7-1所示。

非热处理强化铝合金又称防锈铝，代表牌号有3A21等，可通过加工硬化、固溶强化来提高力学性能，特点是强度中等、塑性及耐蚀性好，焊接性良好，在焊接结构中应用最广泛（Al-Mn和Al-Mg系合金）。热处理强化铝合金是通过固溶、淬火、时效等工艺措施提高力学性能的，经热处理后可显著提高抗拉强度，但焊接性较差，熔焊时易产生焊接裂纹，焊接接头力学性能下降。

图7-1　铝合金的分类

1—变形铝合金　2—铸造铝合金　3—非热处理强化铝合金　4—热处理强化铝合金

2. 铝及铝合金的牌号、成分及性能

纯铝的牌号以国际四位数字体系表达，如1A（B）××，其中第一位为1，第二位为英文大写字母A、B或其他字母（有时也用数字），第三、四位为阿拉伯数字，表示铝的最低质量分数中小数点后面的两位数字。例如，

表7-1　铝合金的分类

分类		合金名称	合金系	性能特点	牌号或代号示例
变形铝合金	非热处理强化铝合金	防锈铝	Al-Mn	耐蚀性、压力加工性与焊接性能好，但强度较低	3A21
			Al-Mg		5A05
	热处理强化铝合金	硬铝	Al-Cu-Mg	力学性能高	2A11
		超硬铝	Al-Cu-Mg-Zn	强度最高	7A04
		锻铝	Al- Mg-Si-Cu	锻造性能好，耐热性能好	6A02
			Al-Cu-Mg-Fe-Ni		2A70
铸造铝合金		铝硅合金	Al-Si	铸造性能好，不能热处理强化，力学性能较低	ZL102
		特殊铝合金	Al-Si-Mg	铸造性能良好，可热处理强化，力学性能较高	ZL101
			Al-Si-Cu		ZL107
		铝铜铸造合金	Al-Cu	耐热性好，铸造性能与耐蚀性差	ZL201
		铝镁铸造合金	Al-Mg	力学性能高，耐蚀性好	ZL301

铝的最低质量分数为 99.70%，则第三、四位数为 70；如果第二位为 A，则表示原始纯铝；如果第二位为 B 或其他字母，则表示原始纯铝的改型情况，即与原始纯铝相比，元素含量略有改变；如果第二位是数字，则表示杂质极限含量的控制情况，0 表示无特殊控制，1 ~ 9 表示对一种或几种杂质有特殊控制。例如：1A99 表示铝的质量分数为 99.99% 的原始纯铝；1B99 表示铝的质量分数为 99.99% 的改型纯铝；1070 表示杂质极限含量无特殊控制，铝的质量分数为 99.70% 的纯铝；1235 表示对两种杂质极限含量有特殊控制，铝的质量分数为 99.35% 的纯铝。可以看出，纯铝牌号中最后两位数字越大，铝的纯度越高。

常用的纯铝牌号有 1A99、1A97、1A93、1A90、1A85、1A60、1070、1060、1035、1200 等。纯铝的主要用途是代替贵重的铜合金，制作导线、电器元件及换热器件；制作各种要求质轻、导热、耐大气腐蚀但强度不高的器具；配制各种铝合金。

变形铝合金的牌号也用四位国际字符体系表示。牌号中第一、三、四位为阿拉伯数字，第二位为英文大写字母 A、B 或其他字母（有时也用数字）。第一位数字为 2 ~ 9，表示变形铝合金的不同组别，其中“2”表示以铜为主要合金元素的铝合金，即铝铜合金；“3”表示以锰为主要合金元素的铝合金，即铝锰合金；“4”表示以硅为主要合金元素的铝合金，即铝硅合金等。最后两位数字为合金的编号，没有特殊意义，仅用来区分同一组别中的不同合金。如果第二位字母为 A，则表示原始合金；如果是 B 或其他字母，则表示原始合金的改型合金；如果是数字，则 0 表示原始合金，1 ~ 9 表示改型合金。例如，2A11 表示铝铜原始合金，5A05 表示铝镁原始合金，5B05 表示铝镁改型合金。

常用铝及铝合金的化学成分见表 7-2，力学性能见表 7-3。

表 7-2 常用铝及铝合金的化学成分

类别	牌号	主要化学成分（质量分数，%）												旧牌号
		Cu	Mg	Mn	Fe	Si	Zn	Ni	Cr	Ti	Be	Al	Fe + Si	
工业纯铝	1A99	0.005	—	—	0.003	0.003	0.001	—	—	0.002	—	99.99	—	LG5
	1A85	0.01	—	—	0.10	0.08	0.01	—	—	0.01	—	99.85	—	LG1
	1070	0.04	0.03	0.03	0.25	0.2	0.04	—	—	0.03	—	99.7	—	—
	1035	0.10	—	—	0.35	0.35	0.10	—	—	0.03	—	99.30	—	L4
防锈铝	5A02	0.10	2.0 ~ 2.8	0.15 ~ 0.4	0.4	0.4	—	—	—	0.15	—	余量	0.6	LF2
	5052	0.10	2.2 ~ 2.8	0.1	0.4	0.25	0.1	—	0.15 ~ 0.35	—	—		—	—
	5A05	0.10	4.8 ~ 5.5	0.3 ~ 0.6	0.50	0.50	0.20	—	—	—	—		—	LF5
	5B05	0.20	4.7 ~ 5.7	0.2 ~ 0.6	0.4	0.4	—	—	—	0.15	—		0.6	LF10
	5A12	0.05	8.3 ~ 9.6	0.4 ~ 0.8	0.30	0.30	0.20	0.10	—	0.05 ~ 0.15	0.05		—	LF12

（续）

类别	牌号	主要化学成分（质量分数,%）												旧牌号
		Cu	Mg	Mn	Fe	Si	Zn	Ni	Cr	Ti	Be	Al	Fe + Si	
硬铝	2A02	2.6 ~ 3.2	2.0 ~ 2.4	0.45 ~ 0.7	0.30	0.30	0.10	—	—	0.15		余量	—	LY2
	2A06	3.8 ~ 4.3	1.7 ~ 2.3	0.5 ~ 1.0	0.50	0.50	0.10	—	—	0.03 ~ 0.15	0.001 ~ 0.005		—	LY6
	2B11	3.8 ~ 4.5	0.4 ~ 0.8	0.4 ~ 0.8	0.50	0.50	0.10	—	—	0.15	—		—	LY8
	2A10	3.9 ~ 4.5	0.15 ~ 0.3	0.3 ~ 0.5	0.20	0.25	0.10	—	—	0.15	—		—	LY10
	2A11	3.8 ~ 4.8	0.4 ~ 0.8	0.4 ~ 0.8	0.70	0.70	0.30	0.10	—	0.15	—		(Fe + Ni) 0.7	LY11
锻铝	6A02	0.2 ~ 0.6	0.45 ~ 0.9	或 Cr0.15 ~ 0.35	0.50	0.5 ~ 1.2	0.20	—	—	0.15	—		—	LD2
	2A70	1.9 ~ 2.5	1.4 ~ 1.8	0.2	0.9 ~ 1.5	0.35	0.30	0.9 ~ 1.5	—	0.02 ~ 0.1	—		—	LD7
	2A90	3.5 ~ 4.5	0.4 ~ 0.8	0.2	0.5 ~ 1.0	0.5 ~ 1.0	0.30	1.8 ~ 2.3	—	0.15	—		—	LD9
超硬铝	7A03	1.8 ~ 2.4	1.2 ~ 1.6	0.10	0.20	0.20	6.0 ~ 6.7	—	0.05	0.02 ~ 0.08	—		—	LC3
	7A09	1.2 ~ 2.0	2.0 ~ 3.0	0.15	0.5	0.5	5.1 ~ 6.1	—	0.16 ~ 0.30	—	—		—	LC9
特殊铝	4A01	0.20	—	—	0.6	4.5 ~ 6.0	(Zn + Sn) 0.10	—	—	0.15	—		—	LT1
	4A17	(Cu + Zn) 0.15	0.05	0.5	0.5	11.0 ~ 12.5	—	—	—	0.15	—		Ca0.10	LT17

表 7-3　常用铝及铝合金的力学性能

类别	合金牌号	材料状态	抗拉强度 R_m/MPa	下屈服强度 R_{eL}/MPa	伸长率 A（%）
工业纯铝	1A99	固溶态	45	$\sigma_{p0.2}=10$	$\delta_5=50$
	1A60	退火	90	30	30
	1035	冷作硬化	140	100	12
防锈铝	3A21	退火	130	50	20
		冷作硬化	160	130	10
	5A02	退火	200	100	23
		冷作硬化	250	210	6
	5A05 5B05	退火	270	150	23

（续）

类别	合金牌号	材料状态	抗拉强度 R_m/MPa	下屈服强度 R_{eL}/MPa	伸长率 A（%）
硬铝	2A11	淬火 + 自然时效 退火	420 210	240 110	18 18
	2A12	淬火 + 自然时效 退火	470 210	330 110	17 18
	2A01	淬火 + 自然时效 退火	300 160	170 60	24 24
锻铝	6A02	淬火 + 人工时效 淬火 退火	323.4 215.6 127.4	274.4 117.6 60	12 22 24
超硬铝	7A04	淬火 + 人工时效 退火	588 254.8	539 127.4	12 13

二、铝及铝合金的焊接性

铝具有与其他金属不同的物理特性（见表 7-4），因此铝及铝合金的焊接工艺特点与其他金属有很大的差别。

表 7-4　铝与其他金属物理性能的比较

金属名称	密度 /(g/cm³)	热导率 /[W/(m·K)]	线胀系数 /(10⁻⁶/℃)	比热容 /[J/(g·℃)]	熔点 /℃
铝	2.7	222	23.6	0.94	660
铜	8.92	394	16.5	0.38	1083
65/35 黄铜	8.43	117	20.3	0.37	930
低碳钢	7.80	46	12.6	0.50	1350
镁	1.74	159	25.8	0.10	651

纯铝的熔点低（660℃），熔化时颜色不变，难以观察到熔池，焊接时容易塌陷和烧穿；热导率是低碳钢的 4 倍多，散热快，焊接时不易熔化；线胀系数约为低碳钢的 2 倍，焊接时易变形；在空气中易氧化生成致密的高熔点氧化膜 Al_2O_3（熔点为 2050℃），难熔且不导电，焊接时易造成未熔合、夹渣缺陷，并使焊接过程不稳定。因此，铝及铝合金的焊接性比低碳钢差。合金种类不同，焊接性也有一定差别，概括起来有以下几个问题。

1. 易氧化

铝与氧的亲和力很强，纯铝及铝合金在任何温度下都会被氧化。在空气中与氧结合生成一层厚度为 0.1～0.2μm 的致密氧化膜，其熔点远远高于铝的熔点，密度是铝的 1.4 倍，对水分的吸附能力很强，在焊接过程中存在于熔池表面时会影响电弧的稳定性，阻碍焊接过程的正常进行。因此，焊接时容易形成未熔合、气孔和夹渣等缺陷，从而降低了焊接接头的力学性能。

焊前必须将焊件及焊丝表面的氧化膜用机械或化学方法清理干净，并采取有效措施，防止在焊接过程中熔池及高温区金属的氧化。

2. 能耗大

由于铝合金的热导率很大，焊接过程中散热很快，大量的热能被传到基体金属内部，熔化铝及铝合金要消耗更多的能量。为获得高质量的焊接接头，应采用能量集中、功率大的焊接热源，必要时应采取预热等措施。

3. 容易产生气孔

（1）产生气孔的原因　铝及铝合金焊接时最常见的缺陷是焊缝气孔，如图7-2所示，特别是在焊接纯铝及防锈铝时更是如此。铝及铝合金本身不含碳，液态铝又不溶解氮，焊接时不会产生一氧化碳气孔和氮气孔。因此，铝及铝合金焊接时的气孔主要是氢气孔。氢的来源有两方面：一是弧柱气氛中的水分，二是焊丝及母材表面氧化膜吸附的水分，后者对焊缝气孔的影响更为重要。

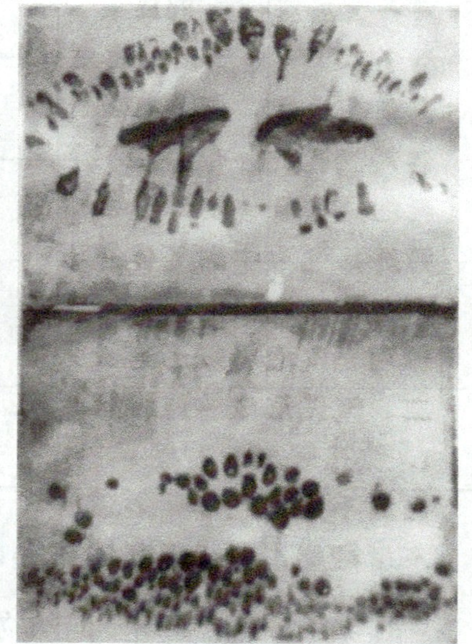

图7-2　焊缝内部气孔

（2）影响产生气孔的因素

1）铝及铝合金的物理性能。铝及铝合金的导热性好，焊接时冷却速度快，熔池存在时间短；铝的密度小，气泡上浮速度慢，均会致使焊缝容易形成气孔。

2）焊接方法。不同的焊接方法对弧柱气氛中的水分和焊丝与母材表面氧化膜所致的气孔敏感性是不同的。

熔化极惰性气体保护焊（MIG焊）时，焊丝熔化后以细小熔滴形式通过弧柱进入熔池，由于弧柱温度高，熔滴比表面积大，熔滴金属易吸收氢，加之MIG焊时熔深大，不利于气泡上浮；非熔化极惰性气体保护焊（TIG焊）时，主要是熔池表面与弧柱气氛接触，由于TIG焊熔池表面积小、温度低，不利于氢的吸收，加之熔深浅，有利于气泡上浮，因此MIG焊比TIG焊对弧柱气氛中的水分所致气孔倾向要大。在正常条件下，焊接时对弧柱气氛中的水分是要加以严格限制的，因此，焊丝及焊件表面的氧化膜所吸附的水分就成为了焊缝产生气孔的主要原因。

MIG焊时，由于电弧温度高、熔深大，坡口表面的氧化膜能迅速熔化，有利于氧化膜中水分的排除，因而气孔倾向小；而TIG焊时，电流较小、熔深浅，在熔透不足的情况下，坡口根部未清除的氧化膜所吸收的水分不仅是氢的来源，也可作为气泡核心在氧化膜上萌生气泡并长大，且气泡不易脱离氧化膜而浮出，因此，生成气孔的倾向要大些。

3）氧化膜的致密性。一般来讲，氧化膜越致密，吸水性越差，气孔倾向就越小。纯铝的氧化膜（Al_2O_3）比较致密，吸水性较差；铝镁合金的氧化膜由Al_2O_3和MgO构成，而MgO越多，形成的氧化膜越不致密，更易于吸收水分。因此，在有氧化膜存在时，铝镁合金比纯铝具有更大的气孔倾向。

（3）防止焊缝产生气孔的措施　铝及铝合金焊缝气孔均是氢气孔，防止气孔的主要措施，一是减少氢的来源，减少氢与液态金属作用的时间；二是尽量促使氢自熔池中逸出。

1）减少氢的来源。焊接时使用的焊接材料要严格控制含水量，使用前必须进行干燥处理。氩弧焊时，氩气中的含水量（质量分数）应小于0.08%，氩气管路也要保持干燥。在气焊或焊条电弧焊时，应对焊剂或焊条进行烘干，以去除水分。焊丝和母材表面的氧化膜和油污必须彻底清理干净，清理方法可以采用机械法或化学方法。

2）控制焊接参数。焊接参数（焊接电流、电弧电压、焊接速度等）主要影响熔池的存在时间，进而影响氢向熔池的溶入和析出时间。熔池高温存在时间长，有利于氢的析出，但也有利于氢的溶入；反之，熔池高温存在时间减少，可减少氢的溶入，但也不利于氢的逸出。如果焊接参数选择不当，造成氢的溶入量多又不利于氢的逸出，势必会增加气孔倾向。

TIG 焊焊接参数对焊缝金属中扩散氢［H］的影响如图 7-3 所示，采用大电流和较高的焊接速度可以减小气孔倾向。MIG 焊焊接参数对焊缝气孔的影响如图 7-4 所示，采用大电流配合较慢的焊接速度以提高焊接热输入，有利于防止焊缝气孔的形成。

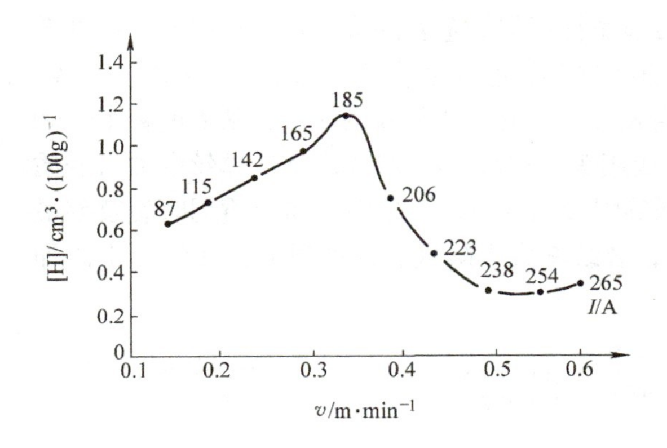

图 7-3　TIG 焊焊接参数对焊缝中扩散氢［H］的影响（母材为 5A06）

图 7-4　MIG 焊焊接参数对焊缝气孔的影响

4. 容易形成焊接热裂纹

焊接热裂纹是焊接热处理强化铝合金时常出现的问题，非热处理强化的铝镁合金的热裂倾向较小，但在接头拘束较大、焊缝成形控制不当时也会产生热裂纹。常见的裂纹主要是焊缝结晶裂纹和近缝区液化裂纹。

（1）铝合金产生焊接热裂纹的原因　铝合金属于典型的共晶型合金。若合金中存在其他元素或杂质，则可能形成三元共晶，其熔点比二元共晶还低，结晶温度区间也更大。低熔点共晶组织的存在是合金产生结晶裂纹的重要原因之一，它对结晶裂纹的影响除了与其本身熔点较低有关以外，还与其存在形态有关。低熔点共晶组织若是呈连续薄膜状或网状分布于晶界，使晶粒分离，结晶裂纹倾向就大；若是呈球状或颗粒状分布于晶界，则合金结晶裂纹倾向就小。

另外，铝合金的线胀系数比钢约大 1 倍，在拘束条件下焊接时易产生较大的焊接应力，这也是促使铝合金产生裂纹的原因之一。

（2）焊接热裂纹的影响因素　铝合金母材的合金系统及合金成分对焊接热裂纹的产生有根本性的影响。一般来讲，纯铝的裂纹倾向最小，含铜的铝合金裂纹倾向最大，因此，对含有铜的硬铝（Al-Cu-Mg）和超硬铝（Al-Zn-Cu-Mg）合金，目前很难用熔焊方法获得没有裂纹的焊接接头，所以一般不能选用熔焊方法制造硬铝和超硬铝焊接结构。

（3）焊接热裂纹的防止途径　焊接热裂纹受铝合金成分影响极大，因此防治裂纹的主要措施是选用合适的焊接材料，同时配合适当的焊接工艺。

1）选择适当的焊接材料以调整焊缝化学成分。从抗裂角度考虑，调整焊缝化学成分的着眼点是控制焊缝中具有适量的低熔点共晶并缩小结晶温度区间。由于铝合金为共晶型合金，少量低熔点共晶会增大结晶裂纹倾向，但当低熔点共晶数量很多时，反而会产生对裂纹的“愈合”作用，使裂纹倾向减小。

在焊接硬铝及超硬铝时，由于裂纹倾向大，在原有合金系统中调整化学成分难以改善抗裂性，因此，常用 $w_{Si}=5\%$ 的 Al-Si 焊丝来解决裂纹问题。使用这种焊丝时，焊缝能形成足够量的低熔点共晶，而且流动性好，结晶温度区间窄，凝固时收缩量小，焊接应力低，具有较强的抵抗裂纹能力；但接头强度远低于母材。例如，采用铝硅合金焊丝 SAlSi-1（HS311）焊接 2A12 时，焊接接头的强度只有母材的 60%；焊接 7A04 时，接头强度还不到母材的 50%。

实践证明，在铝合金焊丝中加入变质剂，可显著提高焊缝金属的抗裂性。常用的变质剂有 Ti、Zr、V、B 等元素，它们在熔池中能与铝生成难熔金属化合物（Al_3Ti、Al_3Zr、Al_7V、AlB），这些细小的难熔质点在结晶时可作为非自发核心，起细化晶粒的作用，从而改善塑性和韧性。例如，采用 MIG 焊焊接 5083 合金刚性搭接接头角焊缝，在 Al-Mg4.5% 焊丝中加入变质剂的抗裂试验如图 7-5 所示。可以看出，在相同的焊接速度下，焊丝中不加变质剂时裂纹率最高；加入 Zr 时裂纹率有所降低；加入 Ti + B 时，裂纹率大大降低。这就说明，在焊丝中添加变质剂，可显著提高焊缝金属的抗裂性。

2）选择合适的焊接方法和焊接参数。焊接方法及焊接参数影响熔池结晶过程的不平衡性和结晶后的组织状态，也影响结晶过程中的应力变化，从而影响裂纹的产生。

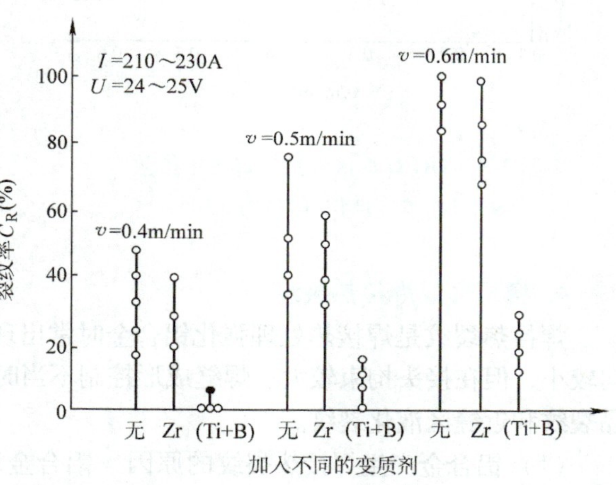

图 7-5 焊丝中加入变质剂对焊缝抗裂性的影响

热能集中的焊接方法，因加热和冷却速度快，可防止焊缝形成方向性强的粗大柱状晶，因而可以提高抗裂性，如采用 TIG 或 MIG 焊接时裂纹倾向比气焊要小得多。采用小电流焊接可减少熔池过热，也有利于改善抗裂性。焊接电流增大，会使熔池过热，同时因熔深增大而增加熔合比，使抗裂较差的母材过多地熔入焊缝，从而降低了焊缝的抗裂性；焊接速度的提高增大了焊接接头的应力，从而增大了裂纹倾向。大部分铝合金的裂纹倾向都比较大，因此，焊接时不宜采用较大的焊接电流和较快的焊接速度。

5. 焊接接头的软化

铝及铝合金焊接后，存在着不同程度的接头软化问题，特别是热处理强化铝合金的焊接接头软化问题更为严重。一些铝合金焊接接头（MIG 焊）与母材力学性能的比较见表 7-5。由表可见，对非热处理强化铝合金，在退火状态下焊接时，接头与母材基本上是等强的；在冷作硬化状态下焊接时，接头强度低于母材，这说明在冷作硬化状态下焊接时有软化现象。对热处理强化铝合金，无论是在退火状态还是在时效状态下焊接，焊后不经热处理，接头强度均低于母材。特别是在时效状态下焊接的硬铝，即使焊后经过人工时效处理，接头强度仍未超过母材强度的 60%。

表 7-5　铝合金焊接接头（MIG 焊）与母材力学性能的比较

分类	合金系（牌号）	母材（最小值）				接头（焊缝余高削除）				
		状态	R_m/MPa	R_{eL}/MPa	A（%）	焊丝	焊后热处理	R_m/MPa	R_{eL}/MPa	A（%）
非热处理强化	Al-Mg（5052）	退火	173	66	20	5356	—	200	96	18
		冷作	234	178	6	5356	—	193	82.3	18
热处理强化	Al-Cu-Mg（2024）	退火	220	1.9	16	4043	—	207	109	15
						5356	—	207	109	15
		固溶＋自然时效	427	275	15	4043	—	280	201	3.1
						5356	—	295	194	3.9
						同母材	—	289	275	4
						同母材	自然时效一个月	371	—	4
	Al＋Cu（2219）	固溶＋人工时效	463	383	10	2319	—	285	208	3
	Al-Zn-Mg-Cu（7075）	固溶＋人工时效	536	482	7	4043	人工时效	309	200	3.7
	Al-Zn-Mg（X7005）	固溶＋自然时效	352	225	18	X5180①	自然时效一个月	316	214	7.3
		固溶＋人工时效	352	304	15	X5180	自然时效一个月	312	214	6.2

①　X5180 为专用焊丝。

（1）非热处理强化铝合金的接头软化　对纯铝及防锈铝合金，在退火状态下焊接时，如果采用的焊丝化学成分与母材相同或相近，则焊接接头基本上不产生软化现象。但在冷作硬化状态下焊接时，加热温度超过再结晶温度（200～300℃）的热影响区会产生明显的软化现象。软化程度主要取决于加热的最高温度，而冷却速度的影响不明显。软化后的硬度实际上已低到退火状态的硬度水平，因此，焊前冷作硬化程度越高，焊后软化程度越大；板件越薄，这种影响越显著。

非热处理强化铝合金软化的主要原因，是热影响区晶粒粗大和冷作硬化效果的减退或消失。解决途径是采用热量集中的焊接方法来防止热影响区粗晶区加大；焊后冷态敲击焊接接头，使产生一定的冷作硬化效果。

（2）热处理强化铝合金的接头软化　硬铝及超硬铝等热处理强化铝合金，无论是在退火状态还是在时效状态下焊接，均会产生明显的接头软化现象。软化区主要在焊缝或热影响区，热处理强化铝合金焊接接头组织示意图如图 7-6 所示。这些铝合金由于热裂纹倾向大，选用的焊丝与母材化学成分有较大差别，一般焊缝强度低于母材，加之焊缝为粗大的柱状晶组织，因此焊缝的强度、塑性均低于母材。热影响区的软化主要是由于在焊接高温作用下发生“过时效”所致，即热影响区第二相（强化相）脱溶析出并集聚长大，使强化效果消失，这也是在熔焊条件下很难避免的。软化程度取决于合金第二相的性质，第二相越容易脱溶析出并易于集聚长大，就越容易发生“过时效”软化。

为防止热处理强化铝合金的软化，焊接时应采用较小的焊接热输入，以减小热影响区的高温停留时间。彻底解决软化问题的措施是焊后重新进行固溶处理或人工时效处理。

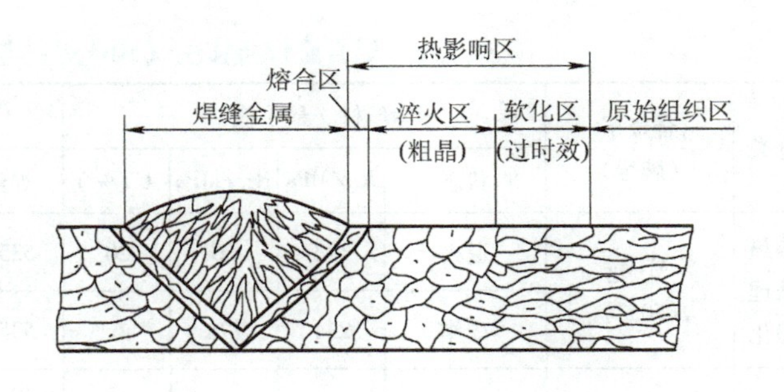

图 7-6 热处理强化铝合金焊接接头组织示意图

6. 焊接接头的耐蚀性下降

铝极易被氧化，铝及铝合金表面会形成一层致密的氧化膜而具有耐蚀性。氧化膜一旦被破坏，耐蚀性就会急剧下降。铝及铝合金焊接接头的耐蚀性一般低于母材，尤其是热处理强化铝合金焊接接头更明显。

（1）铝及铝合金焊接接头耐蚀性降低的原因　铝及铝合金焊接接头耐蚀性降低的主要原因首先是接头组织不均匀，尤其有析出相存在时，会使接头各部位形成不均匀的电极电位，在腐蚀介质中发生电化学腐蚀；其次是焊接接头或多或少存在焊接缺陷（如气孔、夹杂、裂纹等），不仅破坏了接头氧化膜的连续性，还会造成电解质溶液在缺陷处发生沉积，加速腐蚀过程；第三，焊缝是粗大的铸态组织，焊缝表面不平滑，其表面氧化膜的连续性和致密性都较差，导致耐蚀性降低；第四，接头中的焊接残余应力更是影响耐蚀性的敏感因素，尤其是在热影响区，会诱发产生应力腐蚀。

（2）防止接头耐蚀性降低的措施

1）改善接头组织的不均匀性。主要措施是焊缝金属合金化，细化晶粒并防止焊接缺陷，同时限制焊接热输入以减小热影响区，防止过热；焊后热处理对改善接头组织不均匀性也有很好的效果。

2）消除焊接应力。锤击焊道，可消除焊缝表面拉应力，一般选用冷态锤击和热态锤击两种方法。冷态锤击能使焊缝表面产生冷作硬化，锤击后生成的氧化膜致密性较好，对提高耐蚀性有一定效果；热态锤击即在300～350℃下锤击，能改善焊缝金属的铸态组织，虽无冷作硬化，但比冷态锤击效果还要好。

3）增加焊后人工时效的温度和时间，使热影响区的电极电位均匀化，可改善接头耐蚀性。但应注意不可造成“过时效”而引起软化。

4）采取保护措施，如阳极氧化处理或涂层保护等。

三、铝及铝合金的焊接工艺要点

1. 焊接方法

铝及铝合金的焊接性较好，可以采用常规的焊接方法焊接。常用的焊接方法有氩弧焊（TIG、MIG）、等离子弧焊、电子束焊、电阻焊及钎焊等。采用热功率大、能量集中、保护效果好的焊接方法较为合适。气焊和焊条电弧焊在铝及铝合金焊接中已被氩弧焊取代，目前仅用于修复性焊接及焊接不重要的焊接结构。常用铝及铝合金焊接方法的特点及应用范围见表 7-6。

表 7-6　常用铝及铝合金焊接方法的特点及应用范围

焊接方法	特　点	应用范围
TIG 焊	氩气保护，电弧热量集中，电弧燃烧稳定，焊缝成形美观，焊接接头质量好	主要用于板厚在 6mm 以下的重要结构的焊接
MIG 焊	氩气保护，电弧功率大，热量集中，焊接速度快，热影响区小，焊接接头质量好，生产率高	主要用于板厚在 6mm 以上的中厚板结构的焊接
电子束焊	能量功率密度大，焊缝深宽比大，热影响区及焊件变形小，生产率高，焊接接头质量好	主要用于板厚为 3 ~ 75mm 的非常重要结构的焊接
电阻焊	利用焊件内部电阻热，接头在压力下凝固结晶，不需填加焊接材料，生产率高	主要用于厚度在 4mm 以下薄板的搭接焊
钎焊	依靠液态钎料与固态焊件之间的扩散来形成焊接接头，焊接应力及焊接变形小，但接头强度低	主要用于厚度不小于 0.15mm 薄板的搭接、套接等
气焊	设备简单，操作方便，火焰功率较低，热量分散，焊件变形大，焊接接头质量较差	适用于焊接质量要求不高的薄板（0.1 ~ 10mm）结构或铸件的补焊

2. 焊接材料

铝及铝合金的焊接材料主要为焊丝，分为同质焊丝和异质焊丝两大类。为了得到质量可靠的焊接接头，应根据母材化学成分、产品结构特点及使用要求、施工条件等因素，选择合适的焊接材料。

选择焊丝时，首先要考虑焊缝成分要求，还要考虑抗裂性、力学性能、耐蚀性等。

（1）同质焊丝　焊丝成分与母材成分相同，有时可以直接在母材上切取板条作为填充金属。母材为纯铝、3A21、5A06、2A16 和 Al-Zn-Mg 合金时，可以采用同质焊丝。

（2）异质焊丝　主要是为满足抗裂性研制的焊丝，其成分与母材有较大的差异。为保证焊接时不产生裂纹，往往在焊丝中加入较多的合金元素，这些合金元素会降低焊接接头的耐蚀性，因此对耐蚀性有要求的焊接结构，所选焊丝中必须限定某些元素的含量。例如 Al-Zn-Mg 合金，为了保证抗裂性，常选用 Al-4Mg-Zn 焊丝，但在结构要求具有抗应力腐蚀性能的情况下，要求焊丝中 Mg 的质量分数不得超过 3%。

按照 GB/T 10858—2008《铝及铝合金焊丝》标准规定，铝及铝合金焊丝按化学成分分为铝、铝铜、铝锰、铝硅和铝镁等 5 类。焊丝型号按化学成分进行划分，见表 7-7。焊丝型号由三部分组成，第一部分为“SAl”，表示铝及铝合金焊丝；第二部分为四位数字，表示焊丝型号；第三部分为可选部分，表示化学成分代号，其完整的焊丝型号含义如下：

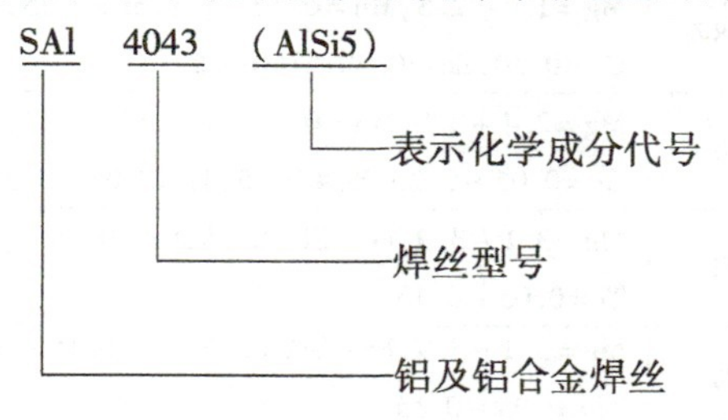

表 7-7 铝及铝合金焊丝的型号、化学成分及用途

名称	焊丝型号	化学成分代号	主要化学成分(质量分数,%)	用途及特性
纯铝焊丝	SAl1070	Al99.7	Al≥99.70,Fe≥0.25,Si≥0.20	焊接纯铝及对接头要求不高的铝合金,塑性好,耐蚀,强度较低
	SAl1080A	Al99.8(A)	Al≥99.80,Fe≥0.15,Si≥0.15	
	SAl1188	Al99.88	Al≥99.88,Fe≥0.06,Si≥0.06,V≥0.05	
	SAl1100	Al99.0Cu	Al≥99.00,Fe+Si≥0.95,Cu=0.05~0.20,Zn≥0.10	
	SAl1200	Al99.0	Al≥99.00,Fe+Si≥1.00,Zn≥0.10	
	SAl1450	Al99.5Ti	Al≥99.50,Fe≥0.40,Si≥0.25,Ti=0.10~0.20	
铝铜合金焊丝	SAl2319	AlCu6MnZrTi	Cu=5.8~6.8,Mn=0.20~0.40,Fe≥0.30,Si≥0.20 Ti=0.10~0.20,Zr=0,10~0.25,V=0.05~0.15	焊接铝铜合金
铝锰合金焊丝	SAl3103	AlMn1	Mn=0.9~1.5,Fe≥0.70,Si≥0.50,Mg≥0.30 Zn≥0.20,Cr≥0.10,Ti+Zr≥0.10	焊接铝锰及其他铝合金,耐蚀,强度较高
铝硅合金焊丝	Al4009	AlSi5Cu1Mg	Si=4.5~5.5,Fe≥0.20,Cu=1.0~1.5,Mn≥0.10, Mg=0.45~0.6,Zn≥0.10,Ti≥0.20	焊接除铝镁合金以外的铝合金,特别对易产生热裂纹的热处理强化铝合金更适合,抗裂
	SAl4010	AlSi7Mg	Si=5.5~7.5,Fe≥0.20,Cu≥0.20,Mn≥0.10, Mg=0.30~0.45,Zn≥0.10,Ti≥0.20	
	SAl4011	AlSi7Mg0.5Ti	Si=5.5~7.5,Fe≥0.20,Cu≥0.20,Mn≥0.10, Mg=0.45~0.7,Zn≥0.10,Ti=0.04~0.20	
	SAl4018	AlSi7Mg	Si=5.5~7.5,Fe≥0.20,Mn≥0.10,Mg=0.50~0.8, Zn≥0.10,Ti≥0.20	
	SAl4043	AlSi5	Si=4.5~6.0,Fe≥0.8,Cu≥0.20,Zn≥0.10,Ti≥0.20	
	SAl4043A	AlSi5(10)	Si=4.5~6.0,Fe≥0.6,Cu≥0.20,Mn≥0.15, Mg≥0.20,Zn≥0.10,Ti≥0.15	
	SAl4046	AlSi10Mg	Si=9.0~11.0,Fe≥0.5,Cu≥0.20,Mn≥0.40,Mg= 0.20~0.50,Zn≥0.10,Ti≥0.15	
	SAl4047	AlSi12	Si=11.0~13.0,Fe≥0.8,Cu≥0.20,Mn≥0.15, Mg≥0.10,Zn≥0.20	
	SAl4047A	AlSi12(A)	Si=11.0~13.0,Fe≥0.6,Cu≥0.20,Mn≥0.15, Mg≥0.10,Zn≥0.20,Ti≥0.15	
	SAl4145	AlSi10Cu4	Si=9.3~10.7,Fe≥0.8,Cu=3.3~4.7,Mn≥0.15, Mg≥0.15,Cr≥0.15,Zn≥0.20	
	SAl4643	AlSi4Mg	Si=3.6~4.5,Fe≥0.8,Cu≥0.10,Mg=0.10~0.30,Zn≥ 0.10,Ti≥0.15	
铝镁合金焊丝	SAl5249	AlMg2Mn0.8Zr	Mg=1.6~2.5,Mn=0.50~1.1,Si≥0.25,Fe≥0.4, Cr≥0.30,Zn≥0.20,Ti≥0.15	焊接铝镁和铝锌镁合金,焊补铝镁合金铸件,耐蚀、抗裂,强度高
	SAl5554	AlMg2.7Mn	Mg=2.4~3.0,Mn=0.50~1.0,Si≥0.25,Fe≥0.4, Cr=0.05~0.20,Zn≥0.25,Ti=0.05~0.20	
	SAl5654	AlMg3.5Ti	Mg=3.1~3.9,Fe+Si≥0.45,Cr=0.15~0.35,Zn≥0.20, Ti=0.05~0.15	
	SAl5654A	AlMg3.5Ti	Mg=3.1~3.9,Fe+Si≥0.45,Cr=0.15~0.35,Zn≥0.20, Ti=0.05~0.15	

（续）

名称	焊丝型号	化学成分代号	主要化学成分（质量分数，%）	用途及特性
铝镁合金焊丝	SAl5754	AlMg3	Mg = 2.6 ~ 3.6，Mn = 0.50，Si≥0.40，Fe≥0.4，Cr≥0.30，Zn≥0.20，Ti≥0.15	焊接铝镁和铝锌镁合金，焊补铝镁合金铸件，耐蚀、抗裂，强度高
	SAl5356	AlMg5Cr(A)	Mg = 4.5 ~ 5.5，Mn = 0.05 ~ 0.20，Si≥0.25，Fe≥0.4，Cr = 0.05 ~ 0.20，Zn≥0.10，Ti≥0.15	
	SAl5356A	AlMg5Cr(A)	Mg = 4.5 ~ 5.5，Mn = 0.05 ~ 0.20，Si≥0.25，Fe≥0.4，Cr = 0.05 ~ 0.20，Zn≥0.10，Ti = 0.06 ~ 0.20	
	SAl5556	AlMg5Mn1Ti	Mg = 4.7 ~ 5.5，Mn = 0.05 ~ 1.0，Si≥0.25，Fe≥0.4，Cr = 0.05 ~ 0.20，Zn≥0.25，Ti = 0.06 ~ 0.20	
	SAl5556C	AlMg5Mn1Ti	Mg = 4.7 ~ 5.5，Mn = 0.05 ~ 1.0，Si≥0.25，Fe≥0.4，Cr = 0.05 ~ 0.20，Zn≥0.25，Ti = 0.06 ~ 0.20	
	SAl5556A	AlMg5Mn	Mg = 5.0 ~ 5.5，Mn = 0.05 ~ 1.0，Si≥0.25，Fe≥0.4，Cr = 0.05 ~ 0.20，Zn≥0.20，Ti = 0.06 ~ 0.20	
	SAl5556B	AlMg5Mn	Mg = 5.0 ~ 5.5，Mn = 0.05 ~ 1.0，Si≥0.25，Fe≥0.4，Cr = 0.05 ~ 0.20，Zn≥0.20，Ti = 0.06 ~ 0.20	
	SAl5183	AlMg4.5Mn0.7(A)	Mg = 4.3 ~ 5.2，Mn = 0.05 ~ 1.0，Si≥0.40，Fe≥0.4，Cr = 0.05 ~ 0.25，Zn≥0.25，Ti≥0.15	
	SAl5183A	AlMg4.5Mn0.7(A)	Mg = 4.3 ~ 5.2，Mn = 0.05 ~ 1.0，Si≥0.40，Fe≥0.4，Cr = 0.05 ~ 0.25，Zn≥0.25，Ti≥0.15	
	SAl5087	AlMg4.5MnZr	Mg = 4.5 ~ 5.2，Mn = 0.7 ~ 1.1，Si≥0.25，Fe≥0.4，Cr = 0.05 ~ 0.25，Zn≥0.25，Ti≥0.15	
	SAl5187	AlMg4.5MnZr	Mg = 4.5 ~ 5.2，Mn = 0.7 ~ 1.1，Si≥0.25，Fe≥0.4，Cr = 0.05 ~ 0.25，Zn≥0.25，Ti≥0.15，Zr = 0.10 ~ 0.20	

3. 焊前清理

铝及铝合金焊件及焊丝表面的氧化膜及油污等会严重影响焊接质量，因此焊接之前必须严格清理。生产上采用的清理方法有化学清理和机械清理两种，根据焊件的具体情况选用。

（1）化学清理　该法效率高、质量稳定，适合清理焊丝及焊件尺寸较小、批量生产的焊件。清洗油污时一般使用汽油、丙酮、四氯化碳等有机溶剂；也可使用工业磷酸三钠40 ~ 60g、碳酸钠 40 ~ 50g、水玻璃 20 ~ 30g 加入 1L 水中溶解，加热到 60 ~ 70℃，对坡口除油 5 ~ 8min，再放入 50℃ 的水中清洗 20min，最后在冷水中冲洗 2min。铝及铝合金焊件表面化学清洗溶液配方及清洗流程见表 7-8。

表 7-8　铝及铝合金焊件表面化学清洗溶液配方及清洗流程

溶液	组成（体积分数）	温度/℃	容器材料	工　序	目　的
硝酸	水 50% 硝酸 50%	18 ~ 24	不锈钢	浸 15min，在冷水中漂洗，然后在热水中漂洗，干燥	去除薄的氧化膜，供熔焊用
氢氧化钠 + 硝酸	氢氧化钠 5% 水 95%	70	低碳钢	浸 10 ~ 60s，在冷水中漂洗	去除厚氧化膜，适用于所有焊接方法
	浓硝酸	18 ~ 24	不锈钢	浸 30s，在冷水中漂洗，然后在热水中漂洗，干燥	

大型焊件受酸洗槽尺寸的限制，难以实现整体清洗，可在坡口两侧各30mm范围内用火焰加热至100℃左右，涂擦氢氧化钠溶液，并加以清洗，时间应略长于浸洗时间，之后用火焰烘干。

（2）机械清理　先用丙酮或汽油擦洗工件表面油污，然后用机械切削、钢丝刷、喷砂处理或锉刀、刮刀等将坡口两侧30~40mm范围内的氧化膜清理干净。注意：当使用砂轮、砂纸或喷砂等方法进行清理时，容易使残留砂粒进入焊缝形成夹渣，故在焊前还应清除残留砂粒；当使用钢丝刷时，钢丝直径应在$\phi0.1 \sim \phi0.15$mm范围内，否则会使划痕过深。

工焊清洗后应在2h内装配、焊接完毕，否则会重新被氧化，特别是在潮湿或有酸碱蒸气的环境中，氧化膜生长得很快。

4. 焊接工艺要点

铝及铝合金最常用的焊接方法是钨极氩弧焊（TIG焊）、熔化极氩弧焊（MIG焊）和气焊。气焊只用于薄件及对质量要求不高或补焊的铝及铝合金的焊接。

（1）TIG焊　电弧稳定，可填加或不加焊丝焊接，接头形式不受限制，焊缝成形美观，表面光亮；焊接接头的强度、塑性和韧性较好；焊接变形小，最适用于板厚小于6mm的薄板焊接，并且适用于全位置焊接。交流TIG焊具有清理氧化膜的作用，不用熔剂，避免了焊后熔剂对接头的腐蚀作用，简化了焊后清理过程。

1）接头与坡口形式。铝及铝合金钨极氩弧焊焊接接头与坡口形式及尺寸见表7-9。

表7-9　铝及铝合金钨极氩弧焊焊接接头与坡口形式及尺寸

接头及坡口形式		板厚δ/mm	间隙b/mm	钝边p/mm	坡口角度α/(°)
对接接头	卷边	≤2	<0.5	<2	—
	I形坡口	1~5	0.5~2	—	—
	V形坡口	3~5	1.5~2.5	1.5~2	60~70
搭接接头		<1.5	0~0.5	$L \geqslant 2\delta$	—
		1.5~3	0.5~1	$L \geqslant 2\delta$	—
角接接头	I形坡口	<12	<1	—	—
	V形坡口	3~5	0.8~1.5	1~1.5	50~60
		>5	1~2	1~2	50~60
T形坡口	I形坡口	3~5	<1	—	—

2）焊接参数。焊接铝及铝合金最适宜的焊接电源是交流电源或交流脉冲电源。由于手工焊操作灵活、使用方便，常用于焊接尺寸较小的短焊缝、角焊缝及大尺寸结构件的不规则焊缝。铝及铝合金手工交流钨极氩弧焊的焊接参数见表7-10。

表7-10　铝及铝合金手工交流钨极氩弧焊的焊接参数

板材厚度/mm	焊丝直径/mm	钨极直径/mm	焊接电流/A	氩气流量/(L/min)	喷嘴孔径/mm	焊接层数(正面/反面)	备注
1	$\phi1.6$	$\phi2$	45~60	7	$\phi8$	正1	卷边焊
1.5	$\phi1.6 \sim \phi2.0$	$\phi2$	50~80	7	$\phi8$	正1	卷边或单面对焊
2	$\phi2 \sim \phi2.5$	$\phi2 \sim \phi3$	90~120	8~12	$\phi8 \sim \phi12$	正1	对接焊
3	$\phi2 \sim \phi3$	$\phi3$	150~180	8~12	$\phi8 \sim \phi12$	正1	V形坡口对接
4	$\phi3$	$\phi4$	180~200	10~15	$\phi8 \sim \phi12$	1~2/1	V形坡口对接
5	$\phi3 \sim \phi4$	$\phi4$	180~240	10~15	$\phi10 \sim \phi12$	1~2/1	V形坡口对接
6	$\phi4$	$\phi5$	240~280	16~20	$\phi14 \sim \phi16$	1~2/1	V形坡口对接

采用手工钨极氩弧焊时，焊接参数由人工掌握，难以准确控制，起弧、收弧、接头部位多，接头质量受焊工操作技术影响较大。而采用自动钨极氩弧焊时，电弧行走及焊丝填入等过程都是自动进行的，焊接参数不受人为因素影响，焊接质量能得到严格控制，且成形均匀美观。铝及铝合金自动交流钨极氩弧焊的焊接参数见表7-11。

表7-11 铝及铝合金自动交流钨极氩弧焊的焊接参数

焊接厚度/mm	焊接层数	钨极直径/mm	焊丝直径/mm	喷嘴孔径/mm	氩气流量/(L/min)	焊接电流/A	送丝速度/(m/h)
1	1	$\phi1.5 \sim \phi2$	$\phi1.6$	$\phi8 \sim \phi10$	5～6	120～160	—
2	1	$\phi3$	$\phi1.6 \sim \phi2$	$\phi8 \sim \phi10$	12～14	180～220	65～70
3	1～2	$\phi4$	$\phi2$	$\phi10 \sim \phi14$	14～18	220～240	65～70
4	1～2	$\phi5$	$\phi2 \sim \phi3$	$\phi10 \sim \phi14$	14～18	240～280	70～75
5	2	$\phi5$	$\phi2 \sim \phi3$	$\phi12 \sim \phi16$	16～20	280～320	70～75
6～8	2～3	$\phi5 \sim \phi6$	$\phi3$	$\phi14 \sim \phi18$	18～24	280～320	75～80
8～12	2～3	$\phi6$	$\phi3 \sim \phi4$	$\phi14 \sim \phi18$	18～24	300～340	80～85

脉冲TIG焊扩大了氩弧焊的应用范围，特别适合焊接铝合金精密零件，尤其适用于薄铝件的焊接。

3）操作技术要点。铝及铝合金手工钨极氩弧焊采用高频振荡器或高压脉冲引弧装置引弧，不允许在焊件上接触引弧，熄弧时应在熄弧处加快焊接速度及填丝速度，将弧坑填满后慢慢拉长电弧使之熄灭。

手工钨极氩弧焊一般采用左焊法，焊枪应均匀、平稳地向前做直线运动，弧长要保持稳定；尽量采用短弧焊，以保证熔透和避免出现咬边；填充焊丝与焊件应保持一定角度，一般为10°～15°，倾角不宜太大，以免扰乱气流和电弧的稳定性。

5052铝合金板对接TIG焊

5052铝合金管对接TIG焊

（2）MIG焊　焊接时焊丝熔化，不受电极温度限制，可以选择较大的焊接电流，因此焊接速度快，生产率高。用于焊接铝及铝合金时通常采用直流反极性，焊接薄、中等厚度板材时，用纯氩做保护气；焊接厚大焊件时，采用氩气+氦气作保护气。焊前一般不需预热，即使厚大焊件也只需预热引弧部位。自动MIG焊适用于规则的纵缝、环缝及水平位置的焊接；半自动MIG焊大多用于定位焊、短焊缝及铝制容器中封头、加强圈、各种内件等的焊接。

确定焊接参数时，应先根据焊件厚度、坡口尺寸选择焊丝直径，再根据熔滴过渡形式（短路过渡或喷射过渡）确定焊接电流、电弧电压及其他焊接参数。表7-12所列为纯铝、铝镁合金及硬铝自动MIG焊的焊接参数。MIG焊熔深大，厚度为6mm的铝板对接时可不开坡口；当厚度较大时一般采用较大钝边，但须增大坡口角度以降低焊缝余高。表7-13所列为纯铝半自动MIG焊的焊接参数，对于相同厚度的铝锰、铝镁合金，焊接电流应降低20~30A，氩气流量增大10~15L/min。

焊接电流、电弧电压直接影响焊接过程的稳定性，而无论是自动还是半自动MIG焊，保持焊接过程中的参数稳定，是保证焊接质量的关键。半自动MIG焊时，焊枪的移动由人工操作，这时要注意焊枪沿焊缝的移动速度应使电弧永远保持在熔池上面。若速度过快，致使电弧越出熔池，则容易造成熔合不良；速度太慢，则容易造成烧穿。熄弧时，熔池应一直保持到焊接结束，方法是焊枪在移动方向反向移动20~30mm，同时增加送丝速度，使熔池逐步缩小，直至填满弧坑。续焊时，应先用锉刀修整前段焊道弧坑和起弧部分后再起焊。多层焊时，在焊接每层焊道前均应用不锈钢丝刷清除附着在前层焊道上的黑色粉末，然后才可焊接后层焊道。

表7-12　纯铝、铝镁合金及硬铝自动MIG焊的焊接参数

母材牌号	焊丝型号（牌号）	板材厚度/mm	坡口直径		焊丝直径/mm	喷嘴直径/mm	氩气流量/(L/min)	焊接电流/A	焊接电压/V	焊接速度/(m/h)	备注
			钝边/mm	坡口角度/(°)							
5A05	SAlMg-5（HS331）	5	—	—	φ2.0	φ22	28	240	21~22	42	单面焊双面成形
1060 1050A	SAl-3	6~8	—	—	φ2.5	φ22	30~35	230~160	26~27	25	正、反面均焊一层
		8	4					300~320		24~28	
		12	8		φ3.0	φ28		320~340	28~29	15	
		16	12	100	φ4.0		40~45	380~420	29~31	17~20	
		20	16	—	φ4.0		50~60	450~490		17~19	
		25	21		φ4.0			490~550			
5A02 5A03	SAlMn（HS331）	12	8	120	φ3.0	φ22	30~35	320~350	28~30	24	
		18	14		φ4.0	φ28	50~60	450~470	29~30	18.7	
		25	16		φ4.0	φ28	50~60	490~520	29~30	16~19	
2A11	SAlSi-5（HS331）	50	6~8	75	—	φ28	—	450~500	24~27	15~18	采用双面U形坡口，钝边6~8mm

表7-13　纯铝半自动MIG焊的焊接参数

板厚/mm	坡口形式	坡口尺寸/mm	焊丝直径/mm	焊接电流/A	焊接电压/V	氩气流量/(L/min)	喷嘴直径/mm	备　注
6	对接	间隙0~2	φ2.0	230~270	26~27	20~25	φ20	反面采用垫板，仅焊一层焊缝
8~12	单面V形坡口	间隙0~2 钝边2 （坡口角度70°）	φ2.0	240~320	27~29	25~36	φ20	正面焊两层，反面焊一层

（续）

板厚/mm	坡口形式	坡口尺寸/mm	焊丝直径/mm	焊接电流/A	焊接电压/V	氩气流量/(L/min)	喷嘴直径/mm	备 注
14～18	单面V形坡口	间隙0～0.3 钝边10～14 （坡口角度90°～100°）	ϕ2.5	300～400	29～30	35～50	ϕ22～ϕ24	正面焊两层，反面焊一层
20～25	单面V形坡口	间隙0～0.3 钝边16～21 （坡口角度90°～100°）	ϕ2.5～ϕ3.0	400～450	29～31	50～60	ϕ22～ϕ24	

总结与提高：

1）铝及铝合金表面易氧化生成氧化膜，焊接时会造成熔合不良与夹渣，必须用机械或化学方法将氧化膜清理干净。

2）铝及铝合金焊接时易产生氢气孔、热裂纹和接头强度降低现象，热处理强化铝合金焊接时更为明显。

3）焊接铝及铝合金时应该选择功率大、能量集中和保护效果好的焊接方法，如交流氩弧焊、等离子弧焊、电子束焊等，铝合金的搅拌摩擦焊也已发展较为成熟，正逐步进入工业化应用阶段。

四、铝及铝合金焊接生产案例——$4m^3$纯铝容器的焊接

铝合金搅拌摩擦焊

1. 材质与结构

如图7-7所示，$4m^3$纯铝容器筒身分为三节，每节由两块6mm厚的1035铝板焊成，封头由8mm厚的1035铝板拼焊后压制而成。

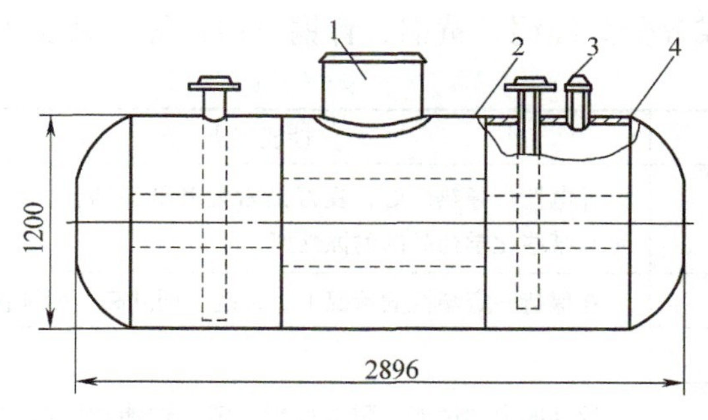

图7-7　$4m^3$纯铝容器结构图

1—人孔　2—筒体　3—管接头　4—封头

2. 焊接工艺

（1）焊接方法和焊接参数　采用交流电源的手工钨极氩弧焊焊接，其焊接参数见表7-14。

表 7-14 手工钨极氩弧焊焊接参数

焊件厚度/mm	焊丝直径/mm	钨极直径/mm	焊接电流/A	喷嘴孔径/mm	电弧长度/mm	预热温度/℃
6	ϕ5 ~ ϕ6	ϕ5	240 ~ 260	ϕ14	2 ~ 3	不预热
8	ϕ6	ϕ6	260 ~ 270	ϕ14	2 ~ 3	150

（2）焊接材料　填充材料采用与母材同牌号的 SAl1450 焊丝。为了提高焊缝的耐蚀性，有时也可选用纯度比母材高一些的焊丝。氩气纯度大于 99.9%。

（3）焊接坡口与间隙　6mm 厚的板（筒体）不开坡口，装配定位焊后的间隙为 2mm。8mm 厚的板（封头）开 70°Y 形坡口，钝边为 1 ~ 1.5mm，定位焊后的间隙保证在 3mm 左右。

（4）焊前准备　由于焊件较大，化学清洗有困难，因此采用机械清理。选用丙酮除掉油污，然后用钢丝刷清理坡口及其两侧 30 ~ 40mm 范围内的氧化膜等，再用刮刀将坡口内表面清理干净。

焊接过程中采用风动钢丝轮进行清理，所用钢丝刷或钢丝轮的钢丝为不锈钢丝，直径小于 ϕ0.15mm，机械清理后最好马上施焊。

（5）焊接顺序　先焊接焊缝正面，背面清根后再焊一层。

（6）焊后检验　所有环缝和纵缝采用煤油进行渗透性检验和 100% 的 X 射线检测。

模块二　铜及铜合金的焊接

铜及铜合金具有优良的导电性、导热性，高的抗氧化性，以及在淡水、盐水、氨碱溶液和有机化学物质中耐腐蚀的性能（但在氧化性酸中易腐蚀），且具有良好的冷、热加工性能和较高的强度。铜及铜合金在电气、电子、化工、食品、动力、交通、航空、航天及兵器等工业领域得到了广泛应用。

一、铜及铜合金的类型与性能特点

铜及铜合金按化学成分分为纯铜、黄铜、青铜及白铜等，见表 7-15。

表 7-15 铜及铜合金的分类

分类	合金系	性能特点	典型牌号
纯铜	Cu	导电性、导热性好，良好的常温和低温塑性，对大气、海水和某些化学药品的耐蚀性好	T1
黄铜	Cu-Zn	在保持一定塑性的情况下，强度、硬度高，耐蚀性好	H62
青铜	Cu-Sn	较高的力学性能、耐磨性能、铸造性能和耐蚀性能，并保持一定的塑性，焊接性良好	QSn6.5-0.4
	Cu-Al		QAl9-2
	Cu-Si		QSi3-1
	Cu-Be		QBe0.6-2.5
白铜	Cu-Ni	力学性能、耐蚀性能较好，在海水、有机酸和各种盐溶液中具有较高的化学稳定性，优良的冷、热加工性能	B19

1. 纯铜

纯铜中铜的质量分数不小于99.95%，具有很高的导电性、导热性，良好的耐蚀性和塑性。在退火状态（软态）下塑性较高，但强度不高；通过冷加工变形后（硬态），强度和硬度均有提高，但塑性明显下降。冷加工后经550～600℃退火，塑性可完全恢复。焊接结构一般采用软态纯铜。纯铜的牌号及主要成分见表7-16，性能见表7-17。

2. 黄铜

黄铜是指以锌为主要合金元素的铜合金，表面呈淡黄色，因此称为黄铜。黄铜的耐蚀性高，冷、热加工性能好，导电性比纯铜差，力学性能优于纯铜，应用较广泛。黄铜的牌号为H＋两位数字，其中“H”是汉语拼音“黄”的第一个字母，后面两位数字表示铜的质量分数，其余为锌。例如，H95表示铜的质量分数为95%的黄铜。

表7-16　纯铜的牌号及主要成分（摘自GB/T 5231—2012）

分类	牌号	化学成分（质量分数,%）												
		Cu＋Ag（最小值）	P	Ag	Bi	Sb	As	Fe	Ni	Pb	Sn	S	Zn	O
纯铜	T1	99.95	0.001	—	0.001	0.002	0.002	0.005	0.002	0.003	0.002	0.005	0.005	0.02
	T2	99.90	—	—	0.001	0.002	0.002	0.005	—	0.005	—	0.005	—	—
	T3	99.70	—	—	0.002	—	—	—	—	0.01	—	—	—	—

表7-17　纯铜的性能

性能	力学性能		物理性能						
指标	抗拉强度/MPa	伸长率（%）	密度/(g/cm³)	熔点/℃	热导率/[W/(m·K)]	比热容/[J/(g·K)]	电阻率/10⁻⁸Ω·m	线胀系数/(10⁻⁶/K)	表面张力/10⁻⁵N·cm
软态 硬态	196～235 392～490	50 6	8.94	1083	391	0.384	1.68	16.8	1300

在黄铜中加入锡、铅、锰、硅、铁等元素就成为特殊黄铜。例如，HPb59-1表示铜的质量分数为59%，铅的质量分数为1%，其余为锌的特殊黄铜。黄铜的力学性能和物理性能见表7-18。

表7-18　黄铜与青铜的力学性能和物理性能

材料名称	牌号	材料状态或铸模	力学性能			物理性能			
			抗拉强度/MPa	伸长率（%）	硬度HBW	密度/(g/cm³)	线胀系数/(10⁻⁶/K)	热导率/[W/(m·K)]	熔点/℃
黄铜	H68	软态	313.6	55	—	8.5	19.9	117.04	932
		硬态	646.8	3	150				
	H62	软态	323.4	49	56	9.43	20.6	108.68	905
		硬态	588	3	164				

（续）

材料名称	牌号	材料状态或铸模	力学性能			物理性能			
			抗拉强度/MPa	伸长率（%）	硬度HBW	密度/(g/cm^3)	线胀系数/(10^{-6}/K)	热导率/[W/(m·K)]	熔点/℃
青铜	QSn6.5-0.4	砂型	343～441	60～70	70～90	8.8	19.1	50.16	995
		金属型	686～784	7.5～12	160～200				
	QAl9-2	软态	441	20～40	80～100	7.6	17.0	71.06	1060
		硬态	584～784	4～5	160～180				
	QSi3-1	软态	343～392	50～60	80	8.4	15.8	45.98	1025
		硬态	637～735	1～5	180				

3. 青铜

不以锌和镍为主要合金元素的铜合金统称为青铜。青铜具有良好的耐磨性、耐蚀性、铸造性能和力学性能。常用的青铜有锡青铜（如 QSn4-3）、铝青铜（如 QAl9-2）和硅青铜（如 QSi3-1）等。青铜的力学性能和物理性能见表 7-18。

4. 白铜

白铜为镍的质量分数低于 50% 的铜镍合金。如在白铜中加入锰、铁、锌等元素，可形成锰白铜、铁白铜和锌白铜。白铜可分为结构用白铜和电工用白铜，焊接结构中使用的白铜不多。

二、铜及铜合金的焊接性

由于铜及铜合金的化学成分和物理性能有其独特的方面，故铜及铜合金的焊接性较差。在焊接结构中应用较多的是纯铜及黄铜，因此焊接性的分析也主要是针对纯铜和黄铜。其焊接时存在以下问题。

1. 难熔合、易变形

由于铜的导热性很强（铜和大多数铜合金的热导率比普通碳钢大 7～11 倍），焊接时热量从加热区迅速传导出去，焊件越厚，散热越严重；尽管铜的熔点较低，但焊接区也难以达到熔化温度，因此造成填充金属与母材不能很好地熔合，有时被误认为是裂纹，实际上是未熔合。同时，由于导热性好，使得焊接热影响区加宽，线胀系数和收缩率又较大，即使在焊件刚度较小时，也容易产生较大的变形；在刚度较大时，又会在焊接接头中造成很大的焊接应力。

铜在熔化时的表面张力小（比铁小 1/3），流动性好（比铁大 1～1.5 倍），焊接时容易导致熔化金属流失，因此，铜及铜合金的表面成形能力差。为得到令人满意的焊接接头，除采用大功率、高能量密度的焊接方法外，还必须配合不同温度的预热；单面焊时背面必须附加垫板，以控制焊缝成形，不允许采用悬空单面焊。

2. 热裂纹倾向大

铜及铜合金的焊接裂纹一般出现在焊缝上，也有出现在熔合区及热影响区的，裂纹呈晶间破坏特征，从其断面上可以看到明显的氧化色彩。

（1）产生热裂纹的主要原因　铜与其中的杂质可形成多种低熔点共晶而引起热裂纹。

1）铜及铜合金中常存在杂质氧，再加上铜的氧化，在液态铜中生成 Cu_2O。Cu_2O 能溶于液态铜而不溶于固态铜，会形成熔点为1064℃的（$Cu+Cu_2O$）低熔点共晶。实践证明，当焊缝中存在质量分数为0.20%以上的 Cu_2O（氧的质量分数约为0.02%）时会出现热裂纹，用作焊接结构的纯铜，氧的质量分数不应超过0.03%。

2）铜及铜合金中的杂质Bi和Pb本身的熔点低，且在熔池结晶过程中与铜分别生成熔点很低的共晶组织Cu+Bi（熔点为270℃）和Cu+Pb（熔点为326℃）。另外，S能较好地溶解在液态铜中，但当凝固结晶时，其在固态铜中的溶解度几乎为零。S与铜形成 Cu_2S，（Cu_2S+Cu）的共晶温度为1067℃。这些低熔点的共晶组织分布在枝晶间或晶界处，都将促使焊缝产生热裂纹。

3）焊接加热时，热影响区的低熔点共晶会重新熔化，在焊接应力作用下会产生热裂纹。

4）铜及铜合金在焊接时会产生较大的焊接应力；焊接纯铜时，焊缝为单相组织，且由于铜的导热性强，焊缝易生成粗大的柱状晶。这些因素都会加剧热裂纹的生成。

（2）防止铜及铜合金产生热裂纹的措施　在采用熔焊方法焊接铜及铜合金时，应根据具体情况采取如下措施来防止热裂纹的产生：

1）严格限制铜及铜合金中杂质的含量。

2）增强对焊缝的脱氧能力，一般是在焊丝中加入硅、锰、磷等合金元素进行脱氧。

3）选用能获得双相组织的焊接材料，使低熔点共晶分散、不连续，打乱柱状晶的方向性，使焊缝晶粒细化。

4）采用预热、缓冷等措施，以减小焊接应力。

3. 容易形成气孔

熔焊铜及铜合金时，气孔倾向比低碳钢大得多，引起气孔的主要是氢和氧。

（1）氢的影响　氢在液态铜中的溶解度较大，在从液态转变为固态时溶解度发生突变而大大降低，如图7-8所示；铜的热导率比低碳钢大7倍以上，焊接时铜焊缝的结晶过程进行得非常快，氢不易析出，已经析出的气泡又来不及上浮逸出而形成气孔。

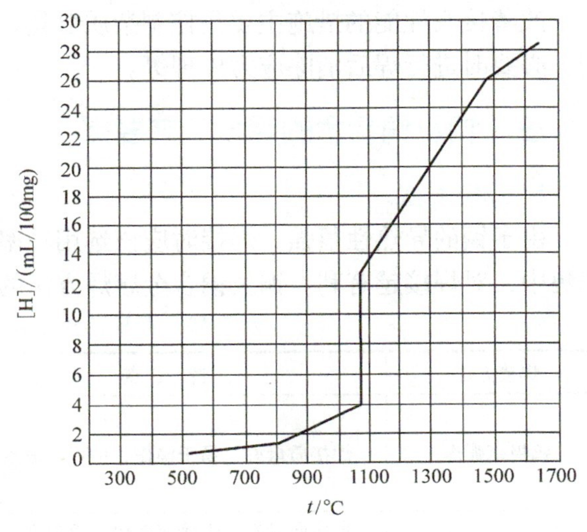

图7-8　氢在液态铜中的溶解度与温度的关系

（2）氧的影响　焊接高温下，铜与氧生成 Cu_2O，Cu_2O 不溶于铜而析出，与溶解在液态铜中的H或CO发生下列反应：

$$Cu_2O+2H=2Cu+H_2O\uparrow$$

$$Cu_2O+CO=2Cu+CO_2\uparrow$$

形成的水蒸气和二氧化碳气体不溶于铜，由于焊缝结晶速度快，气体来不及逸出而形成焊缝气孔。该气孔称为反应气孔。当铜中含氧量很少时，发生上述气孔的可能性很小；含氧量较多时，对反应气孔很敏感。

减少和消除铜焊缝中气孔的主要措施：一是减少氢和氧的来源；二是采取预热措施来延长熔池存在时间，使气体易于逸出。另外，还可以采用含有铝、钛等强脱氧剂的焊丝，也能收到良好效果。

4. 焊接接头性能下降

铜及铜合金在熔化焊过程中，由于晶粒严重长大以及合金元素的烧损、蒸发和杂质的掺入，使焊接接头的塑性、导电性和耐蚀性下降。

（1）塑性显著降低　焊接纯铜时，焊缝与焊接接头的抗拉强度可与母材接近，但塑性比母材低。例如用纯铜焊条焊接纯铜，焊缝金属的抗拉强度与母材相似，但伸长率只有10%～25%，与母材相差很大；又如纯铜埋弧焊时，焊接接头的抗拉强度虽与母材接近，但伸长率约为20%，也与母材相差很大。造成这一结果的主要原因：一是焊缝及热影响区晶粒粗大；二是为防止裂纹和气孔，在焊丝中加入了一定量的脱氧元素（如Mn、Si等），这样虽可使焊缝金属强度有所提高，但同时会导致各种脆性的低熔点共晶出现在晶界上，削弱了金属间的结合力，使接头塑性和韧性显著下降。

（2）导电性下降　铜的导电性与其纯度有很大关系，任何元素的掺入都会使其导电性下降。焊接铜及铜合金时，合金元素和杂质的掺入都会不同程度地导致焊接接头的导电性变差。但如果采用保护效果好的焊接方法，如惰性气体保护焊，且焊接材料选用得当，则接头导电能力可达到母材的90%～95%。

（3）耐蚀性降低　铜合金的耐蚀性主要是靠Mn、Zn、Ni、Al等元素的合金化获得的。熔焊过程中这些元素的蒸发和氧化烧损会不同程度地使接头的耐蚀性下降。焊接应力的产生又会增加产生应力腐蚀的危险性，这对应力腐蚀比较敏感的高锌黄铜尤其明显。

此外，焊接黄铜时，锌容易氧化和蒸发（锌的沸点为907℃），而锌蒸气对人体健康有危害，须采取有效的通风措施。为了防止锌的蒸发和氧化，应采用含硅的填充金属，这样焊接时可在熔池表面形成一层致密的氧化硅薄膜，阻止锌的氧化和蒸发。

改善接头性能的措施主要是控制杂质含量，减少合金元素的氧化烧损；其次是减少热作用，必要时进行焊后消除应力处理等。

三、铜及铜合金的焊接工艺要点

1. 焊接方法

由于铜的导热性很强，焊接时应该选用功率大、能量密度高的热源，热效率越高、能量越集中，对焊接越有利。铜及铜合金熔焊方法的特点及应用见表7-19。

表7-19　铜及铜合金熔焊方法的特点及应用

焊接方法	特　点	应　用
钨极氩弧焊	焊接质量好，易于操作，但焊接成本较高	用于薄板（厚度小于12mm），纯铜、黄铜、锡青铜、白铜采用直流正接，铝青铜采用交流，硅青铜采用交流或直流
熔化极氩弧焊	焊接质量好，焊接速度快，效率高，但设备昂贵，焊接成本高	适用板厚大于3mm，若板厚大于15mm优点更显著，采用直流反接

（续）

焊接方法	特　　点	应　　用
等离子弧焊	焊接质量好，效率高，节省材料，但设备费用高	板厚为6～8mm可不开坡口，一次焊成，最适合焊接板厚为3～15mm的中厚板
焊条电弧焊	设备简单，操作灵活，焊接速度较快，焊接变形较小，但焊接质量较差，易产生焊接缺陷	采用直流反接，适用板厚2～10mm
埋弧焊	电弧功率大，熔深大，变形小，效率高，焊接质量较好，但容易产生气孔	采用直流反接，适用于板厚为6～30mm的中厚板
气焊	设备简单，操作方便，但火焰功率低，热量分散，焊接变形大，成形差，效率低	用于厚度小于3mm的不重要结构

2. 焊接材料

（1）焊丝　我国常用的焊接铜及铜合金的焊丝见表7-20。选用铜及铜合金焊丝时，最重要的是控制杂质含量和提高脱氧能力，以防止焊缝出现热裂纹及气孔等焊接缺陷。

焊接纯铜的焊丝中主要添加了Si、Mn、P等脱氧元素，对导电性要求高的纯铜不宜选用含P的焊丝。黄铜焊丝中常加入Si，既可防止Zn的蒸发、氧化，还可提高焊缝金属的抗裂性和耐蚀性。在焊丝中加入强脱氧元素Al，除可作为脱氧剂和合金剂外，还可以细化焊缝晶粒，提高接头塑性和耐蚀性。但脱氧剂过多，会形成过多的高熔点氧化物而导致夹杂缺陷。此外，焊丝中加入Fe可提高焊缝金属的强度和耐磨性；适量加入Sn可提高焊丝的柔性，改善焊丝的工艺性能。

（2）焊条　铜焊条分为纯铜焊条和青铜焊条两大类。由于黄铜中的Zn容易蒸发，极少采用焊条电弧焊，因此没有黄铜焊条，必要时可采用青铜焊条。常用铜及铜合金焊条见表7-21。

3. 焊前准备

（1）接头形式及坡口制备　焊接铜及铜合金时尽量不采用搭接接头、T形接头和内角接头，因为这些接头形式散热快、不易焊透，焊后清除焊件缝隙中的熔剂及焊渣也很困难。应采用散热条件对称的对接接头和端接接头，并根据母材厚度和焊接方法的不同，制备相应的坡口。不同厚度（厚度差大于3mm）的纯铜板对接焊时，厚度大的一端须按规定削薄；开坡口的单面焊对接接头要求背面成形时，须在铜板背面加成形垫板；一般情况下，铜及铜合金不宜立焊和仰焊。

（2）焊前清理　铜及铜合金对焊前清理的要求比较严格，清理方法见表7-22。经清理合格的焊件应及时施焊。

4. 焊接工艺要点

（1）钨极氩弧焊（TIG焊）　氩弧焊的保护效果好，可用于所有的铜及铜合金的焊接。钨极氩弧焊由于具有电弧热量集中、热影响区窄、操作灵活的优点，已经成为铜及铜合金熔焊方法中应用最广泛的一种，特别适合于薄板和小件的焊接与补焊。铜及铜合金TIG焊的焊接参数见表7-23。

表 7-20　焊接铜及铜合金的焊丝

类别	型号	识别颜色	化学成分(质量分数,%)													牌号	主要用途
			Cu	Zn	Sn	Si	Mn	Ni	Fe	P	Pb	Al	Ti	S	杂质元素总和		
铜	HSCu	浅灰	98.0	—	≤1.0	≤0.5	≤0.5	—	—	≤0.15	≤0.02	≤0.01	—	—	≤0.50	HS201	用于耐海水腐蚀等钢件的堆焊
黄铜	HSCuZn-1	大红	57.0~61.0	余量	0.5~1.5	—	—	—	—	—	≤0.05	≤0.01	—	—	≤0.50	HS220	用于轴承和耐腐蚀表面的堆焊
	HSCuZn-2	苹果绿	56.0~60.0		0.8~1.1	0.04~0.15	0.01~0.5	—	0.25~1.20							HS222	
	HSCuZn-3	紫蓝	56.0~62.0		0.5~1.5	0.1~0.5	≤1.0	≤1.5	≤0.5							HS221	
	HSCuZn-4	黑色	61.0~63.0		—	0.3~0.7	—	—	—							HS224	
白铜	HSCuZnNi	棕色	46.0~50.0	余量	—	≤0.25	—	9.0~11.0	—	≤0.25	≤0.05	≤0.02	—	—	≤0.50	—	用于钢件的堆焊
	HSCuNi	中黄	余量	—		≤0.15	≤1.0	29.0~32.0	0.40~0.75	≤0.02	≤0.02	—	0.20~0.50	≤0.01			
青铜	HSCuSi	紫红	余量	≤1.5	≤1.1	2.8~4.0	≤1.5	—	≤0.5	—	≤0.20	—	—	—	≤0.5	HS211	用于耐腐蚀表面的堆焊,不能用于轴承的堆焊
	HSCuSn	粉红		—	6.0~9.0	—	—		—	0.10~0.35		≤0.01				HS212	用于轴承及抗腐蚀表面的堆焊
	HSCuAl	中蓝		≤0.10	—	≤0.10	≤2.0			—		7.0~9.0				HS213	用于耐腐蚀表面的堆焊
	HSCuAlNi	中绿		≤0.10		≤0.10	0.5~3.0	0.5~3.0	≤2.0			7.0~9.0				HS214	用于耐磨、耐腐蚀表面的堆焊

表 7-21　常用铜及铜合金焊条

国际型号	药皮类型	焊缝主要化学成分（质量分数，%）	焊缝金属性能	主要应用范围
ECu	低氢型	纯铜　Cu > 99	R_m≥176MPa	在大气及海水介质中具有良好的耐蚀性，用于焊接脱氧或无氧铜结构件
ECuSi	低氢型	硅青铜　Si≈3 Mn < 1.5 Sn < 1.5 Cu 余量	R_m≥340MPa A > 20% 110～130HV	适用于纯铜、硅青铜及黄铜的焊接，以及化工管道等内衬的堆焊
ECuSnB	低氢型	磷青铜　Sn≈8 P≤0.3 Cu 余量	R_m≥274MPa A≥20% 80～115HV	适合焊纯铜、黄铜、磷青铜，堆焊磷青铜轴衬、船舶推进器叶片
ECuAl	低氢型	铝青铜　Al≈8 Mn≤2 Cu 余量	R_m≥392MPa A≥15% 120～160HV	用于铝青铜及其他铜合金、铜合金与钢的焊接

表 7-22　铜及铜合金的焊前清理方法

目的		清理内容及工艺
去油污		1. 清除氧化膜之前，将待焊处坡口及其两侧各 30mm 内的油污、脏物等杂质，用汽油、丙酮等有机溶剂进行清洗 2. 用温度为 30～40℃的质量分数为 10% 氢氧化钠水溶液清除坡口油污→用清水冲洗干净→置于质量分数为 35%～40% 的硝酸（或质量分数为 10%～15% 的硫酸）水溶液中浸渍 2～3min→清水冲洗干净→烘干
去除氧化膜	机械清理	用风动钢丝轮、钢丝刷或砂布打磨焊丝和焊件表面，直至露出金属光泽
	化学清理	置于 70mL/L 的 HNO_3 + 100mL/L 的 H_2SO_4 + 1mL/L 的 HCl 的混合溶液中进行清洗后，用碱水中和，再用清水冲净，然后用热风吹干

表 7-23　铜及铜合金 TIG 焊的焊接参数

材料	板厚 /mm	钨极直径 /mm	焊丝直径 /mm	焊接电流 /A	氩气流量 /(L/min)	预热温度 /℃	备　注
纯铜	3	φ3～φ4	φ2	200～240	14～16	不预热	不开坡口对接
	6	φ4～φ5	φ3～φ4	280～360	18～24	400～450	V 形坡口，钝边 1.0mm
硅青铜	3	φ3	φ2～φ3	120～160	12～16	不预热	不开坡口对接
	9	φ5～φ6	φ3～φ4	250～300	18～22		V 形坡口对接
锡青铜	1.5～3.0	φ3	φ1.5～φ2.5	100～180	12～16	不预热	不开坡口对接
	7	φ4	φ4	210～250	16～20		V 形坡口对接

（续）

材料	板厚/mm	钨极直径/mm	焊丝直径/mm	焊接电流/A	氩气流量/(L/min)	预热温度/℃	备 注
铝青铜	3	ϕ4	ϕ4	130 ~ 160	12 ~ 16	不预热	V 形坡口对接
	9	ϕ5 ~ ϕ6	ϕ3 ~ ϕ4	210 ~ 330	16 ~ 24		
白铜	<3	ϕ3 ~ ϕ5	ϕ3	300 ~ 310	18 ~ 24	不预热	V 形坡口
	3 ~ 9		ϕ3 ~ ϕ4	300 ~ 310			

铜及铜合金 TIG 焊一般采用直流正极性，以使焊件获得较多的热量和较大的熔深。当焊件厚度小于 4mm 时可以不预热；焊 4 ~ 12mm 厚的纯铜时需要预热至 300 ~ 500℃，青铜和白铜可降至 150 ~ 200℃（也可以不预热）；硅青铜、磷青铜不预热并严格控制层间温度在 100℃以下；补焊大尺寸的黄铜和青铜铸件时，一般需要预热 200 ~ 300℃。如采用 Ar + He 混合气体 TIG 焊接铜及铜合金，则可以不预热。

用于焊接铜及铜合金的焊丝有专用焊丝和通用焊丝两大类，不同的铜合金，选择焊丝的重点也不同。

对纯铜和白铜，由于材料本身不含脱氧元素，焊接时应选用含有 Si、P 或 Ti 等脱氧剂的无氧铜焊丝和白铜焊丝，如 HSCu 或 HSCuNi 等。

对于黄铜，为避免 Zn 的蒸发和氧化烧损对环境造成污染，选择的填充金属应不含 Zn。例如：焊接普通黄铜时，选无氧铜 + 脱氧剂的锡青铜焊丝，如 HSCuSnA 等；焊接高强度黄铜时，采用青铜 + 脱氧剂的硅青铜焊丝或铝青铜焊丝，如 HSCuSi、HSCuAl 等。

对于青铜，其材料本身所含合金元素具有较强的脱氧能力，所选用焊丝合金元素的含量应略高于母材，可以补充氧化烧损部分即可，如硅青铜焊丝 HSCuSi、铝青铜焊丝 HSCuAl、锡青铜焊丝 HSCuSnA 等。

（2）熔化极氩弧焊(MIG 焊)　MIG 焊是焊接中、厚板铜及铜合金的理想方法，其电流密度大，电弧穿透力强，焊接速度快，焊缝成形美观及焊接质量高，在生产中得到了广泛应用。

MIG 焊焊接铜合金时应采用直流反极性、大电流、高焊接速度。在焊件厚度大于 6mm 或焊丝直径大于 ϕ1.6mm 的 V 形坡口焊接时需要预热。对于硅青铜和铍青铜，根据其脆性及高强度的特性，焊后应进行消除应力退火和 500℃保温 3h 的时效硬化处理。铜及铜合金 MIG 焊的焊接参数见表 7-24。MIG 焊所选焊丝与 TIG 焊完全一样。

表 7-24　铜及铜合金 MIG 焊的焊接参数

材料	板厚/mm	坡口形式	焊丝直径/mm	焊接电流/A	焊接电压/V	氩气流量/(L/min)	预热温度/℃
纯铜	3	I 形	ϕ1.6	300 ~ 350	25 ~ 30	16 ~ 20	—
	10	V 形	ϕ2.5 ~ ϕ3	480 ~ 500	32 ~ 25	25 ~ 30	400 ~ 500
	20	V 形	ϕ4	600 ~ 700	28 ~ 30	25 ~ 30	600
	22 ~ 30	V 形	ϕ4	700 ~ 750	32 ~ 36	30 ~ 40	600
黄铜	3	I 形	ϕ1.6	275 ~ 285	25 ~ 28	16	—
	9	V 形	ϕ1.6	275 ~ 285	25 ~ 28	16	—
	12	V 形	ϕ1.6	275 ~ 285	25 ~ 28	16	—

（续）

材料	板厚/mm	坡口形式	焊丝直径/mm	焊接电流/A	焊接电压/V	氩气流量/(L/min)	预热温度/℃
锡青铜	3	I形	ϕ1.6	140～160	26～27	—	—
	9	V形	ϕ1.6	275～285	28～29	18	100～150
	12	V形	ϕ1.6	315～335	29～30	18	200～250
铝青铜	3	I形	ϕ1.6	260～300	26～28	20	—
	9	V形	ϕ1.6	300～330	26～28	20～25	—
	18	V形	ϕ1.6	320～350	26～28	30～35	—

（3）焊条电弧焊　铜及铜合金焊条能使铜及铜合金焊缝中的含氧量、含氢量增加，容易形成气孔，因此焊接过程中应控制焊接参数。

焊前焊条要经200～250℃烘干2h，以去除药皮吸附的水分。焊前及多层焊的层间要对焊件进行预热，预热温度根据材料的热导率和焊件厚度来选择。纯铜的预热温度300～600℃；黄铜的导热性比纯铜差，为抑制Zn的蒸发，预热温度应为200～400℃；锡青铜和硅青铜的预热温度不应超过200℃；磷青铜的流动性差，预热温度不超过250℃。

为了改善接头性能和减小焊接应力，焊后应对焊缝和接头进行热态和冷态的锤击。对性能要求较高的接头，应采用焊后高温热处理来消除应力和改善接头韧性。铜及铜合金焊条电弧焊的焊接参数见表7-25。

表7-25　铜及铜合金焊条电弧焊的焊接参数

材料	板厚/mm	坡口形式	焊条直径/mm	焊接电流/A	说　明
纯铜	2～4	I形	ϕ3.2、ϕ4	110～220	铜及铜合金采用焊条电弧焊时所选用的电流一般可按公式 $I=(3.5\sim4.5)d$（d为焊条直径）来确定，并要求：①随着板厚的增加，热量损失增大，焊接电流选用上限，甚至可能超过焊条直径的5倍；②在一些特殊的情况下，焊件的预热受到限制，也可适当提高焊接电流予以补偿
	5～10	V形	ϕ4～ϕ7	180～380	
黄铜	2～3	I形	ϕ2.5、ϕ3.2	50～90	
铝青铜	2～4	I形	ϕ3.2、ϕ4	60～150	
	6～12	V形	ϕ5、ϕ6	230～300	
锡青铜	1.5～3	I形	ϕ3.2、ϕ4	60～150	
	4～12	V形	ϕ3.2～ϕ6	150～350	

（4）气焊　氧乙炔气焊适用于薄铜件的焊接、铜件的修补或不重要结构的焊接。

气焊纯铜时常用含有P、Si、Mn等合金元素的焊丝，以便对熔池脱氧。气焊时必须使用气焊熔剂，该熔剂主要由硼酸盐、卤化物或它们的混合物组成，见表7-26。

气焊纯铜时应严格采用中性焰，因为氧化焰会造成焊缝的氧化和合金元素烧损，碳化焰会使焊缝含氢量增加而产生气孔。纯铜气焊一般需要预热，以防产生应力、裂纹等焊接缺陷。薄板和小尺寸件的预热温度一般为400～500℃，厚大焊件的预热温度要提高到500～600℃。黄铜和青铜的预热温度可适当降低。

表 7-26 铜及铜合金气焊熔剂

牌号	化学成分（质量分数,%）						应用范围
	$Na_2B_4O_7$	H_3BO_3	NaF	NaCl	KCl	其他	
CJ301	17.5	77.5				$AlPO_4$ 4~5.5	铜及铜合金气焊、钎焊
CJ401			7.5~9.0	27~30	49.5~52	LiAl 13.5~15	青铜气焊

由于铜的热导率高，焊接时应选择比碳钢大1~2倍的火焰能率。焊接薄板一般采用左焊法，以抑制晶粒长大；焊接厚度为6mm以上的板时则采用右焊法，以便于观察熔池和操作方便，同时能提高母材的加热温度。每条焊缝最好采用单道焊，并且一次焊完，焊接中间不要随意中断。对较长的焊缝，要留有足够的收缩余量，并且焊前要进行定位焊，焊接时采用分段退焊法，以减小变形。对受力较大或重要的铜焊件，必须采取焊后锤击接头和热处理工艺措施，以提高接头性能。

T2 铜管的气焊

总结与提高：

1）铜及铜合金焊接时的主要问题是难熔合、易变形，热裂纹倾向大，容易形成气孔，焊接接头性能下降。

2）铜及铜合金的焊接方法很多，钨极氩弧焊和熔化极氩弧焊是应用最为广泛的焊接方法。

四、铜及铜合金焊接生产案例——变压器调整机构铸铜件机头补焊

一变压器调整机构的机头为铸铜件，其成分为 $w_{Cu}=66.8\%$，$w_{Zn}=22\%$，$w_{Al}=5.8\%$，$w_{Mn}=11.6\%$。由于浇注温度偏低而出现了铸造缺陷，有一条长140mm、深8mm的裂纹和深24mm、面积约750mm^{2}的缩孔一处，如图7-9所示。

由于铸铜件尺寸较大，补焊时散热快，应采用热量集中的热源，因此选用焊条电弧焊进行补焊，其补焊工艺如下。

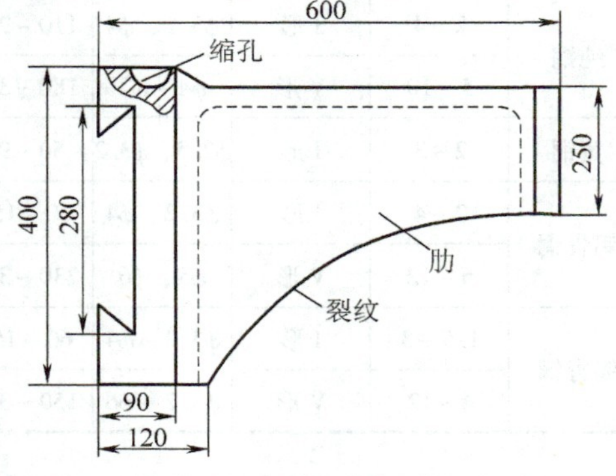

图 7-9 铸铜件缺陷

1. 坡口制备

在裂纹处开65°~70°V形坡口，在缩孔处用扁铲铲除杂质后开U形坡口，并将坡口两侧20mm以内清理干净，直至露出金属光泽。

2. 焊条及焊机

选用ECu（T107）焊条，焊条直径为ϕ4mm，焊前经350℃烘干2h。焊机型号为AX1-500，直流反接。

3. 补焊工艺

将焊件放入炉中加热至400℃，出炉后置于平焊位置。先焊裂纹处，采用短弧焊接，从

裂纹两端向中间焊。焊接第一层时，焊接电流为170A，焊条做直线往复运动，焊接速度要快；第二层的焊接电流要比第一层略小些（160A），焊条做适当的横向摆动，保证边缘熔合良好。焊后使焊缝略高于焊件表面1mm，整条焊缝一次焊成。

对缩孔焊接时，填充量较大，采用堆焊方法，焊道顺序如图7-10所示。堆焊时采用焊接电流在某一层大一些（160A），在另一层小一些（150A）的方法，各层之间要严格清渣。堆焊至高出焊件表面1mm为宜。

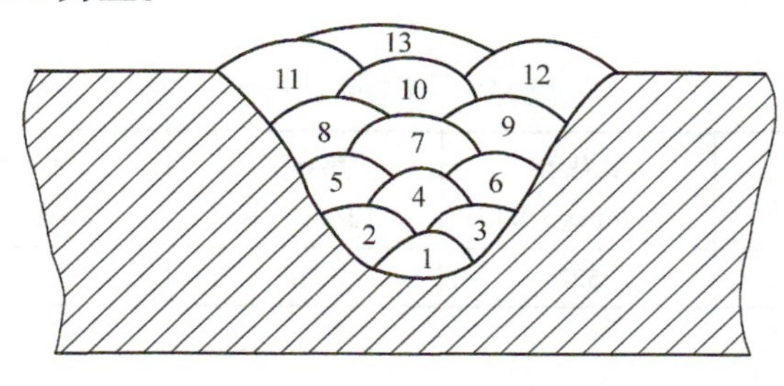

图7-10　焊道顺序

焊后锤击焊道，消除应力，使组织致密，改善力学性能。在室内自然冷却即可。

经过机械加工后，除焊缝颜色与母材略有不同外，未发现有裂纹、夹渣、气孔等缺陷。

模块三　钛及钛合金的焊接

钛是地壳中储量十分丰富的元素，其储量位居第四位。钛及钛合金作为结构材料有许多优点，如密度小（约为4.5g/cm³）、比强度大、耐热性好（钛合金在300～550℃高温下仍具有足够的强度，而铝合金和镁合金的最高使用温度不能超过150～250℃）、耐蚀性好、低温冲击韧度高等，因此在航空航天、化工、造船、冶金、仪器仪表等领域得到了广泛应用。

一、钛及钛合金的类型与性能特点

1. 工业纯钛

工业纯钛呈银白色，密度小、熔点高、线胀系数小、导热性差。其性质与纯度有关，纯度越高，强度和硬度越低，塑性越好，越易于加工成形。钛在885℃时发生同素异构转变，在885℃以下为密排六方晶格，称为α钛；在885℃以上为体心立方晶格，称为β钛。钛合金的同素异构转变温度随加入的合金元素的种类和数量的不同而变化。工业纯钛的再结晶温度为550～650℃。

工业纯钛中的杂质有H、O、Fe、Si、C、N等，其中C、N、O与钛形成间隙固溶体，Fe、Si等元素与钛形成置换固溶体，起固溶强化作用，可显著提高钛的强度和硬度，降低其塑性和韧性。H以置换方式固溶于钛中，微量的H既能使钛的韧性急剧降低，又能引起氢脆。

工业纯钛根据杂质（主要是O和Fe）含量以及强度差别分为TA1GELI、TA1、TA1G-1、TA2GELI、TA2、TA3GELI、TA3、TA4GELI和TA4等共13个牌号，随数字序号增加，杂质含量增加，强度增加，塑性下降。

钛的物理性能见表7-27。工业纯钛具有很高的化学活性，钛与氧的亲和力很强，在室温条件下即可在表面形成一层致密而稳定的氧化膜。由于氧化膜的保护作用，使钛在硝酸、稀硫酸、磷酸、氯盐溶液以及各种浓度的碱液中都具有良好的耐蚀性。

工业纯钛具有良好的焊接性，常被用作其他钛合金的填充金属。工业纯钛的板材和棒材可用于制造在350℃以下工作的零件，如飞机蒙皮、隔热板、热交换器、化学工业中的耐蚀结构等。

表7-27　钛的物理性能

密度 /(g/cm^3)	熔点/℃	比热容 /[J/(kg·K)]	热导率 /[J/(m·K)]	电阻率 /μΩ·cm	线胀系数 /(10^{-6}/K)
4.5	1668	522	16	42	8.4

2. 钛合金

钛合金的分类方法很多，按照钛的同素异构体和退火组织可分为α型钛合金、β型钛合金和α+β型钛合金，其牌号分别以T加A、B、C和顺序数字表示。其中TA表示α型钛合金，TB表示β型钛合金，TC表示α+β型钛合金。常用钛及钛合金的力学性能见表7-28。

表7-28　常用钛及钛合金的力学性能

合金系	合金牌号	材料状态	板材厚度	室温力学性能（不小于）	
				抗拉强度/MPa	伸长率（%）
工业纯钛（α型）	TA1	退火	0.3～2.0	370～530	40
			2.1～10.0		30
钛铝合金（α型）	TA6	退火	0.8～2.0	685	15
			2.1～10.0		12
钛铝锡合金（α型）	TA7	退火	0.8～2.0	735～930	20
			2.1～10.0		12
钛铝钼铬合金（β型）	TB2	淬火	1.0～3.5	≤980	20
		淬火+时效		1320	8
钛铝锰合金（α+β型）	TC1	退火	0.5～2.0	590～735	25
			2.1～10.0		20
钛铝钒合金（α+β型）	TC4	退火	0.8～2.0	895	12
			2.1～10.0		10

（1）α型钛合金　α型钛合金是通过加入α稳定元素Al和中性元素Sn等经固溶强化而形成的。Al的加入可使钛合金的再结晶温度提高，同时也提高了其耐热性和力学性能，但加入量不宜过多，否则易出现Ti_3Al相而引起脆性。通常Al的质量分数不超过7%。

α型钛合金具有高温强度高、韧性好、抗氧化能力强、焊接性好、组织稳定等特点，比工业纯钛强度高，但加工性比β型和α+β型钛合金差。α型钛合金不能通过热处理强化，但可以通过600～700℃退火消除加工硬化；也可通过550～650℃不完全退火消除焊接应力。

（2）β型钛合金　β型钛合金含有很高比例的β稳定元素如Mo和V等，使β型向α型转变进行得很缓慢，在一般工艺条件下，组织几乎全部为β相。通过时效处理，β型钛合金的强度可以得到提高。

β 型钛合金在单一 β 相条件下加工性能良好，并具有加工硬化性能；但在室温和高温下性能差，脆性大，焊接性差，易形成冷裂纹，在焊接结构中较少使用。

（3）α + β 型钛合金　α + β 型钛合金是由以 α 钛为基体的固溶体和以 β 钛为基体的固溶体两相组织构成的，可以通过热处理强化获得高强度。该类合金强度高、耐热性好、热稳定性好。随 α 相比例增加，加工性能变差；随 β 相比例增加，焊接性变差。α + β 型钛合金在退火状态下断裂韧性高，在淬火 + 时效热处理状态下比强度大，故其力学性能可在较大范围内变化。

α + β 型钛合金的典型牌号是 TC4（即 Ti-6Al-4V），其综合性能良好，焊接性在 α + β 型钛合金中最好，是航空航天工业中应用最多的一种钛合金。

二、钛及钛合金的焊接性

1. 焊接接头区的脆化

钛是一种化学活性很高的金属，它在常温下与氧发生反应生成致密的氧化膜，此氧化膜稳定性高且具有耐蚀性，而 540℃ 以上生成的氧化膜则不致密。钛在高温下与 O、N、H 反应剧烈，随温度的升高，钛及钛合金吸收 O、N、H 的能力也随之明显升高，如图 7-11 所示。由图可见，钛从 250℃ 开始吸 H，从 400℃ 开始吸 O，从 600℃ 开始吸 N，这些杂质的吸收都将造成钛的塑性降低，从而引起接头区的脆化。因此，焊接钛及钛合金时，对于刚凝固的焊缝金属及近缝区的高温金属，无论是正面还是背面，都必须进行有效保护。为此，钛及钛合金的焊接不能采用气焊和焊条电弧焊，也不能采用常规的气体保护焊的焊枪结构和工艺，而是采用高纯度的氩气和带有拖罩的焊枪，以便对焊缝及 400℃ 以上的高温区进行保护，同时需要对焊缝背面 400℃ 以上的焊接区进行有效保护。

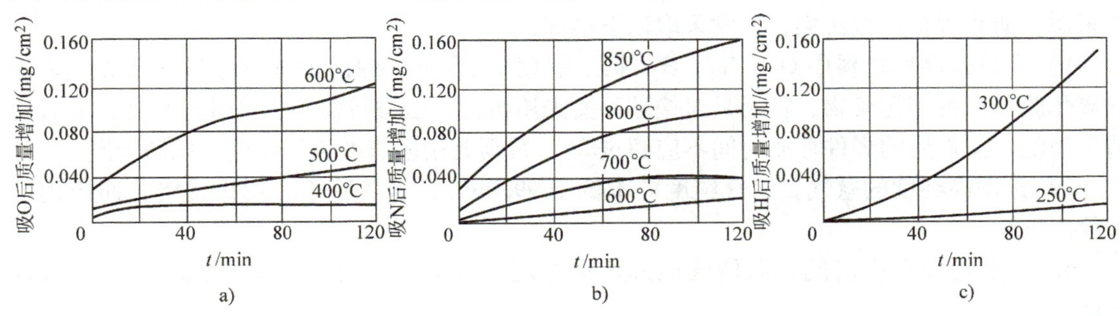

图 7-11　钛及钛合金吸收 O、N、H 的强烈程度与温度、时间的关系

2. 焊接区裂纹倾向大

（1）热裂纹　由于钛及钛合金中 S、P 等杂质的含量少，焊接时很少有低熔点共晶在晶界处生成，而且结晶温度区间窄，焊缝凝固时收缩量小，因此对热裂纹的敏感性低。

（2）冷裂纹和延迟裂纹　当焊缝含 O、N 量较高时，焊缝或热影响区金属性能变脆，在较大的焊接应力作用下会出现裂纹。这种裂纹一般是在较低温度下形成的。

焊接钛合金时，有时会在热影响区出现延迟裂纹，这种裂纹可以延迟几小时、几天甚至几个月后出现。产生延迟裂纹的主要原因是 H，H 由熔池向热影响区扩散，引起热影响区 H 含量增加，致使该区析出 TiH_2，使热影响区脆性增大；同时，由于析出氢化物时体积膨胀产生较大的组织应力，以致形成裂纹。延迟裂纹的防止方法主要是减少焊接接头的含氢量，必要时应进行真空退火处理。

此外，钛的熔点高、热容量大、导热性差，因此焊接时易形成较大的熔池，并且熔池温度高，使得焊缝及热影响区金属高温停留时间长，晶粒长大倾向明显，使接头塑性和韧性降低，容易产生裂纹。长大的晶粒难以用热处理方法恢复，因此焊接时应严格控制焊接热输入。

3. 容易形成焊缝气孔

气孔是焊接钛及钛合金中常见的焊接缺陷。影响焊缝中气孔的主要因素包括材质和工艺两个方面。

（1）材质因素　氩气、母材及焊丝中含有的气体，如O_2、N_2、H_2、CO_2、H_2O等都会引起焊缝气孔。当这些气体在氩气、母材及焊丝中的含量增加时，气孔倾向明显增大，但N_2对焊缝气孔影响较弱。

材质表面状况对生成焊缝气孔也有较大影响。母材及焊丝表面的水分、油脂、氧化物（常含有结晶水）、含碳物质、砂粒、有机纤维及吸附的气体等，都会促使钛及钛合金焊缝生成气孔。

（2）工艺因素　氢是焊接钛及钛合金时生成气孔的主要因素，当焊缝含氢量增加时，气孔倾向明显增加。熔池的存在时间对氢气孔的形成也起着重要作用。当熔池的存在时间很短时，氢的扩散过程不充分，即使有气泡核存在也来不及形成气泡，所以不会产生气孔；当熔池存在时间逐渐增加时，有利于氢向气泡核扩散并形成气泡，所以焊缝中气孔有增加的趋势；当熔池存在时间较长时，有利于气泡的逸出，所以焊缝中的气孔逐渐减少。

焊缝中的气孔不仅会减小受力面积、引起应力集中，还会使气孔周围金属的塑性降低，甚至导致整个接头断裂破坏，因此必须严格控制焊缝气孔。防止产生气孔的关键是杜绝气体的来源，防止焊接区被污染，通常采取以下措施：

1）严格限制原材料中O_2、N_2、H_2等杂质气体的含量。焊前仔细清除母材及焊丝表面的氧化膜、油污等污染物，特别是对接端面要先用机械方法进行清理，再进行酸洗，最后用清水清洗。清理后的焊件存放时间不应超过2h，否则要用玻璃纸包好存放，以防吸潮。

2）选用高纯度的氩气。氩气纯度应不低于99.99%，氩气管不宜用橡皮管，而应用尼龙管。

3）延长熔池存在时间，以便气泡逸出；控制氩气流量，防止湍流现象将空气带入焊接区。

4）正确选择焊接方法。选用氩弧焊、真空电子束焊或等离子弧焊等方法。

三、钛及钛合金的焊接工艺要点

1. 焊前准备

（1）坡口形式及定位焊　钛及钛合金在选择坡口形式和尺寸时，应尽量减少焊接层数和填充金属量，以降低焊缝金属吸收气体量的累积，防止接头塑性下降。

钛及钛合金TIG焊的坡口形式及尺寸见表7-29。搭接接头由于背面保护困难，应尽量不采用；母材厚度小于2.5mm的不开坡口对接接头，可不填加焊丝进行焊接；厚度大的母材，需开坡口并填加焊丝，且应尽量采用平焊。坡口加工应采用刨、铣等冷加工方法，以防热加工时容易出现的坡口边缘硬度增高现象。

表 7-29　钛及钛合金 TIG 焊的坡口形式及尺寸

坡口形式	板厚 δ/mm	坡口尺寸		
		间隙/mm	钝边/mm	角度 α/(°)
不开坡口	0.25～2.3	0	—	—
	0.8～3.2	(0～0.1) δ	—	—
V 形	1.6～6.4	(0～0.1) δ	(0.1～0.25) δ	30～60
	3.0～13			30～90
X 形	6.4～38			30～90
U 形	6.4～25			15～30
双 U 形	29～51			15～30

钛具有一些特殊物理性能，如表面张力大、黏度小，故焊前须仔细装配工件。一般定位焊点间距为 100～150mm，定位焊缝长度为 10～15mm。定位焊所用的焊丝、焊接参数及保护气体等与焊接时相同，装配时严禁敲击和划伤焊件表面。

（2）机械清理　对于焊接质量要求不高或酸洗有困难的焊件（在 600℃以上形成的氧化皮很难用化学方法清除），可以采用细砂布或不锈钢丝刷擦拭，或用硬质合金刮刀刮削待焊边缘 0.025mm 的厚度，即可除去氧化膜；然后用丙酮、乙醇、四氯化碳或甲醇等有机溶剂去除坡口两侧的油污及有机物等。

（3）化学清理　焊前经过热加工或在无保护情况下进行热处理的焊件，需进行清理，一般先采用喷丸或喷砂清理表面，然后进行化学清理。

如果钛板热轧后已经过酸洗，存放后又生成氧化膜，可将钛板浸泡在 HF（质量分数为 2%～4%）+ HNO_3（质量分数为 30%～40%）+ H_2O（余量）的溶液中 15～20min，然后用清水清洗干净并烘干。

热轧后未经酸洗的钛板，由于氧化膜较厚，需先进行碱洗再进行酸洗。碱洗方法是将钛板浸泡在含 NaOH 和 $NaNO_3$ 的浓碱混合过饱和溶液中 10～15min，溶液温度保持在 430～450℃。碱洗后取出用清水冲洗，随后进行酸洗。酸洗方法是将碱洗后的钛板泡在含 HNO_3、HF 和 H_2SO_4 的酸洗液中 15～20min，溶液温度保持在 50℃。取出后分别用热水、冷水冲洗，并用白布擦拭，然后晾干。

经酸洗的焊件、焊丝应在 4h 内完成焊接，否则要重新进行酸洗。焊丝应存放在 150～200℃的烘箱内，随用随取。为防止污染焊丝，取焊丝时应戴洁净的白手套。

2. 焊接方法

钛及钛合金的化学性质活泼，与 O、H、N 的反应能力很强，焊接时需要进行严格的保护。用于钛及钛合金的主要焊接方法及其特点见表 7-30，其中应用最多的是 TIG 焊和 MIG 焊。

3. 焊接材料

钛及钛合金对热裂纹不敏感，焊接时可选择与母材成分相同或相似的填充金属。常用的焊丝牌号有 TA1、TA2、TA3、TA4、TA5、TA6 及 TC3 等，其成分与相应牌号的钛材料是一致的。焊丝均以真空退火状态供货，其表面不得有烧皮、氧化色、裂纹等缺陷存在。常用的焊丝直径为 ϕ0.8～ϕ2.0mm。

为了改善焊接接头的塑性和韧性，有时采用强度低于母材的填充材料。例如，用工业纯钛 TA1、TA2 做填充材料焊接 TA7 和厚度不大的 TC4。

表 7-30　钛及钛合金的主要焊接方法及其特点

焊接方法	特点	焊接方法	特点
钨极氩弧焊	1）多用于薄板的焊接，板厚在 3mm 以上时需采用多层焊 2）熔深浅，焊道平滑 3）适用于补焊	等离子弧焊	1）熔深大 2）10mm 的板厚可以一次焊成 3）手工操作困难
		电子束焊	1）熔深大，污染少 2）焊缝窄，热影响区小，焊接变形小 3）设备价格高
熔化极氩弧焊	1）熔深大，熔敷量大 2）飞溅较大 3）焊缝外形较钨极氩弧焊差	扩散焊	1）可以用于异种金属或金属与非金属的焊接 2）形状复杂的焊件可以一次焊成 3）变形小

保护气一般采用纯氩气（纯度大于 99.99%），有时为了增大熔深和加强保护效果（仰焊时），也采用氦气保护。

4. 焊接工艺及焊接参数

（1）钨极氩弧焊（TIG 焊）　该方法是钛及钛合金最常用的焊接方法，用于焊接厚度在 3mm 以下的薄板，分为敞开式焊接和箱内焊接两种方法。

敞开式焊接是在大气环境中施焊，为防止空气侵入而污染焊接区金属，焊接时需要利用带拖罩的焊枪和背面保护装置，用 Ar 或 Ar + He 混合气体把处于 400℃以上的高温区与空气隔开，这是一种局部气体保护的焊接方法。当焊件结构较复杂，难以使用拖罩或进行背面保护时，应采用在充满 Ar 或 Ar + He 混合气体的箱内施焊，这是一种整体气体保护的焊接方法。

焊接时，氩气流量对保护效果有重要影响，氩气流量的选择以达到良好的表面色泽为准。焊缝及热影响区的表面色泽是衡量保护效果的标志，钛材料在电弧作用下表面形成一层薄的氧化膜，不同温度下所形成的氧化膜颜色不同。最好的保护效果应该是焊缝及热影响区金属呈银白色，其次是金黄色，蓝色表示氧化稍微严重，灰色则表示氧化很严重。

氩气流量的选择见表 7-31，过大的流量不易形成稳定的气流层，还会增大焊缝的冷却速度，容易在焊缝表面出现钛型马氏体，使焊缝金属脆性增大。拖罩中的氩气流量不足时，焊缝表面会出现不同的氧化色泽；而流量过大时，将对主喷嘴气流产生干扰，从而影响保护效果。

选择焊接参数时，既要防止焊缝在电弧作用下出现晶粒粗化的倾向，又要避免焊后冷却过程中出现脆硬组织。所有钛及钛合金在焊接时，都有晶粒长大的倾向，其中以 β 型钛合金最为明显，因此应采用较小的焊接热输入、直流正极性进行焊接，焊接参数见表 7-31。该焊接参数适用于对接焊缝及环焊缝。

焊接厚度为 0.1 ~ 2.0mm 的钛及钛合金板材，以及对焊接热循环敏感性强的钛合金及薄壁钛管时，宜采用脉冲电流。这种方法可有效控制焊缝成形，减少接头过热和晶粒粗化倾向，提高接头塑性；而且易于实现单面焊双面成形，可获得高质量的焊接接头。

表 7-31　钛及钛合金手工 TIG 焊的焊接参数

板厚/mm	坡口形式	钨极直径/mm	焊丝直径/mm	焊接层数	焊接电流/A	氩气流量/(L/min)			喷嘴孔径/mm	备注
						主喷嘴	拖罩	背面		
0.5~1.5 2.0~2.5	I 形坡口对接	ϕ1.5~ϕ2.0 ϕ2.0~ϕ3.0	ϕ1~ϕ2 ϕ1~ϕ2	1 1	30~80 80~120	8~12 12~14	14~16 16~20	6~10 10~12	ϕ10~ϕ12 ϕ12~ϕ14	对接接头的间隙为 0.5mm，加钛丝时的间隙为 1.0mm
3~4 4~6 7~8	V 形坡口对接	ϕ3.0~ϕ4.0 ϕ3.0~ϕ4.0 ϕ4.0	ϕ2~ϕ3 ϕ2~ϕ4 ϕ3~ϕ4	1~2 2~3 3~4	120~150 130~160 140~180	12~16 14~16 14~16	16~25 20~26 25~28	10~14 12~14 12~14	ϕ14~ϕ20 ϕ18~ϕ20 ϕ20~ϕ22	坡口间隙 2~3mm，钝边 0.5mm。焊缝反面加钢垫板，坡口角度为60°~65°
10~13 20~22 25~30	对称双 Y 形坡口	ϕ4.0 ϕ4.0 ϕ4.0	ϕ3~ϕ4 ϕ3~ϕ4 ϕ3~ϕ5	4~8 10~16 12~18	160~240 200~250 200~260	14~16 15~18 16~18	18~24 20~38 26~30	12~14 18~26 20~26	ϕ20~ϕ22 ϕ20~ϕ22 ϕ20~ϕ22	坡口角度为 60°，钝边 1mm；坡口角度为 55°，钝边 1.5 ~ 2.0mm，间隙 1.5mm

（2）熔化极氩弧焊（MIG 焊）　对于钛及钛合金的中、厚板，采用 MIG 焊可以减少焊接层数，提高焊接速度和生产率。但 MIG 焊飞溅大，会影响焊缝成形和保护效果。MIG 焊一般采用细颗粒过渡，使用焊丝较多，填充金属受污染的可能性大，因此其保护要求比 TIG 焊更为严格。TIG 焊的拖罩可用于 MIG 焊，但由于 MIG 焊焊接速度快，金属的高温区段较长，拖罩应加长，并采用流动水冷却。MIG 焊焊接材料的选择与 TIG 焊相同，但对气体纯度和焊丝表面清洁度的要求更高。厚度为 15~25mm 的板材可选用 90°单面 V 形坡口。钛及钛合金 MIG 焊的焊接参数见表 7-32。

TA2 钛合金板对接 TIG 焊

表 7-32　钛及钛合金 MIG 焊的焊接参数

材料	焊丝直径/mm	焊接电流/A	焊接电压/V	焊接速度/(cm/s)	坡口形式	氩气流量/(L/min)		
						焊枪	拖罩	背面
纯钛	ϕ1.6	280~300	30~31	1	Y 形 70°	20	20~30	30~40
TC4	ϕ1.6	280~300	31~32	0.8	Y 形 70°	20	20~30	30~40

（3）等离子弧焊　等离子弧焊具有能量密度大、穿透力强、效率高等特点，所用气体为氩气，很适合钛及钛合金的焊接。液态钛的表面张力大、密度小，有利于采用穿透型等离子弧焊工艺，厚度为 5~15mm 的钛及钛合金板材可一次焊透，并可有效防止气孔的产生。熔透型等离子弧焊焊接工艺适合焊接各种板厚，但一次焊接的厚度较小，厚度为 3mm 以上的板需要开坡口。

TC4 钛合金板对接等离子弧焊

5. 焊后热处理

钛及钛合金焊接接头在焊后存在很大的焊接残余应力，如果不及时消除，会引起冷裂纹，还会增大接头对应力腐蚀开裂的敏感性，因此焊后必须进行热处理。采用合理的退火规范可消除内应力并能保证较高的强度，而且空冷时不产生或少产生钛型马氏体，故塑性也较好。为防止焊件表面氧化，热处理应在真空或惰性气氛中进行。几种钛及钛合金的焊后热处理工艺参数见表7-33。

表7-33 几种钛及钛合金的焊后热处理工艺参数

材料	工业纯钛	TA7	TC4	TC10
加热温度/℃	482~593	533~649	538~593	482~649
保温时间/h	0.5~1	1~4	1~2	1~4

总结与提高：

1）工业纯钛和α钛合金的焊接性较好，但大部分α+β及β组织钛合金的焊接性较差，焊接时易出现裂纹、气孔、晶粒粗化及接头被污染而影响性能等问题。

2）钛及钛合金的化学性质非常活泼，与氧、氮和氢的亲和力都很大，因此焊接时需要加强保护。

3）焊接钛及钛合金时应用最多的焊接方法是钨极氩弧焊、真空电子束焊和激光焊；焊条电弧焊、气焊和CO_2气体保护焊不能焊接钛及钛合金。

四、钛及钛合金焊接生产案例——35mm³钛制加热器的焊接

生产硫酸铵设备上的加热器采用TA3工业纯钛制成。加热器为管板结构，高度为1000mm，内径为ϕ1200mm，管板的尺寸为1340mm×22mm，内循环管尺寸为ϕ400mm×4mm，内循环板及外套板的厚度为4mm，加热器内装有ϕ33mm×2mm的列管384根。其焊接工艺如下。

1. 构件制备

管板采用8块板拼焊成一个圆。坡口形式为对称X形坡口，坡口角度为70°，钝边为2mm，间隙为1.0~1.5mm。坡口加工采用等离子弧切割，切割前留3mm的加工余量。4mm厚的外套板及内循环板均采用不开坡口的双面对接焊。

2. 焊接保护措施

焊接加热器外套、内循环管及列管与管板时的气体保护是采用在加热器内部全部充氩气的方法。充氩气量除用充氩气的压力和流量来衡量外，还可用明火靠近焊接区的办法进行检查，如火焰立即熄灭，同时又听不到喷射气流的“嗖嗖”响声，则说明充氩气量适当。

3. 焊接方法和焊丝的选择

采用手工钨极氩弧焊。选用成分与母材相同、纯度稍高的焊丝，牌号为TA2，以得到更好的塑性。

4. 焊接参数

加热器各部位的焊接参数见表7-34。

表 7-34 加热器各部位的焊接参数

焊接部位	焊件厚度/mm	焊接方式	焊接层数	焊接电流/A	电弧电压/V	焊丝直径/mm	钨极直径/mm	氩气流量（L/min）		
								喷嘴	拖罩	背面
管板	22	X 形坡口对接	2 ~ 6	230 ~ 250	20 ~ 25	$\phi 4$	$\phi 4$	15 ~ 18	18 ~ 20	18 ~ 20
外套板	4	不开坡口对接	1 ~ 2	180 ~ 200	20 ~ 22	$\phi 4$	$\phi 3$	12 ~ 15	18 ~ 20	18 ~ 20
列管与管板	2、22	端部熔焊	1	160 ~ 180	20 ~ 22	$\phi 4$	$\phi 3$	18 ~ 20	—	—
内循环管与管板	4、22	端部熔焊	1 ~ 2	180 ~ 200	20 ~ 22	$\phi 4$	$\phi 3$	18 ~ 20	—	—
外套板与管板	4、22	角接接头	1	200 ~ 220	20 ~ 24	$\phi 4$	$\phi 3$	18 ~ 20	—	—

5. 焊后处理

如果已焊好的接头表面呈银白色，则表明保护效果好，接头的塑性良好。焊后将管板放入600℃的油炉内加热，保温1h，管板冷却到常温后，测得管板的挠曲变形为6 ~ 8mm，于是在辊床上进行矫正。加热器的整体退火温度为550℃，保温2.5h，出炉后焊件表面呈蓝色，表明受轻微氧化，去除氧化膜后不致影响其使用性能。

课后习题

一、填空题

1. 按热处理方式，铝合金分为________铝合金和________铝合金。前者只能________强化，后者既能________强化，也可________强化。

2. 铝及铝合金的焊接性主要表现在以下几个方面：________、________、________、________、________和________。

3. 铝及铝合金焊接时产生的气孔主要是________，不会产生________和________气孔。

4. 铝及铝合金焊接时常用的焊接方法是________、________、________、________和________。

5. 清理铝及铝合金表面氧化膜的方法有________和________。由于氧化膜是两性氧化物，因此化学清理既可以用________，也可以用________。

6. 按化学成分，铜及铜合金可分为________、________、________和________。

7. 铜及铜合金的焊接性主要表现在以下几个方面：________、________、________和________。

8. 钛在高温下对________、________、________气体都敏感，因此焊接时应对焊缝________高温区加强保护。

二、简答题

1. 铝及铝合金是怎样进行分类的？铝及铝合金通过什么途径进行强化？

2. 铝及铝合金的焊接性有何特点？

3. 铝及铝合金焊接时为何容易出现气孔？如何防止气孔的产生？

4. 焊接纯铝及不同类型的铝合金应选用什么成分的焊丝？

5. 铝及铝合金在焊接工艺上有何特点？

6. 采用 TIG 焊和 MIG 焊焊接纯铝时，两种焊接方法对气孔的敏感性有何不同？
7. 铜合金有哪几种？
8. 铜及铜合金与钢相比，其物理性能有何特点？
9. 铜及铜合金的焊接性如何？
10. 用于铜及铜合金的焊接方法有哪几种？各有何优缺点？
11. 钛合金有哪几种？其性能如何？
12. 钛及钛合金的焊接性如何？
13. 用于焊接钛及钛合金的焊接方法有哪几种？

第七单元课后习题答案

附录 焊条标准

附录A 非合金钢及细晶粒钢焊条
（摘自GB/T 5117—2012）

1. 主要内容与适用范围

本标准规定了非合金钢及细晶粒钢焊条的型号、技术要求、试验方法及检验规则等内容。

本标准适用于抗拉强度低于570MPa的非合金钢及细晶粒钢焊条。

2. 焊条型号划分与编制方法

焊条型号按熔敷金属力学性能、药皮类型、焊接位置、电流种类、熔敷金属化学成分和焊后状态等进行划分。焊条型号由以下五部分组成。

1）第一部分用字母“E”表示焊条。

2）第二部分为字母“E”后面紧邻的两位数字，表示熔敷金属的最小抗拉强度，见表A-1。

表A-1 熔敷金属抗拉强度代号

抗拉强度代号	43	50	55	57
最小抗拉强度/MPa	430	490	550	570

3）第三部分为字母“E”后面的第三和第四位数字，表示药皮类型、焊接位置和电流类型，见表A-2。

表A-2 药皮类型代号

代号	药皮类型	焊接位置	电流类型
03	钛型	全位置	交流和直流正、反接
10	纤维素	全位置	直流反接
11	纤维素	全位置	交流和直流反接
12	金红石	全位置	交流和直流正接
13	金红石	全位置	交流和直流正、反接
14	金红石+铁粉	全位置	交流和直流正、反接
15	碱性	全位置	直流反接
16	碱性	全位置	交流和直流反接
18	碱性+铁粉	全位置	交流和直流反接

（续）

代　　号	药皮类型	焊接位置	电流类型
19	钛铁矿	全位置	交流和直流正、反接
20	氧化铁	平焊、平角焊	交流和直流正接
24	金红石 + 铁粉	平焊、平角焊	交流和直流正、反接
27	氧化铁 + 铁粉	平焊、平角焊	交流和直流正、反接
28	碱性 + 铁粉	平焊、平角焊、横焊	交流和直流反接
40	不作规定	由制造商确定	
45	碱性	全位置	直流反接
48	碱性	全位置	交流和直流反接

4）第四部分为熔敷金属的化学成分代号，可为“无标记”或短划“-”后的字母、数字或字母和数字的组合，见表 A-3。

表 A-3　熔敷金属化学成分代号

代　　号	主要化学成分的名义含量（质量分数,%）				
	Mn	Ni	Cr	Mo	Cu
无标记、-1、-P1、-P2	1.0	—	—	—	—
-1M3	—	—	—	0.5	—
-3M2	1.5	—	—	0.4	—
-3M3	1.5	—	—	0.5	—
-N1	—	0.5	—	—	—
-N2	—	1.0	—	—	—
-N3	—	1.5	—	—	—
-3N3	1.5	1.5	—	—	—
-N5	—	2.5	—	—	—
-N7	—	3.5	—	—	—
-N13	—	6.5	—	—	—
-N2M3	—	1.0	—	0.5	—
-NC	—	0.5	—	—	0.4
-CC	—	—	0.5	—	0.4
-NCC	—	0.2	0.6	—	0.5
-NCC1	—	0.6	0.6	—	0.5
-NCC2	—	0.3	0.2	—	0.5
-G	其他成分				

5）第五部分为熔敷金属化学成分代号之后的焊后状态代号，其中“无标记”表示焊态，“P”表示热处理状态，“AP”表示焊态和热处理状态均可。

3. 型号示例

示例 1：

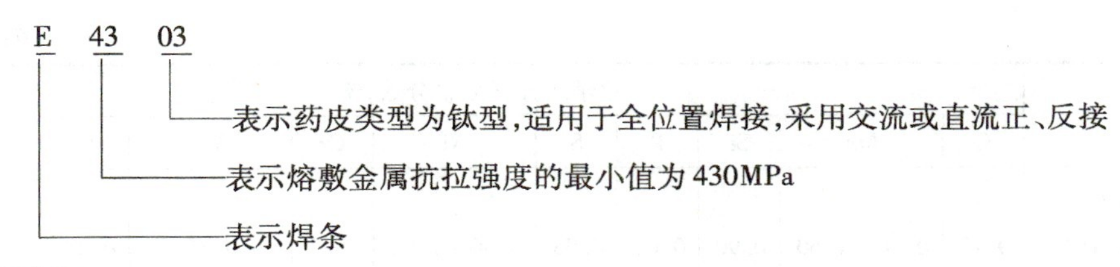

示例2：

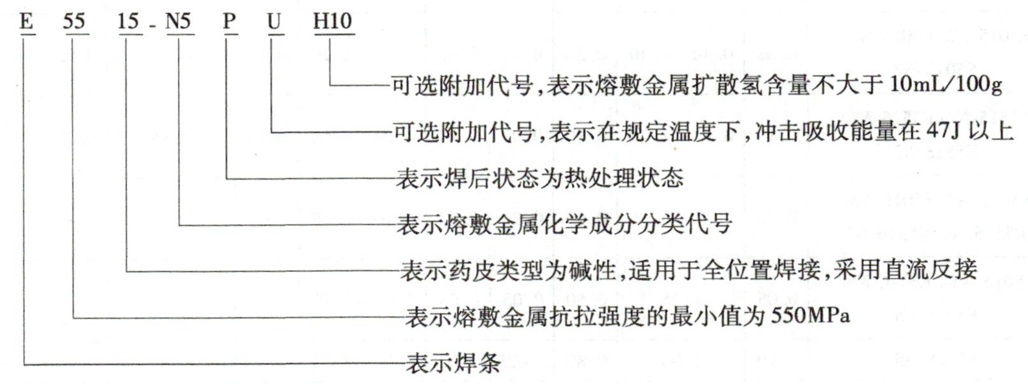

4. 熔敷金属的化学成分和力学性能

部分熔敷金属的化学成分应符合表A-4的规定，力学性能应符合表A-5的规定。

表A-4 部分熔敷金属的化学成分

焊条型号	化学成分（质量分数，%）									
	C	Mn	Si	P	S	Ni	Cr	Mo	V	其他
E43××	0.20	1.20	1.00	0.040	0.035	0.30	0.20	0.30	0.08	—
E4318	0.03	0.60	0.40	0.025	0.015	0.30	0.20	0.30	0.08	—
E4340	—	—	—	0.040	0.035	—	—	—	—	—
E5003	0.15	1.25	0.90	0.040	0.035	0.30	0.20	0.30	0.08	—
E5010/E5011	0.20	1.25	0.90	0.035	0.035	0.30	0.20	0.30	0.08	—
E5012/E5013	0.20	1.20	1.00	0.035	0.035	0.30	0.20	0.30	0.08	
E5014/E5019/E5024	0.15	1.25	0.90	0.035	0.035	0.30	0.20	0.30	0.08	—
E5015/E5018 E5028/E5048	0.15	1.60	0.90	0.035	0.035	0.30	0.20	0.30	0.08	—
E5016/E5027	0.15	1.60	0.75	0.035	0.035	0.30	0.20	0.30	0.08	—
E5716/E5728	0.12	1.60	0.90	0.03	0.03	1.00	0.30	0.35	—	—
E5010-P1/E5510-P1	0.20	1.2	0.60	0.03	0.03	1.00	0.30	0.50	0.10	—
E5518-P2/E5545-P2	0.12	0.90～1.70	0.80	0.03	0.03	1.00	0.20	0.50	0.05	—
E5003-1M3/E5010-1M3/ E5011-1M3	0.12	0.60	0.40	0.03	0.03	—	—	0.40～0.65	—	—
E5015-1M3/E5016-1M3	0.12	0.90	0.60	0.03	0.03	—	—	0.40～0.65	—	—
E5515-3M3/E5516-3M3/ E5518-3M3	0.12	1.00～1.80	0.80	0.03	0.03	0.90	—	0.40～0.65	—	—

(续)

焊条型号	化学成分（质量分数,%）									
	C	Mn	Si	P	S	Ni	Cr	Mo	V	其他
E5015-N1/E5016-N1/E5028-N1/E5515-N1/E5516-N1/E5528-N1	0.12	0.60~1.60	0.90	0.03	0.03	0.30~1.00	—	0.35	0.05	—
E5015-N2/E5016-N2/E5018-N2	0.08	0.40~1.40	0.50	0.03	0.03	0.80~1.10	0.15	0.35	0.05	—
E5515-N2/E5516-N2/E5518-N2	0.12	0.40~1.25	0.80	0.03	0.03	0.80~1.10	0.15	0.35	0.05	—
E5015-N3/E5016-N3/E5515-N3/E5516-N3	0.10	1.25	0.60	0.03	0.03	1.10~2.00	—	0.35	—	—
E5015-N5-/E5016-N5/E5018-N5	0.05	1.25	0.50	0.03	0.03	2.00~2.75	—	—	—	—
E5028-N5	0.10	1.00	0.80	0.025	0.02	2.00~2.75	—	—	—	—
E5515-N5/E5516-N5/E5518-N5	0.12	1.25	0.60	0.03	0.03	2.00~2.75	—	—	—	—
E5015-N7/E5016-N7/E5018-N7	0.05	1.25	0.50	0.03	0.03	3.00~3.75	—	—	—	—
E5515-N7/E5516-N7/E5518-N7	0.12	1.25	0.80	0.03	0.03	3.00~3.75	—	—	—	—
E5515-N13/E5516-N13	0.60	1.00	0.60	0.025	0.020	6.00~7.00	—	—	—	—
E5518-N2M3	0.10	0.80~1.25	0.60	0.02	0.02	0.80~1.10	0.10	0.40~0.65	0.02	Cu：0.10 Al：0.05
E5003-NC/E5016-NC/E5028-NC/E5716-NC/E5728-NC	0.12	0.30~1.40	0.90	0.03	0.03	0.25~0.70	0.30	—	—	Cu：0.20~0.60
E5003-CC/E5016-CC/E5028-CC/E5726-CC/E5728-CC	0.12	0.30~1.40	0.90	0.03	0.03	—	0.30~0.70	—	—	Cu：0.20~0.60

表 A-5 熔敷金属的力学性能

焊条型号	抗拉强度 R_m/MPa	下屈服强度 R_{eL}/MPa	断后伸长率 A（%）
E4303/E4310/E4311/E4315/E4316/E4318/E4319/E4320/E4327/E4328/E4340	≥430	≥330	≥20
E4312/E4313/E4324	≥430	≥330	≥16

（续）

焊条型号	抗拉强度 R_m/MPa	下屈服强度 R_{eL}/MPa	断后伸长率 A（%）
E5003/E5015/E5016/E5018/E5019/E5027/E5028/E5048/E5003-1M3/E5011-1M3/E5015-1M3/E5016-1M3/E5018-1M3/E5019-1M3/E5020-1M3/E5027-1M3	≥490	≥400	≥20
E5012/E5013/E5014/E5024	≥490	≥400	≥16
E5010/E5011	490～650	≥400	≥20
E5716/E5728/E5716-CC/E5728-CC/E5716-NC/E5728-NC/E5716-NCC/E5728-NCC/E5716-NCC1/E5728-NCC1	≥570	≥490	≥16
E5015-N1/E5016-N1/E5028-N1/E5015-N2/E5016-N2/E5018-N2/E5015-N3/E5016-N3/E5015-N5/E5016-N5/E5018-N5/E5015-N7/E5016-N7/E5018-N7/E5016-NC/E5028-NC/E5003-NCC/E5016-NCC/E5003-NCC1/E5016-NCC1/E5028-NCC1/	≥490	≥390	≥20
E5010-P1/E5010-1M3/E5016-NCC2/E5018-NCC2	≥490	≥420	≥20
E5510-P1/E5518-P2/E5545-P2/E5518-3M2/E5515-3M3/E5516-3M3/E5518-3M3/E5515-N1/E5516-N1/E5528-N1/E5515-N3/E5516-N3/E5518-N3/E5515-N5/E5516-N5/E5518-N5/E5515-N7/E5516-N7/E5518-N7/E5515-N13/E5516-N13/E5518-N2M3/E5516-NCC1/E5518-NCC1	≥550	≥460	≥17

5. 焊条药皮类型

焊条药皮的性能（如焊接特性和焊缝金属的力学性能）主要受药皮影响。药皮中的组成物可以概括为六类：造渣剂、脱氧剂、造气剂、稳弧剂、黏接剂和合金化元素（如需要）。

焊条药皮的类型、主要组分及特性见表 A-6。

表 A-6　焊条药皮的类型、主要组分及特性

序号	药皮类型	主要组分及特性
1	03	此药皮类型包含二氧化钛和碳酸钙的混合物，所以同时具有金红石焊条和碱性焊条的某些性能
2	10	此药皮类型含有大量的可燃有机物，尤其是纤维素，由于具有强电弧特性而特别适用于向下立焊。由于钠影响电弧的稳定性，因而焊条主要适用于直流焊接，通常使用直流反接
3	11	此药皮类型含有大量的可燃有机物，尤其是纤维素，由于具有强电弧特性而特别适用于向下立焊。由于钾增强电弧的稳定性，因此适用于交、直流两用焊接，直流焊接使用直流反接
4	12	此药皮类型含有大量的二氧化钛（红金石），其柔软电弧特性适合在简单装配条件下对大的根部间隙进行焊接
5	13	此药皮类型含有大量的二氧化钛（红金石）和增强电弧稳定性的钾，可以在低电流条件下产生稳定电弧，特别适用于金属薄板的焊接

（续）

序号	药皮类型	主要组分及特性
6	14	此药皮类型与药皮类型 12 和 13 类似，但是添加了少量铁粉。加入铁粉可以提高电流承载能力和熔敷效率，适用于全位置焊接
7	15	此药皮类型碱度较高，含有大量的氧化钙和萤石。由于钠影响电弧的稳定性，故只适用于直流反接。此药皮类型的焊条可以得到低氢含量、高冶金性能的焊缝
8	16	此药皮类型碱度较高，含有大量的氧化钙和萤石。由于钾增强电弧的稳定性，故适用于交流焊接。此药皮类型的焊条可以得到低氢含量、高冶金性能的焊缝
9	18	此药皮类型除了药皮略厚和含有大量的铁粉外，其他与药皮类型 16 类似。与药皮类型 16 相比，药皮类型中的铁粉可以提高电流承载能力和熔敷效率
10	19	此药皮类型包含钛和铁的氧化物，通常在钛铁矿中获取。虽然它们不属于碱性药皮类型焊条，但是可以制造出高韧性的焊缝金属
11	20	此药皮类型包含大量的铁氧化物，熔渣流动性好，所以通常只在平焊和横焊中使用，主要用于角焊缝和搭接焊缝
12	24	此药皮类型除了药皮略厚和含有大量的铁粉外，其他与药皮类型 14 类似。通常只在平焊和横焊中使用，主要用于角焊缝和搭接焊缝
13	27	此药皮类型除了药皮略厚和含有大量的铁粉外，其他与药皮类型 20 类似，增加了药皮类型 20 中的铁氧化物，主要用于高速角焊缝和搭接焊缝的焊接
14	28	此药皮类型除了药皮略厚和含有大量的铁粉外，其他与药皮类型 18 类似。通常只在平焊和横焊中使用，能得到低氢含量、高冶金性能的焊缝
15	45	除了主要用于向下立焊外，此药皮类型与药皮类型 15 类似
16	48	除了主要用于向下立焊外，此药皮类型与药皮类型 18 类似

附录 B　不锈钢焊条（摘自 GB/T 983—2012）

1. 适用范围

本标准规定了不锈钢焊条的型号、技术要求、试验方法、检验规则等内容。

本标准适用于熔敷金属中铬的质量分数大于 11% 的不锈钢焊条。

2. 型号划分

不锈钢焊条型号按熔敷金属化学成分、焊接位置和药皮类型等进行划分。

3. 型号编制方法

不锈钢焊条型号由以下四部分组成。

1）第一部分用字母“E”表示焊条。

2）第二部分为“E”后面的数字，表示熔敷金属的化学成分分类；数字后面的“L”表示碳含量较低，“H”表示碳含量较高，如有其他特殊要求的化学成分，该化学成分用元素符号表示放在后面，见表 B-1。

表 B-1 熔敷金属的化学成分

焊条型号[1]	化学成分（质量分数,%）[2]									
	C	Mn	Si	P	S	Cr	Ni	Mo	Cu	其他
E209-××	0.06	4.0～7.0	1.00	0.04	0.03	20.5～24.0	9.5～12.0	1.5～3.0	0.75	N：0.10～0.30 V：0.10～0.30
E219-××	0.06	8.0～10.0	1.00	0.04	0.03	19.0～21.5	5.5～7.0	0.75	0.75	N：0.10～0.30
E240-××	0.06	10.5～13.5	1.00	0.04	0.03	17.0～19.0	4.0～6.0	0.75	0.75	N：0.10～0.30
E307-××	0.04～0.14	3.30～4.75	1.00	0.04	0.03	18.0～21.5	9.0～10.7	0.5～1.5	0.75	—
E308-××	0.08	0.5～2.5	1.00	0.04	0.03	18.0～21.0	9.0～11.0	0.75	0.75	—
E308H-××	0.04～0.08	0.5～2.5	1.00	0.04	0.03	18.0～21.0	9.0～11.0	0.75	0.75	—
E308L-××	0.04	0.5～2.5	1.00	0.04	0.03	18.0～21.0	9.0～12.0	0.75	0.75	—
E308Mo-××	0.08	0.5～2.5	1.00	0.04	0.03	18.0～21.0	9.0～12.0	2.0～3.0	0.75	—
E308LMo-××	0.04	0.5～2.5	1.00	0.04	0.03	18.0～21.0	9.0～12.0	2.0～3.0	0.75	—
E309L-××	0.04	0.5～2.5	1.00	0.04	0.03	22.0～25.0	12.0～14.0	0.75	0.75	—
E309-××	0.15	0.5～2.5	1.00	0.04	0.03	22.0～25.0	12.0～14.0	0.75	0.75	—
E309H-××	0.04～0.15	0.5～2.5	1.00	0.04	0.03	22.0～25.0	12.0～14.0	0.75	0.75	—
E309LNb-××	0.04	0.5～2.5	1.00	0.040	0.030	22.0～25.0	12.0～14.0	0.75	0.75	Nb+Ta：0.70～1.00
E309Nb-××	0.12	0.5～2.5	1.00	0.04	0.03	22.0～25.0	12.0～14.0	0.75	0.75	Nb+Ta：0.70～1.00
E309Mo-××	0.12	0.5～2.5	1.00	0.04	0.03	22.0～25.0	12.0～14.0	2.0～3.0	0.75	—
E309LMo-××	0.04	0.5～2.5	1.00	0.04	0.03	22.0～25.0	12.0～14.0	2.0～3.0	0.75	—
E310-××	0.08～0.20	1.0～2.5	0.75	0.03	0.03	25.0～28.0	20.0～22.5	0.75	0.75	—
E310H-××	0.35～0.45	1.0～2.5	0.75	0.03	0.03	25.0～28.0	20.0～22.5	0.75	0.75	—

（续）

焊条型号[1]	化学成分（质量分数,%）[2]								
	C	Mn	Si	P	S	Cr	Ni	Mo	Cu	其他
E310Nb-××	0.12	1.0~2.5	0.75	0.03	0.03	25.0~28.0	20.0~22.0	0.75	0.75	Nb+Ta：0.70~1.00
E310Mo-××	0.12	1.0~2.5	0.75	0.03	0.03	25.0~28.0	20.0~22.0	2.0~3.0	0.75	—
E312-××	0.15	0.5~2.5	1.00	0.04	0.03	28.0~32.0	8.0~10.5	0.75	0.75	—
E316-××	0.08	0.5~2.5	1.00	0.04	0.03	17.0~20.0	11.0~14.0	2.0~3.0	0.75	—
E316H-××	0.04~0.08	0.5~2.5	1.00	0.04	0.03	17.0~20.0	11.0~14.0	2.0~3.0	0.75	—
E316L-××	0.04	0.5~2.5	1.00	0.04	0.03	17.0~20.0	11.0~14.0	2.0~3.0	0.75	—
E316LCu-××	0.04	0.5~2.5	1.00	0.040	0.030	17.0~20.0	11.0~16.0	1.20~2.75	1.00~2.50	—
E316LMn-××	0.04	5.0~8.0	0.90	0.04	0.03	18.0~21.0	15.0~18.0	2.5~3.5	0.75	N：0.10~0.25
E317-××	0.08	0.5~2.5	1.00	0.04	0.03	18.0~21.0	12.0~14.0	3.0~4.0	0.75	—
E317L-××	0.04	0.5~2.5	1.00	0.04	0.03	18.0~21.0	12.0~14.0	3.0~4.0	0.75	—
E317MoCu-××	0.08	0.5~2.5	0.90	0.035	0.030	18.0~21.0	12.0~14.0	2.0~2.5	2	—
E317LMoCu-××	0.04	0.5~2.5	0.90	0.035	0.030	18.0~21.0	12.0~14.0	2.0~2.5	2	—
E318-××	0.08	0.5~2.5	1.00	0.04	0.03	17.0~20.0	11.0~14.0	2.0~3.0	0.75	Nb+Ta：6C~1.00
E318V-××	0.08	0.5~2.5	1.00	0.035	0.03	17.0~20.0	11.0~14.0	2.0~2.5	0.75	V：0.30~0.70
E320-××	0.07	0.5~2.5	0.60	0.04	0.03	19.0~21.0	32.0~36.0	2.0~3.0	3.0~4.0	Nb+Ta：8C~1.00
E320LR-××	0.03	1.5~2.5	0.30	0.020	0.015	19.0~21.0	32.0~36.0	2.0~3.0	3.0~4.0	Nb+Ta：8C~0.40
E330-××	0.18~0.25	1.0~2.5	1.00	0.04	0.03	14.0~17.0	33.0~37.0	0.75	0.75	—
E330H-××	0.35~0.45	1.0~2.5	1.00	0.04	0.03	14.0~17.0	33.0~37.0	0.75	0.75	—

（续）

焊条型号[①]	化学成分（质量分数，%）[②]								
	C	Mn	Si	P	S	Cr	Ni	Mo	Cu	其他
E330MoMn-WNb-××| 0.20	3.5	0.70	0.035	0.030	15.0～17.0	33.0～37.0	2.0～3.0	0.75	Nb：1.0～2.0 W：2.0～3.0
E347-××	0.08	0.5～2.5	1.00	0.04	0.03	18.0～21.0	9.0～11.0	0.75	0.75	Nb+Ta：8C～1.00
E347L-××	0.04	0.5～2.5	1.00	0.040	0.030	18.0～21.0	9.0～11.0	0.75	0.75	Nb+Ta：8C～1.00
E349-××	0.13	0.5～2.5	1.00	0.04	0.03	18.0～21.0	8.0～10.0	0.35～0.65	0.75	Nb+Ta：0.75～1.20 V：0.10～0.30 Ti≤0.15 W：1.25～1.75
E383-××	0.03	0.5～2.5	0.90	0.02	0.02	26.5～29.0	30.0～33.0	3.2～4.2	0.6～1.5	—
E385-××	0.03	1.0～2.5	0.90	0.03	0.02	19.5～21.5	24.0～26.0	4.2～5.2	1.2～2.0	—
E409Nb-××	0.12	1.00	1.00	0.040	0.030	11.0～14.0	0.60	0.75	0.75	Nb+Ta：0.50～1.50
E410-××	0.12	1.0	0.90	0.04	0.03	11.0～14.0	0.70	0.75	0.75	—
E410NiMo-××	0.06	1.0	0.90	0.04	0.03	11.0～12.5	4.0～5.0	0.40～0.70	0.75	—
E430-××	0.10	1.0	0.90	0.04	0.03	15.0～18.0	0.6	0.75	0.75	—
E430Nb-××	0.10	1.00	1.00	0.040	0.030	15.0～18.0	0.60	0.75	0.75	Nb+Ta：0.50～1.50
E630-××	0.05	0.25～0.75	0.75	0.04	0.03	16.00～16.75	4.5～5.0	0.75	3.25～4.00	Nb+Ta：0.15～0.30
E16-8-2-××	0.10	0.5～2.5	0.60	0.03	0.03	14.5～16.5	7.5～9.5	1.0～2.0	0.75	—
E16-25MoN-××	0.12	0.5～2.5	0.90	0.035	0.030	14.0～18.0	22.0～27.0	5.0～7.0	0.75	N：≥0.1
E2209-××	0.04	0.5～2.0	1.00	0.04	0.03	21.5～23.5	7.5～10.5	2.5～3.5	0.75	N：0.08～0.20
E2553-××	0.06	0.5～1.5	1.0	0.04	0.03	24.0～27.0	6.5～8.5	2.9～3.9	1.5～2.5	N：0.10～0.25

（续）

焊条型号①	化学成分（质量分数,%）②									
	C	Mn	Si	P	S	Cr	Ni	Mo	Cu	其他
E2593-××	0.04	0.5~1.5	1.0	0.04	0.03	24.0~27.0	8.5~10.5	2.9~3.9	1.5~3.0	N：0.08~0.25
E2594-××	0.04	0.5~2.0	1.00	0.04	0.03	24.0~27.0	8.0~10.5	3.5~4.5	0.75	N：0.20~0.30
E2595-××	0.04	2.5	1.2	0.03	0.025	24.0~27.0	8.0~10.5	2.5~4.5	0.4~1.5	N：0.20~0.30 W：0.4~1.0
E3155-××	0.10	1.0~2.5	1.00	0.04	0.03	20.0~22.5	19.0~21.0	2.5~3.5	0.75	Nb+Ta：0.75~1.25 Co：18.5~21.0 W：2.0~3.0
E33-31-××	0.03	2.5~4.0	0.9	0.02	0.01	31.0~35.0	30.0~32.0	1.0~2.0	0.4~0.8	N：0.3~0.5

注：表中单值均为最大值。

① 焊条型号中-××表示焊接位置和药皮类型。

② 化学分析应按表中规定的元素进行分析。如果在分析过程中发现其他化学成分，则应进一步分析这些元素的质量分数，除铁外，其质量分数不应超过0.5%。

3）第三部分为短划“-”后的第一位数字，表示焊接位置，见表B-2。

表 B-2 焊接位置代号

代 号	焊接位置
-1	平焊、平角焊、仰角焊、向上立焊
-2	平焊、平角焊
-4	平焊、平角焊、仰角焊、向上立焊、向下立焊

4）第四部分为最后一位数字，表示药皮类型和电流类型，见表B-3。

表 B-3 药皮类型代号

代号	药皮类型	药皮组分	电流类型
5	碱性	药皮含有大量碱性矿物质和化学物质，如石灰石（碳酸钙）、白云石（碳酸钙、碳酸镁）和萤石。焊条通常只使用直流焊接	直流
6	金红石	药皮含有大量金红石矿物质，主要是二氧化钛（氧化钛）。这类焊条药皮中含有低电离元素，可以使用交、直流焊接	交流和直流（46型采用直流焊接）
7	钛酸型	药皮是已改进的金红石类，使用一部分二氧化硅代替氧化钛。此类药皮的特征是熔渣流动性好、引弧性能良好、电弧易喷射过渡。但是不适用于薄板的向上立焊	交流和直流（47型采用直流焊接）

4. 焊条型号示例

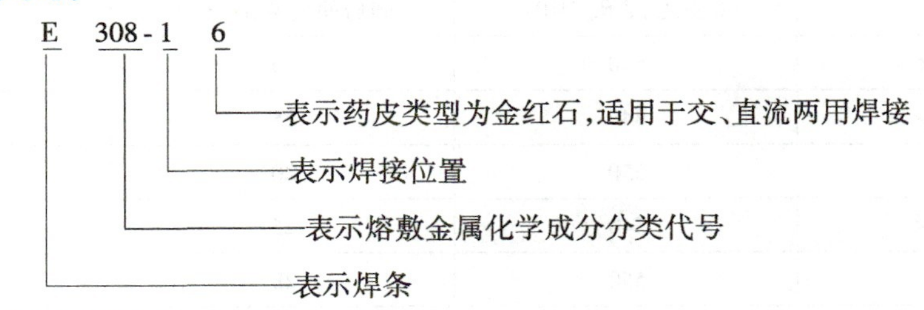

5. 熔敷金属的力学性能（见表B-4）

表B-4 熔敷金属的力学性能

焊条型号	抗拉强度 R_m/MPa	断后伸长率 A（%）	焊后热处理
E209-××	690	15	—
E219-××	620	15	—
E240-××	690	25	—
E307-××	590	25	—
E308-××	550	30	—
E308H-××	550	30	—
E308L-××	510	30	—
E308Mo-××	550	30	—
E308LMo-××	520	30	—
E309L-××	510	25	—
E309-××	550	25	—
E309H-××	550	25	—
E309LNb-××	510	25	—
E309Nb-××	550	25	—
E309Mo-××	550	25	—
E309LMo-××	510	25	—
E310-××	550	25	—
E310H-××	620	8	—
E310Nb-××	550	23	—
E310Mo-××	550	28	—
E312-××	660	15	—
E316-××	520	25	—
E316H-××	520	25	—
E316L-××	490	25	—
E316LCu-××	510	25	—
E316LMn-××	550	15	—
E317-××	550	20	—
E317L-××	510	20	—

（续）

焊条型号	抗拉强度 R_m/MPa	断后伸长率 A（%）	焊后热处理
E317MoCu-××	540	25	—
E317LMoCu-××	540	25	—
E318-××	550	20	—
E318V-××	540	25	—
E320-××	550	28	—
E320LR-××	520	28	—
E330-××	520	23	—
E330H-××	620	8	—
E330MoMnWNb-××	590	25	—
E347-××	520	25	—
E347L-××	510	25	—
E349-××	690	23	—
E383-××	520	28	—
E385-××	520	28	—
E409Nb-××	450	13	①
E410-××	450	15	②
E410NiMo-××	760	10	③
E430-××	450	15	①
E430Nb-××	450	13	②
E630-××	930	6	④
E16-8-2-××	520	25	—
E16-25MoN-××	610	30	—
E2209-××	690	15	—
E2553-××	760	13	—
E2593-××	760	13	—
E2594-××	760	13	—
E2595-××	760	13	—
E3155-××	690	15	—
E33-31-××	720	20	—

注：表中单值均为最小值。

① 加热到760~790℃，保温2h，以不高于55℃/h的速度炉冷至595℃以下，然后空冷至室温。

② 加热到730~760℃，保温1h，以不高于110℃/h的速度炉冷至315℃以下，然后空冷至室温。

③ 加热到595~620℃，保温1h，然后空冷至室温。

④ 加热到1025~1050℃，保温1h，空冷至室温，然后在610~630℃下保温4h进行沉淀硬化处理，空冷至室温。

附录C　热强钢焊条（摘自GB/T 5118—2012）

1. 适用范围

本标准规定了热强钢焊条的型号、技术要求、试验方法、检验规则、包装、标志和质量证明。

本标准适用于焊条电弧焊用热强钢焊条。

2. 焊条型号划分与编制方法

（1）型号划分　焊条型号按熔敷金属的力学性能、药皮类型、焊接位置、电流类型、熔敷金属的化学成分等进行划分。

（2）型号编制方法　焊条型号由以下四部分组成。

1）第一部分用字母“E”表示焊条。

2）第二部分为字母“E”后面紧邻的两位数字，表示熔敷金属的最小抗拉强度，见表C-1。

表C-1　熔敷金属抗拉强度代号

抗拉强度代号	50	52	55	62
最小抗拉强度/MPa	490	520	550	620

3）第三部分为字母“E”后面的第三和第四两位数字，表示药皮类型、焊接位置和电流类型，见表C-2。

表C-2　药皮类型、焊接位置和电流类型代号

代　号	药皮类型	焊接位置	电流类型
03	钛型	全位置②	交流和直流正、反接
10①	纤维素	全位置	直流反接
11①	纤维素	全位置	交流和直流反接
13	金红石	全位置②	交流和直流正、反接
15	碱性	全位置②	直流反接
16	碱性	全位置②	交流和直流反接
18	碱性＋铁粉	全位置（向下立焊除外）	交流和直流反接
19①	钛铁矿	全位置②	交流和直流正、反接
20①	氧化铁	平焊、平角焊	交流和直流正接
27①	氧化铁＋铁粉	平焊、平角焊	交流和直流正接

①　仅限于熔敷金属化学成分代号1M3。

②　此处“全位置”并不一定包含向下立焊，而是由制造商确定。

4）第四部分为短划“-”后的字母、数字或字母和数字的组合，表示熔敷金属的化学成分分类代号，见表C-3。

表 C-3　熔敷金属化学成分分类代号

分类代号	说　明
-1M3	此类焊条中含有 Mo，Mo 是在非合金钢焊条基础上添加的唯一合金元素。数字“1”约等于 Mn 名义质量分数 2 倍的整数，字母“M”表示 Mo，数字“3”表示 Mo 的名义质量分数，约为 0.5%
-×C×M×	对于含铬-钼的热强钢，标识“C”前的整数表示 Cr 的名义质量分数，“M”前的整数表示 Mo 的名义质量分数。对于 Cr 或 Mo，如果其名义质量分数小于 1%，则字母前不标记数字。如果在 Cr 和 Mo 之外还加入了 W、V、B、Nb 等合金成分，则按照此顺序，加于 Cr 和 Mo 标记之后。标识末尾的“L”表示含碳量较低，最后一个字母后的数字表示成分有所改变
-G	其他成分

除以上强制分类代号外，根据供需双方协商，可在型号后附加扩散氢代号“H×”，其中×代表 15、10 或 5，分别表示每 100g 熔敷金属中扩散氢含量的最大值（mL）。

（3）型号示例

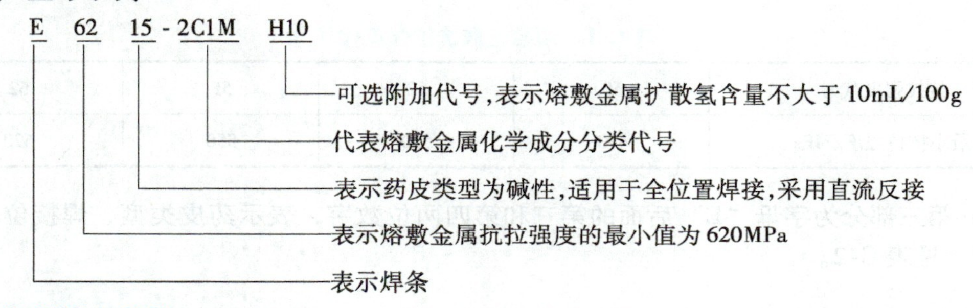

3. 焊条药皮类型

药皮焊条的性能（如焊接特性和焊缝金属的力学性能）主要受药皮影响。药皮中的组成物可以概括为六类：造渣剂、脱氧剂、造气剂、稳弧剂、黏接剂和合金化元素（如需要）。焊条药皮的类型、主要组分及特性见表 A-6。

4. 熔敷金属的化学成分和力学性能

熔敷金属的化学成分和力学性能分别见表 C-4 和表 C-5。

表 C-4　熔敷金属的化学成分（质量分数,%）

焊条型号	C	Mn	Si	P	S	Cr	Mo	V	其　他
E××××-1M3	0.12	1.00	0.80	0.030	0.030	—	0.40 ~ 0.65	—	—
E××××-CM	0.05 ~ 0.12	0.90	0.80	0.030	0.030	0.40 ~ 0.65	0.40 ~ 0.65	—	—
E××××-C1M	0.07 ~ 0.15	0.40 ~ 0.70	0.30 ~ 0.60	0.030	0.030	0.40 ~ 0.60	1.00 ~ 1.25	0.05	—
E××××-1CM	0.05 ~ 0.12	0.90	0.80	0.030	0.030	1.00 ~ 1.50	0.40 ~ 0.65	—	—
E××××-1CML	0.05	0.90	1.00	0.030	0.030	1.00 ~ 1.50	0.40 ~ 0.65	—	—

（续）

焊条型号	C	Mn	Si	P	S	Cr	Mo	V	其　他
E××××-1CMV	0.05～0.12	0.90	0.60	0.030	0.030	0.80～1.50	0.40～0.65	0.10～0.35	—
E××××-1CMVNb	0.05～0.12	0.90	0.60	0.030	0.030	0.80～1.50	0.70～1.00	0.15～0.40	Nb：0.10～0.25
E××××-1CMWV	0.05～0.12	0.70～1.10	0.60	0.030	0.030	0.80～1.50	0.70～1.00	0.20～0.35	W：0.25～0.50
E××××-2C1M	0.05～0.12	0.90	1.00	0.030	0.030	2.00～2.50	0.90～1.20	—	—
E××××-2C1ML	0.05	0.90	1.00	0.030	0.030	2.00～2.50	0.90～1.20	—	—
E××××-2CML	0.05	0.90	1.00	0.030	0.030	1.75～2.25	0.40～0.65	—	—
E××××-2CMWVB	0.05～0.12	1.00	0.60	0.030	0.030	1.50～2.50	0.30～0.80	0.20～0.60	W：0.20～0.60 B：0.001～0.003
E××××-2CMVNb	0.05～0.12	1.00	0.60	0.030	0.030	2.40～3.00	0.70～1.00	0.25～0.50	Nb：0.35～0.65
E××××-2C1MV	0.05～0.15	0.40～1.50	0.60	0.030	0.030	2.00～2.60	0.90～1.20	0.20～0.40	Nb：0.010～0.050
E××××-3C1MV	0.05～0.15	0.40～1.50	0.60	0.030	0.030	2.60～3.40	0.90～1.20	0.20～0.40	Nb：0.010～0.050
E××××-5CML	0.05	1.00	0.90	0.030	0.030	4.0～6.0	0.45～0.65	—	Ni：0.40
E××××-5CMV	0.12	0.5～0.9	0.50	0.030	0.030	4.5～6.0	0.40～0.70	0.10～0.35	Cu：0.5
E××××-7CM	0.05～0.10	1.00	0.90	0.030	0.030	6.0～8.0	0.45～0.65	—	Ni：0.40
E××××-7CML	0.05	1.00	0.90	0.030	0.030	6.0～8.0	0.45～0.65	—	Ni：0.40
E××××-9C1M	0.05～0.10	1.00	0.90	0.030	0.30	8.0～10.5	0.85～1.20	—	Ni：0.40
E××××-9C1ML	0.05	1.00	0.90	0.030	0.030	8.0～10.5	0.85～1.20	—	Ni：0.40
E××××-9C1MV	0.08～0.13	1.25	0.30	0.01	0.01	8.0～10.5	0.85～1.20	0.15～0.30	Ni：1.0 Mn＋Ni≤1.50 Cu：0.25 Al：0.04 Nb：0.02～0.10 N：0.02～0.07

（续）

焊条型号	C	Mn	Si	P	S	Cr	Mo	V	其 他
E××××-9C1MV1	0.03～0.12	1.00～1.80	0.60	0.025	0.025	8.0～10.5	0.80～1.20	0.15～0.30	Ni：1.0 Cu：0.25 Al：0.04 Nb：0.02～0.10 N：0.02～0.07
E××××-G	其他成分								

注：表中单值均为最大值。

表 C-5 熔敷金属的力学性能

焊条型号[①]	抗拉强度 R_m /MPa	下屈服强度[②] R_{eL} /MPa	断后伸长率 A (%)	预热和道间温度 /℃	焊后热处理[③]	
					热处理温度/℃	保温时间[④] /min
E50XX-1M3	≥490	≥390	≥22	90～110	605～645	60
E50YY-1M3	≥490	≥390	≥20	90～110	605～645	60
E55XX-CM	≥550	≥460	≥17	160～190	675～705	60
E5540-CM	≥550	≥460	≥14	160～190	675～705	60
E5503-CM	≥550	≥460	≥14	160～190	675～705	60
E55XX-C1M	≥550	≥460	≥17	160～190	675～705	60
E55XX-1CM	≥550	≥460	≥17	160～190	675～705	60
E5513-1CM	≥550	≥460	≥14	160～190	675～705	60
E52XX-1CML	≥520	≥390	≥17	160～190	675～705	60
E5540-1CMV	≥550	≥460	≥14	250～300	715～745	120
E5515-1CMV	≥550	≥460	≥15	250～300	715～745	120
E5515-1CMVNb	≥550	≥460	≥15	250～300	715～745	300
E5515-1CMWV	≥550	≥460	≥15	250～300	715～745	300
E62XX-2C1M	≥620	≥530	≥15	160～190	675～705	60
E6240-2C1M	≥620	≥530	≥12	160～190	675～705	60
E6213-2C1M	≥620	≥530	≥12	160～190	675～705	60
E55XX-2C1ML	≥550	≥460	≥15	160～190	675～705	60
E55XX-2CML	≥550	≥460	≥15	160～190	675～705	60
E5540-2CMWVB	≥550	≥460	≥14	250～300	745～775	120
E5515-2CMWVB	≥550	≥460	≥15	320～360	745～775	120
E5515-2CMVNb	≥550	≥460	≥15	250～300	715～745	240
E62XX-2C1MV	≥620	≥530	≥15	160～190	725～755	60
E62XX-3C1MV	≥620	≥530	≥15	160～190	725～755	60
E55XX-5CM	≥550	≥460	≥17	175～230	725～755	60
E55XX-5CML	≥550	≥460	≥17	175～230	725～755	60
E55XX-5CMV	≥550	≥460	≥14	175～230	740～760	240

（续）

焊条型号①	抗拉强度 R_m /MPa	下屈服强度② R_{eL} /MPa	断后伸长率 A (%)	预热和道间温度 /℃	焊后热处理③	
					热处理温度/℃	保温时间④ /min
E55XX-7CM	≥550	≥460	≥17	175～230	725～755	60
E55XX-7CML	≥550	≥460	≥17	175～230	725～755	60
E62XX-9C1M	≥620	≥530	≥15	205～260	725～755	60
E62XX-9C1ML	≥620	≥530	≥15	205～260	725～755	60
E62XX-9C1MV	≥620	≥530	≥15	200～315	745～775	120
E62XX-9C1MV1	≥620	≥530	≥15	205～260	725～755	60
E××××-G⑤	供需双方协商确认					

① 焊条型号中 XX 代表药皮类型 15、16 或 18，YY 代表药皮类型 10、11、19、20 或 27。

② 当屈服发生不明显时，应测定规定塑性延伸强度 $R_{p0.2}$。

③ 试件放入炉内时，以 85～275℃/h 的速率加热到规定温度。达到保温时间后，以不大于 200℃/h 的速率随炉冷却至 300℃以下。试件冷却至 300℃以下的任意温度时，允许从炉中取出，在静态大气中冷却至室温。

④ 保温时间公差为 0～10min。

⑤ 熔敷金属抗拉强度代号见表 C-1，药皮类型代号见表 C-2。

5. 焊条型号对照

为了便于应用，提供了本标准焊条型号与 GB/T 5118—1995 标准中焊条型号之间的对应关系，见表 C-6。

表 C-6 新旧焊条型号对照表

本标准	GB/T 5118—1995	本标准	GB/T 5118—1995
E50XX-1M3	E50XX-A1	E5515-1CMWV	E5500-B2-VW
E50YY-1M3	E50YY-A1	E6215-2C1M	E6015-B3
E5515-CM	E5515-B1	E6216-2C1M	E6016-B3
E5516-CM	E5516-B1	E6218-2C1M	E6018-B3
E5518-CM	E5518-B1	E6213-2C1M	—
E5540-CM	E5500-B1	E6240-2C1M	E6000-B3
E5503-CM	E5503-B1	E5515-2C1ML	E6015-B3L
E5515-1CM	E5515-B2	E5516-2C1ML	—
E5516-1CM	E5516-B2	E5518-2C1ML	E6018-B3L
E5518-1CM	E5518-B2	E5515-2CML	E5515-B4L
E5513-1CM	—	E5516-2CML	—
E5215-1CML	E5515-B2L	E5518-2CML	—
E5216-1CML	—	E5540-2CMWVB	E5500-B3-VWB
E5218-1CML	E5518-B2L	E5515-2CMWVB	E5515-B3-VWB
E5540-1CMV	E5500-B2-V	E5515-2CMVNb	E5515-B3-VNb
E5515-1CMV	E5515-B2-V	E62XX-2C1MV	—
E5515-1CMVNb	E5500-B2-VNb	E62XX-3C1MV	—

（续）

本标准	GB/T 5118—1995	本标准	GB/T 5118—1995
E5515-C1M	—	E5518-7CM	—
E5516-C1M	E5516-B5	E5515-7CML	—
E5518-C1M	—	E5516-7CML	—
E5515-5CM	—	E5518-7CML	—
E5516-5CM	—	E6215-9C1M	—
E5518-5CM	—	E6216-9C1M	—
E5515-5CML	—	E6218-9C1M	—
E5516-5CML	—	E6215-9C1ML	—
E5518-5CML	—	E6216-9C1ML	—
E5515-5CMV	—	E6218-9C1ML	—
E5516-5CMV	—	E6215-9C1MV	—
E5518-5CMV	—	E6216-9C1MV	—
E5515-7CM	—	E6218-9C1MV	—
E5516-7CM	—	E62XX-9C1MV1	—

参考文献

[1] 李亚江．焊接冶金学：材料焊接性［M］．2版．北京：机械工业出版社，2016.

[2] 张连生．金属材料焊接［M］．北京：机械工业出版社，2004.

[3] 中国机械工程学会，中国材料研究学会，中国材料工程大典编委会．中国材料工程大典：第23卷 材料焊接工程［M］．北京：化学工业出版社，2006.

[4] 邱葭菲．金属熔焊原理及材料焊接［M］．北京：机械工业出版社，2011.

[5] 陈祝年．焊接工程师手册［M］．北京：机械工业出版社，2002.

[6] 曾乐．现代焊接技术手册［M］．上海：上海科学技术出版社，1993.

[7] 中国标准出版社总编室．中国国家标准汇编［G］．北京：中国标准出版社，2006.

[8] 樊东黎．热加工工艺规范［M］．北京：机械工业出版社，2003.

[9] 王宗杰．焊接工程综合试验教程［M］．北京：机械工业出版社，2012.

[10] 中国机械工程学会焊接学会．焊接手册：第2卷 材料的焊接［M］．3版．北京：机械工业出版社，2008.

[11] 薛松柏，栗卓新，朱颖，等．焊接材料手册［M］．北京：机械工业出版社，2005.

[12] 刘中青，刘凯．异种金属焊接技术指南［M］．北京：机械工业出版社，1997.

[13] 中国机械工程学会焊接分会．焊接词典［M］．3版．北京：机械工业出版社，2008.

[14] 乌日根．金属材料焊接工艺［M］．北京：机械工业出版社，2019.